Peugeot 505

ab 1982

1 Allgemeines

1.1 Einleitung in das Modell

Diese Reparaturanleitung befasst sich mit den Peugeot 505-Fahrzeugen, ab 1982, welche zu diesem Zeitpunkt mit einer neuen Motoren- und Getriebereihe ausgerüstet wurden. Die Fahrzeugmodelle sind mit einer verschiedenen Motorenpalette erhältlich, welche entweder mit einer in der Seite des Zylinderblock liegenden, durch eine Steuerkette angetriebenen Nockenwelle oder einer obenliegenden Nockenwelle versehen sind.

Die folgende Aufstellung gibt einen Überblick über die in dieser Ausgabe behandelten Modelle:

- Peugeot 505 GL und GR. Der Motor hat einen Hubraum von 1796 cm³ und eine Leistung von 84 PS (62 kW) bei einer Drehzahl von 5250/min. Fahrzeuge mit diesem Motor werden nicht in die Schweiz eingeführt. Der Motor arbeitet mit einem Solex 32/34 CISAC-Vergaser. Die Motorenbezeichnung lautet XM7A.
- Peugeot 505/Break (Kombi), GL, GR, SR und Familial. Der Motor hat einen Hubraum von 1971 cm³ und eine Leistung von 100 PS (73,5 kW) bei einer Drehzahl von 5000/min. und arbeitet mit einem Vergaser, welcher jedoch nicht bei allen Baujahren gleich ist. Die Motorenbezeichnung lautet «XN1». In der Schweiz zugelassene Fahrzeuge haben eine Leistung von nur 96 PS (70,5 kW) bei einer Drehzahl von 5200/min.
- Peugeot 505 «GTI» oder «GR». Der Motor hat einen Hubraum von 2165 cm³ und eine Leistung von 130 PS (95,5 kW) bei einer Drehzahl von 5750/min. Bis zu Ende des Baujahres 1985 haben Fahrzeuge in der Schweiz identische Daten. Ab Baujahr 1986 wurde die Leistung bei Fahrzeugen ausserhalb der Schweiz etwas verringert. Der Motor hat jetzt eine Leistung von 123 PS (89,5 kW) bei einer Drehzahl von 5750/min. Fahrzeuge in der Schweiz haben weiterhin 130 PS. Im Zusatz zu diesem Motortyp läuft die Ausführung mit Katalysator, welche eine Leistung von 114 PS (84 kW) hat. Alle Motoren arbeiten mit einer von Bosch hergestellten L-Jetronic-Kraftstoffeinspritzpumpe. Die Motorbezeichnung lautet «ZDJ». Die Modelle sind als Limousine, Break oder Familial erhältlich.
- Peugeot 505 Turbo Injection (Einspritzung). Der Motor hat eine Leistung von 167 PS (123 kW) bei einer Drehzahl von 5200/min und ist mit einer obenliegenden, durch Kette angetriebenen Nockenwelle versehen. Fahrzeuge in der Schweiz sind auf eine Leistung von 158 PS (116 kW) gedrosselt, wenn kein Katalysator eingebaut ist, oder auf 150 PS (110 kW) wenn ein Katalysator eingebaut ist. Eine Bosch L-Jetronic, elektronische Benzineinspritzung und ein Garret T3-Turbolader übernehmen die Kraftstoffaufbereitung des Motors. Der Motor trägt die Bezeichnung N9 TE.

Der Motor ist in Längsrichtung in den Motorraum eingebaut und nach rechts geneigt. Die beiden Vergasermotoren und der Turbomotor haben einen Kettenantrieb der Nockenwelle, während der Einspritzmotor (2165 cm³) einen Nockenwellenantrieb durch einen Zahnriemen besitzt.

Ein Leichtmetall-Zylinderkopf, mit nassen Zylinderlaufbüchsen, und eine fünffach gelagerte Kurbelwelle bilden die Hauptmerkmale der Motoren.

Die Kraftübertragung erfolgt über eine Federscheibenkupplung, ein Vier- oder Fünfganggetriebe mit Stockschaltung auf die Hinterräder. Bestimmte Modelle sind mit einer Getriebeautomatik von ZF ausgerüstet.

Das Fahrgestell setzt sich aus einer selbsttragenden Karosserie mit Federbeinen und Schraubenfedern, ko-axialen Stossdämpfern, Querlenkern mit Längsschubstreben und einem Kurvenstabilisator für die Vorderradaufhängung, sowie einer Einzelradaufhängung der Hinterräder, bestehend aus Dreiecksschräglenkern, Schraubenfedern, innen liegenden Teleskopstossdämpfern und einem Kurvenstabilisator zusammen. Kombimodelle haben eine Starrachse mit Schraubenfedern und Kurvenstabilisator.

Bei den Vergasermodellen wird eine Zweikreisbremsanlage mit Scheibenbremsen an den Vorderrädern und Trommelbremsen an den Hinterrädern zum Abbremsen des Fahrzeuges eingebaut. Modelle mit Einspritzmotor haben eine Vierrad-Scheibenbremse. Die vorderen Bremsscheiben des Turbomodelles sind belüftet.

Ein Bremskraftverstärker ist serienmässig in die Anlage eingebaut. Das Fahrzeug wird durch eine Zahnstangenlenkung gelenkt, welche serienmässig mit Servounterstützung versehen ist.

1.2 Fahrzeugerkennung

Das Typenschild auf dem rechten Radlauf enthält den Fahrzeugtyp, die Modellbezeichnung und die Seriennummer mit einem vor- und nachgestellten «X». Die Motornummer befindet sich in der Nähe der linken Motoraufhängung, zusammen mit der Seriennummer, wie in Bild 1 gezeigt.

Beim Austausch des Zylinderblocks müssen diese Originalnummern ohne jede Änderung übernommen werden. Beim Bestellen von Ersatzteilen ist die Angabe der Motor- und Fahrgestellnummer sowie vom Baujahr des Fahrzeuges unerlässlich, da der Hersteller, im Sinne von Verbesserungen, oft kleine Änderungen an den Fahrzeugen vornimmt.

1.3 Allgemeine Anweisungen bei Reparaturen

Die Beschreibungen in dieser Reparaturanleitung sind in einfacher Weise und allgemein verständlich gehalten. Wenn dem Text und den Abbildungen bei der Arbeit Schritt für Schritt gefolgt wird, dürften keine Schwierigkeiten auftreten.

Die Mass- und Einstelltabelle am Ende des Buches (Kapitel 20) ist hierbei ein wichtiger Teil und muss bei allen Reparaturarbeiten am Fahrzeug hinzugezogen werden. Innerhalb der einzelnen Anleitungen werden die notwendigen Massangaben oder Einstellwerte nicht immer angeführt, weshalb in der genannten Tabelle nachzuschlagen ist. Es sei besonders darauf hingewiesen, dass man unter dem in

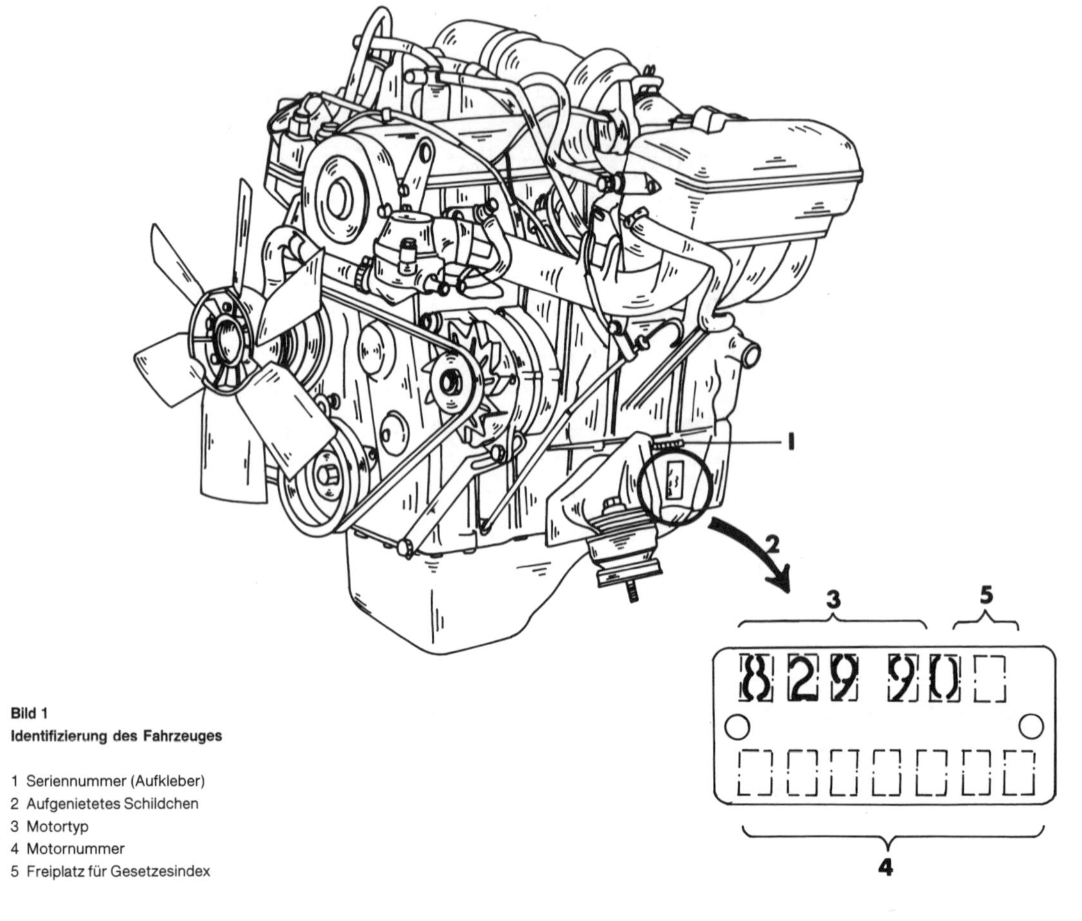

Bild 1
Identifizierung des Fahrzeuges

1 Seriennummer (Aufkleber)
2 Aufgenietetes Schildchen
3 Motortyp
4 Motornummer
5 Freiplatz für Gesetzesindex

Frage kommenden Modell nachlesen muss, falls Unterschiede zwischen einzelnen Ausführungen vorhanden sind, um jegliche Fehler zu vermeiden.

Einfache Handgriffe, wie z. B. «Motorhaube öffnen» vor Arbeiten im Motorraum, oder «Radmuttern lösen» vor Abnehmen der Räder werden nicht immer erwähnt, da diese als selbstverständlich vorausgesetzt werden.

Dagegen befasst sich der Text ausführlich mit schwierigen Arbeiten, die in allen Einzelheiten beschrieben sind. Eine Reihe wichtiger Hinweise, die bei jeder Reparaturarbeit beachtet werden sollten:

- Schrauben und Muttern sind in sauberem Zustand und leicht eingeölt zu verwenden. Mutternflächen und Gewindegänge immer auf Beschädigung untersuchen und vorhandene Grate entfernen. Im Zweifelsfall neue Schrauben oder Muttern verwenden. Einmal gelöste, selbstsichernde Muttern sollten immer erneuert werden. Auf keinen Fall dürfen Muttern und Schrauben entfettet werden.
- Ausgerissene oder defekte Gewinde können mit einem HELICOIL-Gewindeeinsatz repariert werden (siehe Kapitel 1.5). Verletzte Gewinde können eventuell mit LOCTITE-Gewindesicherungsflüssigkeit «gerettet» werden.
- Stets die in der Anzugsdrehmoment-Tabelle (Kapitel 21) angeführten Anzugsdrehmomente beachten. Diese Werte sind nahezu in den gleichen Gruppen zusammengefasst, die auch die Kapitel dieser Reparaturanleitung bilden, und lassen sich somit leicht auffinden.
- Alle Dichtscheiben, Dichtungen, Sicherungsbleche, Sicherungsscheiben, Splinte und «O»-Dichtringe (Rundschnurringe) sind beim Zusammenbau zu erneuern. Öldichtringe (Radialdichtringe, Simmerringe) sollten ebenfalls erneuert werden, sofern die Welle aus dem Dichtring genommen wurde. Die Lippe eines Dichtringes ist vor dem Zusammenbau mit Fett einzuschmieren. Man muss darauf achten, dass sie beim Einbau in die Richtung weist, aus welcher Öl oder Fett austreten kann.
- Bei Hinweisen auf die linke oder rechte Seite des Fahrzeuges wird angenommen, dass man aus der Fahrtrichtung bei Vorwärtsfahrt die Seitenbezeichnung ableiten kann, analog der Begriffe «vorn» und «hinten». Im Zweifelsfall wird im Text nochmals eine Erläuterung gegeben.
- Ganz besonders ist darauf zu achten, dass zu Arbeiten an den Bremsen, an der Radaufhängung oder allgemein an der Unterseite des Fahrzeuges für eine sichere Abstützung des hochgebockten Wagens gesorgt ist. Der Bordwagenheber ist nur zum Radwechsel für unterwegs vorgesehen. Falls er dennoch bei Reparaturen zu Hilfe genommen wird, ist lediglich der Wagen damit anzuheben und dann auf geeignete Montageböcke abzulassen. Derartige, dreibeinige Unterstellböcke sollen zur Sicherheit auch unter dem Fahrzeug plaziert werden, wenn ein Garagenwagenheber zur Verfügung steht. Ziegelsteine sollten zum Unterbauen nicht verwendet werden, allenfalls Hohlblocksteine wegen ihren grösseren Auflageflächen, doch sind dann zwischen Fahrzeug und Steine noch genügend starke Holzbretter zu legen.
- Fette, Öle, Unterbodenschutz und alle mineralischen Substanzen wirken auf die Gummiteile des Fahrwerks und der Bremsanlage aggressiv. Besonders von Teilen der hydraulischen Anlage sind solche Mittel, zu denen auch Kraftstoff gehört, fernzuhalten. Für Reinigungsarbeiten an der Bremsanlage soll nur Bremsflüssigkeit oder Spiritus verwendet werden. Hierbei sei aber darauf verwiesen, dass Bremsflüssigkeit giftig ist und z. B. auf lackierte Flächen ätzend wirkt.
- Zur Erzielung der besten Reparaturergebnisse ist die Verwendung von Original-Peugeot-Ersatzteilen Voraussetzung. Um späteren Schwierigkeiten aus dem Wege zu gehen, muss der Einbau irgendwelcher Fremdprodukte unterbleiben. Ausnahmen sind nur bei Teilen der elektrischen Anlage gegeben oder falls das Herstellerwerk entsprechende Freigaben macht.
- Bei Bestellungen von Ersatz- und Austauschteilen müssen die genaue Modellbezeichnung mit Fahrgestellnummer, gegebenenfalls die Motornummer und das Baujahr angegeben werden. Damit beschleunigt man die Bestellung und das Beziehen von falschen Teilen wird verhindert.
- Alle Arbeiten am Auto, besonders solche an der Bremsanlage und an der Lenkung, sind mit Sorgfalt und Umsicht durchzuführen. Die Verkehrssicherheit des Fahrzeuges muss nach jeder Reparatur gewährleistet sein.

1.4 Arbeitsbedingungen und Werkzeuge

Um Reparaturarbeiten durchzuführen, benötigt man einen sauberen, gut beleuchteten Arbeitsplatz, der mit einer Werkbank und Schraubstock versehen ist. Es soll auch genügend Raum vorhanden sein, um die verschiedenen Teile auszulegen und zu ordnen, ohne dass man sie immer wieder wegräumen muss. In einer gut ausgerüsteten Werkstatt lässt sich gemütlich und ohne Hast arbeiten, die Maschine kann in einer sauberen Umgebung zerlegt und wieder zusammengebaut werden. Leider verfügt aber nicht jeder über einen solchen idealen Arbeitsplatz und dementsprechend muss auch da und dort improvisiert werden. Um diesen Nachteil auszugleichen, muss besonders viel Zeit und Sorgfalt aufgewendet werden.

Als weiteres benötigt man unbedingt einen möglichst vollständigen Satz Qualitätswerkzeuge. Qualität ist hier oberstes Gebot, da billiges Werkzeug auf lange Sicht eher teuer werden kann, falls man damit abrutscht oder es zerbricht und dabei teuren Schrott baut. Ein gutes Qualitätswerkzeug wird sich lange verwenden lassen und rechtfertigt in jedem Falle die Anschaffungskosten. Die Grundlage des Werkzeugsatzes ist ein Satz Gabelschlüssel, die sich an jedem gut zugänglichen Teil des Fahrzeuges ansetzen lassen. Ein Satz Ringgabelschlüssel stellt einen wünschenswerten Zusatz dar, der sich besonders bei festsitzenden Schrauben und Muttern verwenden lässt, oder wo die Platzverhältnisse ungünstig sind.

Um die Kosten niedrig zu halten, kann man sich auch mit einem Satz kombinierter Ringgabelschlüssel behelfen, diese tragen an einem Ende eine Gabelöffnung und am anderen einen Ring von der gleichen Weite. Stecknüsse (-einsätze) stellen ebenfalls eine lobenswerte Investition dar. Vorausgesetzt, dass der Aussendurchmesser der Nüsse nicht allzu gross ist, können auch sehr versteckt oder in Vertiefungen sitzende Muttern und Schrauben gelöst werden.

Weitere benötigte Werkzeuge sind ein Satz Kreuzschlitzschraubenzieher, Zangen und Hammer. Zusätzlich zur Grundausrüstung kann man sich noch ein paar speziellere Werkzeuge beschaffen, die sich meistens als unschätzbare Hilfe erweisen, besonders, wenn man gewisse Reparaturen immer wieder durchführen muss. Damit lässt sich also recht viel Zeit sparen. Als Beispiel sei hier einmal der Schlagschraubenzieher erwähnt, ohne den sich die maschinell angezogenen Kreuzschlitzschrauben kaum lösen lassen, ohne dass man sie dabei beschädigt. Selbstverständlich kann er auch zum Anziehen verwendet werden, um einen öl- und gasdichten Sitz zu gewährleisten. Ebenfalls oft benötigt werden Seegeringzangen, da Getrieberäder, Wellen und ähnliche Teile meist durch Sicherungsringe gehalten werden, die sich mit einem Schraubenzieher nur schwer entfernen lassen.

Es sind zwei Typen von Seegeringzangen erhältlich, einer für die Aussensicherungsringe und einer für Innensicherungsringe. Sie sind mit geraden oder abgewinkelten Klauen erhältlich. Eines der nützlichsten Werkzeuge ist der Drehmomentschlüssel, eigentlich eine Art Schraubenschlüssel, der so eingestellt werden kann, dass er durchrutscht, wenn ein gewisses Anzugsdrehmoment einer Schraube oder Mutter erreicht ist. Derartige Schlüssel sind ebenfalls mit einem Zeiger erhältlich, welcher das erreichte Drehmoment anzeigt. Anzugsdrehmomente werden in jedem modernen Werkstatthandbuch oder jeder Reparaturanleitung aufgeführt, so dass auch besonders komplexe Baugruppen oder Komponenten, wie z. B. ein Zylinderkopf angezogen werden können, ohne dass man Beschädigungen oder Lecks infolge Verzugs befürchten muss.

Je höher entwickelt ein Automodell ist, desto mehr Werkzeuge benötigt man, um es im Do-it-yourself-Verfahren immer im bestmöglichen Zustand zu halten. Leider lassen sich aber einige ganz spezielle Arbeiten nicht ohne die richtige Ausrüstung durchführen, für die man meist tief in die Tasche greifen muss, wenn man diese Arbeiten nicht einem Spezialisten übergeben will. Hier ist auch eine gewisse Vorsicht am Platze, es gibt nun einfach verschiedene Arbeiten, die man am besten einem Fachmann überlässt. Obwohl ein Vielfachmessgerät zum Aufspüren von elektrischen Schäden eine grosse Hilfe darstellt, kann es in ungeübten Händen grosse Schäden anrichten.

Obschon in dieser Reparaturanleitung gezeigt wird, wie sich verschiedene Komponenten auch ohne Spezialwerkzeuge aus- und wieder einbauen lassen (falls nicht unbedingt nötig), empfiehlt es sich, die Anschaffung der gebräuchlichsten Spezialwerkzeuge in Betracht zu ziehen. Dies wird sich besonders dann lohnen, wenn man das Auto über längere Zeit behalten will.

Auch mit den vorgeschlagenen, improvisierten Methoden und Werkzeugen lassen sich verschiedene Teile ohne Gefahr von Beschädigung aus- und einbauen. In jedem Fall lässt sich mit den Spezialwerkzeugen, die vom Hersteller produziert und verkauft werden, eine Menge Zeit (und Ärger) sparen.

1.5 Erneuerung von Leichtmetallgewinden

Abgenützte oder beschädigte Gewinde können durch den Einbau von HELICOIL-Gewindeeinsätzen (Bild 2) wieder hergestellt werden. Im wesentlichen umfasst die Reparatur das Aufbohren der beschädigten Gewinde, das Gewindeschneiden mit einem Spezialbohrer und den Einbau des HELICOIL-Gewindeeinsatzes ins neue Gewindeloch.

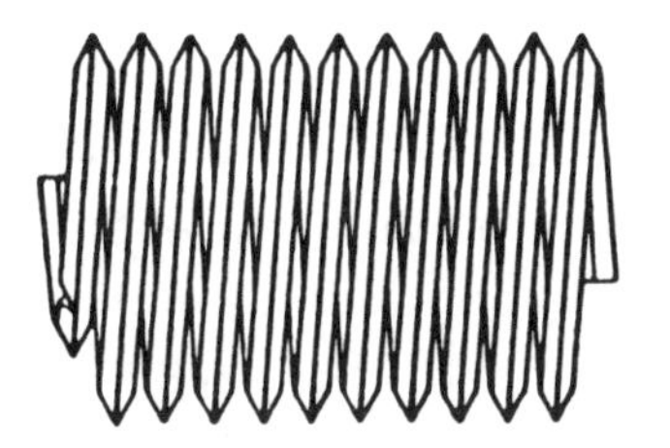
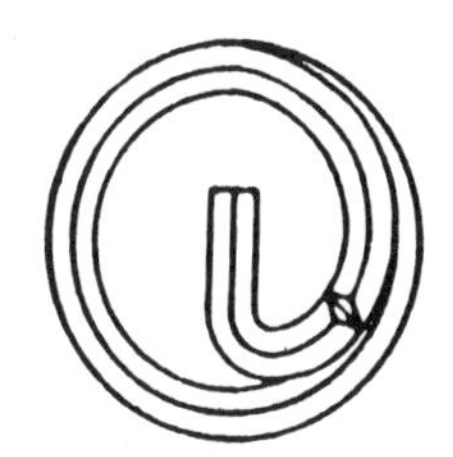

Bild 2
Ansicht eines Helicoil-Gewindeeinsatzes

Dadurch entsteht ein Gewinde der ursprünglichen Dimension. Beim Einschrauben einer Schraube in einen HELICOIL-Gewindeeinsatz kann eine geringfügige Schwergängigkeit auftreten. Dieses Widerstandsmoment ist mit einem Drehmomentschlüssel zu messen und dem vorgeschriebenen Anzugsdrehmoment zuzuschlagen, damit alle Befestigungsschrauben des betreffenden Bauteils mit demselben Anzugswert angezogen werden.

1.6 Aufbocken des Fahrzeuges

Zum Aufbocken der Vorderseite die Handbremse anziehen und zur Sicherheit einen Ziegelstein unter die Hinterräder unterlegen.
Zum Aufbocken der Rückseite einen Gang einlegen und Ziegelsteine vor den Vorderrädern unterlegen.
Sichere Unterstellböcke unter die Seiten der Karosserie nur an den vorgeschriebenen Stellen unterstellen. Falls man zuerst eine Seite und danach die andere Seite, wie oben beschrieben aufbockt, muss unbedingt auf die Sicherheit der Unterstellböcke geachtet werden.
Wagenheber nur auf festem Boden ansetzen. Das gleiche gilt für die Unterstellböcke.

2 Der Motor

2.1 Ausbau des Motors

2.1.1 Vergasermotoren

Der Motor wird ohne Getriebe nach oben aus dem Fahrzeug gehoben. Ein kräftiges Hebezeug ist eine Voraussetzung für diese Arbeit, jedoch kann der Motor durchaus mit Hilfe von zwei kräftigen Personen herausgehoben werden. Das Getriebe muss in geeigneter Weise von der Unterseite angehoben werden, um den Motor in die vorschriftsmässige Stellung zum Herausheben zu bringen. Vor dem Ausbau sind die folgenden Anweisungen zu beachten:

- Falls ein automatisches Getriebe eingebaut ist, braucht dieses zum Ausbau des Kühlers nicht abgelassen werden. Die beiden Ölschläuche des Ölkühlers abklemmen und mit den Enden nach oben gerichtet am Batterieträger festbinden.
- Ebenfalls bei einem Fahrzeug mit automatischem Getriebe die Lage der Kerbe am Anlasserzahnkreuz gegenüber dem Halteblech des Drehmomentwandlers grundsätzlich markieren.
- Falls eine Klimaanlage eingebaut ist, dürfen die Leitungen nicht abgeklemmt werden. Der Kondenswasserbehälter und der Kompressor müssen im Fahrzeug verbleiben.
- Nicht die Leitungen der Servolenkung abschliessen. Die Lenkhilfspumpe und den Vorratsbehälter ausbauen und den Behälter in senkrechter Lage festbinden.

Beim Ausbau folgendermassen vorgehen:

- Fahrzeug an der Vorderseite aufbocken.
- Massekabel der Batterie abklemmen.
- Batterie vollkommen ausbauen.
- Den Batterieträger ausbauen.
- Den Sitz der Motorhaubenscharniere am Haubenblech anzeichnen, die Motorhaube abschrauben und an sicherer Stelle ablegen.
- Von der Unterseite des Fahrzeuges das Motorenöl ablassen und die Kühlanlage öffnen. Falls Öl und Kühlmittel noch in gutem Zustand sind, können sie in sauberen Behältern aufgefangen werden.
- Den Kühler ausbauen.
- Luftfilter ausbauen.
- Heizungsschläuche von den Anschlüssen lösen und abziehen. Ebenfalls den zum Vergaser führenden Schlauch am Vergaser abschliessen.
- Den Unterdruckschlauch für den Bremskraftverstärker und den Schlauch vom Unterdruckbehälter für die Heizung abschliessen.
- Kraftstoffleitungen zum Tank abschliessen.
- Gasbetätigung und Starterzug abschliessen.
- Die elektrischen Kabel der Lichtmaschine, des Öldruckschalters, der Zündspule, des Temperaturgebers, des Anlasserrelais und der Ventilatorkupplung abklemmen.
- Unter Bezug auf Bild 3 den Anlasser und dessen Abdeckblech ausbauen. Danach das linke Abdeckblech (1) und das rechte Abdeckblech ausbauen, ohne die Einstellung des Impulsgebers (2) zu verstellen. Das Halteblech des Drehmomentwandlers (3) wie in der Abbildung gezeigt anordnen.

Bild 3
Einzelheiten zum Aus- und Einbau des Motors

1 Linkes Abdeckblech
2 Impulsfühler
3 Wandlerstützplatte

- Vor dem weiteren Ausbau muss die Kerbe (4) für den OT-Geber gegenüber der Halteplatte (3) in Bild 4 markiert werden. Falls die Markierung nicht sichtbar ist, sind zwei Zeichen «a» einzuzeichnen. Danach die Schrauben (5) des Drehmomentwandlers entfernen. Der Drehmomentwandler muss mit der Vorrichtung 8.0315A in seiner Lage gehalten werden.

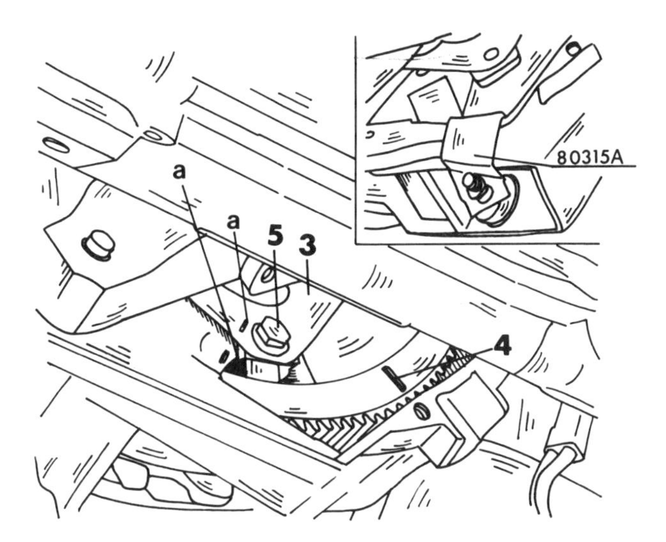

Bild 4
Einzelheiten zum Aus- und Einbau des Motors

3 Halteplatte
4 Kerbe für OT-Geber
5 Drehmomentwandler
a Einzuzeichnende Markierungen

- Auspuffrohr vom Auspuffkrümmer abschrauben.
- Die Befestigungsschrauben der Motorlager am Querträger lösen.
- Eine Seilschlinge oder Kette um den Motor legen und mit Hilfe eines Hebezeugs den Motor anheben, bis das Getriebe am Getriebetunnel anliegt. Die Spannung darf nicht zu gross sein.
- Einen Wagenheber unter das Getriebe setzen und den Wagenheberkopf gegen das Getriebe ansetzen, bis der Wagenheber leicht unter Spannung steht.
- Die drei Schrauben zwischen Motor und Getriebe ausschrauben.
- Den Motor vorsichtig vom Getriebe abdrücken und nach oben herausheben. Darauf achten, dass die Schläuche der Servolenkung und die Halterung für den Luftfilter dabei nicht beschädigt werden.

2.1.2 Einspritzmotor

Der Motor wird ohne Getriebe nach oben aus dem Fahrzeug gehoben. Ein kräftiges Hebezeug ist eine Voraussetzung für diese Arbeit, jedoch kann der Motor durchaus mit Hilfe von zwei kräftigen Personen herausgehoben werden. Das Getriebe muss in geeigneter Weise von der Unterseite angehoben werden, um den Motor in die vorschriftsmässige Stellung zum Herausheben zu bringen.

Beim Ausbau folgendermassen vorgehen:

- Fahrzeug an der Vorderseite aufbocken.
- Massekabel der Batterie abklemmen.
- Batterie vollkommen ausbauen.
- Den Sitz der Motorhaubenscharniere am Haubenblech anzeichnen, die Motorhaube abschrauben und an sicherer Stelle ablegen.
- Den Luftfilter ausbauen. Dazu die beiden Schrauben an der Oberseite lösen, eine Schelle entfernen und eine Schraube an der Unterseite lösen. Den Luftfilter herunterheben und sofort einen Lappen in die Ansaugöffnung stopfen, um Eindringen von Schmutz zu vermeiden.
- Die Kühlanlage ablassen.
- Den Kühler ausbauen. Dazu den oberen und unteren Wasserschlauch abschliessen, eine Schraube an der Oberseite entfernen und das Kabel des Thermoschalters abklemmen. Drei Schrauben der Ventilatorverkleidung vom Kühler lösen und die Teile herausheben.
- Bei eingebauter Getriebeautomatik einen Behälter unter die beiden Anschlüsse des Ölkühlers für das Getriebe unterstellen und die Anschlüsse lösen. Die Leitungen abziehen und durch den Ausschnitt des Batterieträgers nach oben führen, damit das Öl nicht herauslaufen kann. Darauf achten, dass die Schläuche nicht nach unten rutschen.
- Die beiden Gummilager an der Unterseite des Ölkühlers abschrauben und den Kühler von oben herausheben.
- Unter Bezug auf Bild 5 die Mutter (1) der Gemischreglerhalterung, den Steuerdruckregler nach Abschliessen des Steckers (2) und der Schraube (3), das Kaltstartventil nach Lösen der Schraube (4) und des Steckverbinders (5) ausbauen.
- Die Schlauchschelle des Schlauchs am Drosselklappengehäuse entfernen und den Schlauch abziehen. Das Einspritzventil des Zylinders Nr. 2 ausbauen, nachdem die Befestigungsschraube gelöst wurde.
- Das Luftrohr ausbauen und die verbleibenden Einspritzdüsen ausbauen.
- Die beiden Kraftstoffleitungen nach Öffnen der Schlauchschellen abschliessen. Dazu sind zwei Gabelschlüssel erforderlich.

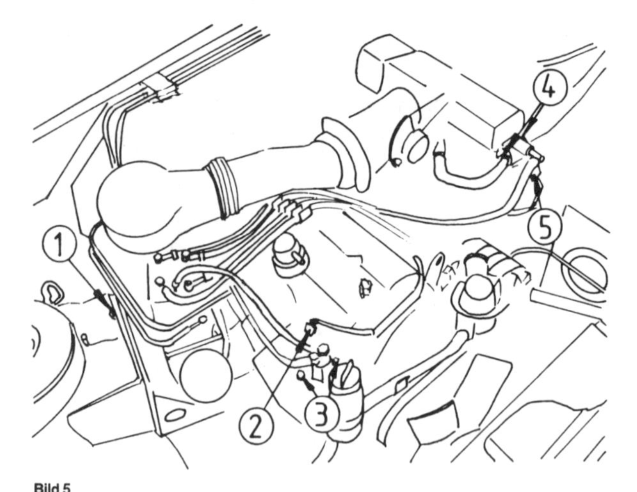

Bild 5
Einzelheiten zum Aus- und Einbau des Motors

1 Gemischreglerhalterung
2 Steckverbinder des Steuerdruckreglers
3 Schraube des Steuerdruckreglers
4 Halteschraube für Kaltstartventil
5 Steckverbinder des Kaltstartventils

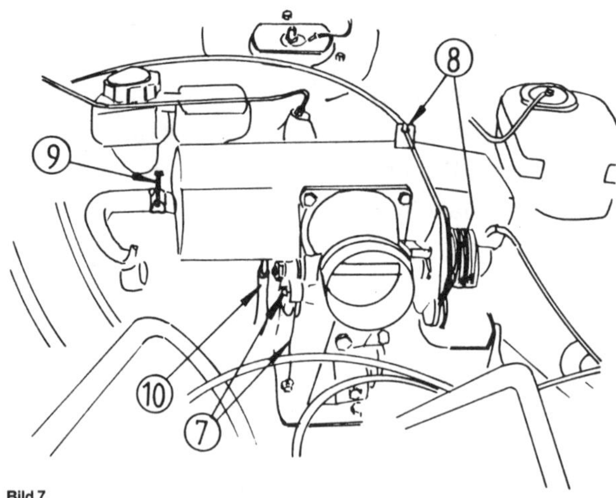

Bild 7
Einzelheiten zum Aus- und Einbau des Motors

7 Kick-down-Bowdenzug
8 Gasbetätigung
9 Anschluss/Bremsservo
10 Anschluss/Unterdruckbehälter

- Die Metalleitung mit einer Zange aus der Kunststoffhalterung herausziehen.
- Den Gemischregler ausbauen.
- Die einzelnen Steckverbinder zwischen dem Kabelstrang des Armaturenbretts und dem Kabelstrang des Motors abklemmen und die Kabelschelle entfernen.
  Eine Mutter des Anlasserrelais entfernen.
- Kabel des Rückfahrscheinwerfers abklemmen (Bild 6).
- Bei eingebauter Getriebeautomatik die Kabel des Anlasssperrschalters / Rückfahrleuchtenschalters abklemmen (siehe Bild 6).
- Eine Mutter lösen und den OT-Geber ausbauen (siehe Bild 6).
- Den Verschlussdeckel des Kupplungsgehäuses oder des Wandlergehäuses entfernen (siehe Bild 6).

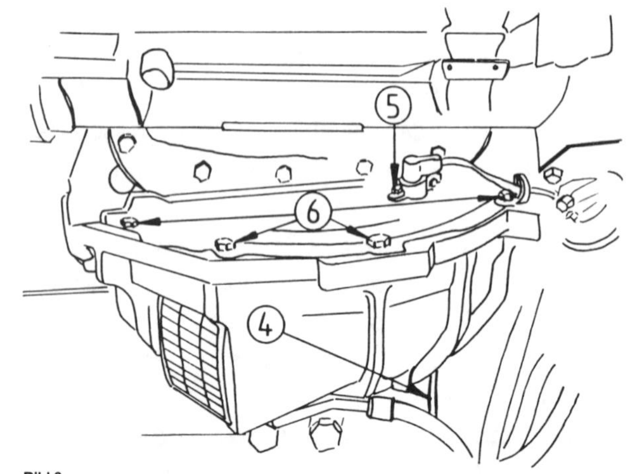

Bild 6
Zum Aus- und Einbau des Motors

4 Kabel für Anlasssperr- und Rückfahrleuchten
5 Mutter des OT-Gebers
6 Verschlussplatte für Kupplungsgehäuse

- Unter Bezug auf Bild 7 den Kabelzug (7) für den Kick-down (Übergas) abschliessen, die Gasbetätigung (8) aushängen, den Unterdruckschlauch für den Bremskraftverstärker (9) abschliessen und den Schlauch (10) vom Unterdruckbehälter abschliessen.
- Das Hochspannungskabel der Zündspule abklemmen, die Schutzkappe der Zündspule abziehen und die einzelnen Kabel der Zündspule abklemmen. Den Steckverbinder vom Verstärkermodel und das Massekabel abklemmen.
- Die Befestigungsschrauben des Anlassers am Kupplungsgehäuse und am Wandlergehäuse entfernen und den Anlasser herausheben.
- Die Heizungsschläuche am Zylinderkopf und den Zulaufschlauch an der Wasserpumpe abschliessen.
- Die vier Befestigungsschrauben des Drehmomentwandlers an der Antriebsscheibe entfernen. Dazu die Kurbelwelle durchdrehen, bis die Schrauben der Reihe nach an der Unterseite erscheinen. Die Antriebsscheibe muss während des Lösens der Schrauben gegengehalten werden.
- Das Kunststoffgitter aus dem Wandlergehäuse ausbauen, falls dieses nicht in das Wandlergehäuse eingegossen ist.
- Die Befestigungen der Auspuffanlage lösen und das Auspuffrohr vom Motor abdrücken. Darauf achten, dass das Rohr nicht unter Spannung herunterhängen kann.
- Den Antriebsriemen der Lenkhilfspumpe ausbauen. Dazu drei Schrauben und die Muttern lösen.

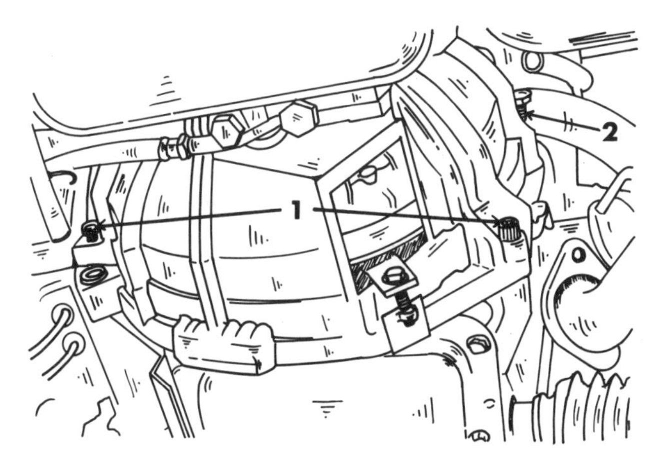

Bild 8
Beim Ausbau des Wandlergehäuses die Schraube (2) nicht entfernen, sondern nur die Schrauben (1) an der Unterseite.

- Die Muttern lösen, welche die Halteschelle für die Leitungen der Lenkhilfspumpe halten.
- Die Riemenscheibe der Lenkhilfspumpe nach Lösen der Schrauben abziehen, den Ölbehälter der Lenkung ausbauen und den Antriebsriemen für die Pumpe abnehmen.
- Die Schrauben der Spannschiene, der unteren Befestigung der Pumpe an der Konsole und der Befestigung der Pumpe am hinteren Aufhängungsauge entfernen. Zwei weitere Muttern und einen Drehbolzen lösen und die Pumpe herausheben. Die Pumpe unten am rechten, vorderen Kotflügelseitenteil ablegen. Kontrollieren, dass der Vorratsbehälter in senkrechter Lage verbleibt.
- Die fünf Befestigungsschrauben zwischen Motor und Kupplungsgehäuse oder Wandlergehäuse entfernen. Die Schraube (2) in Bild 8 wird nicht vollkommen herausgezogen.

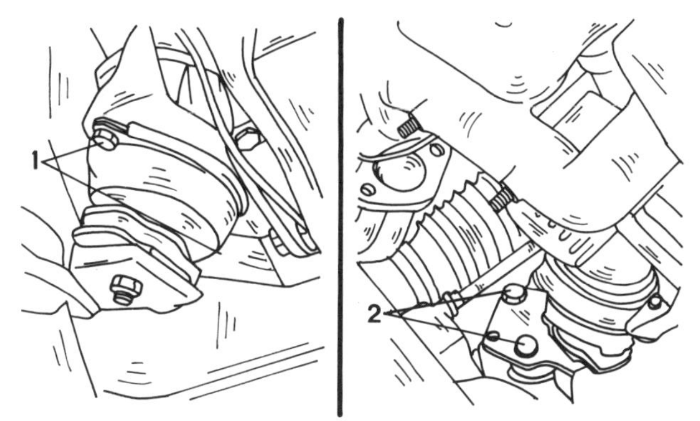

Bild 9
Die Schrauben (1) des rechten Motorlagers und die Befestigungsschrauben (2) des Aufhängungsbügels.

- Den Motor an Seilschlingen oder Ketten hängen und ihn leicht aus den Aufhängungen heben, bis er unter Spannung steht.
- Zwei Schrauben lösen, um das rechte Motorlager freizumachen (siehe Bild 9).
- Eine Schraube und eine Mutter lösen, um das linke Motorlager freizumachen (siehe Bild 10).
- Den Motor anheben, bis das Getriebegehäuse mit der Oberkante gegen den Getriebetunnel anliegt und die Motorlager herausnehmen.
- Einen Wagenheber mit einem aufgelegten Holzblock unter das Getriebe untersetzen und den Wagenheber anheben, bis das Getriebe in der augenblicklichen Lage verbleibt.
- Den Motor vorsichtig herausheben. Dabei darauf achten, dass die Leitungen der Servolenkung und des Ölkühlers des automatischen Getriebes nicht verbogen oder beschädigt werden.

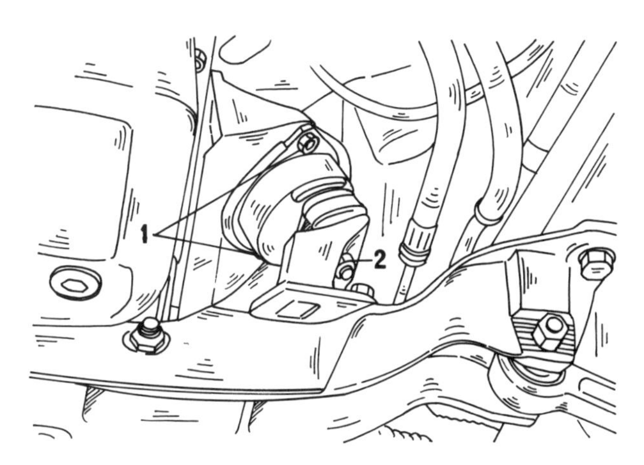

Bild 10
Die Befestigungsschraube (1) und -mutter (2) des linken Motorlagers.

2.1.3 Motor mit Turbolader

Der Ausbau des Motors mit Turbolader geschieht in gleicher Weise wie der Ausbau des Einspritzmotors, mit dem Unterschied, dass der Turbolader ebenfalls ausgebaut werden muss. Die diesbezüglichen Anweisungen sind dem betreffenden Kapitel zu entnehmen.

2.2 Einbau des Motors

2.2.1 Vergasermotoren

Der Einbau des Motors geschieht in umgekehrter Reihenfolge wie der Ausbau, unter Beachtung der folgenden Punkte:

- Bei eingebauter Getriebeautomatik die Führung (1) des Drehmomentwandlers in Bild 11 mit Calysol F3015-Fett einschmieren.
- Bei eingebautem Schaltgetriebe die Keilverzahnungen und den Führungszapfen (2) der Kupplungswelle, sowie die Führungsmuffe für das Ausrücklager leicht mit Molykote 321 einschmieren.
- Die folgenden Anzugsdrehmomente beachten:
  Motor an Getriebe = 55 Nm
  Motoraufhängung an Querträger = 35 Nm
  Ölkühleranschlüsse = 27,5 Nm

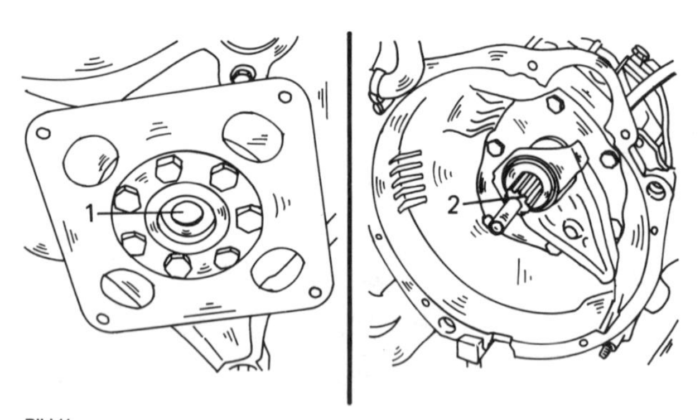

Bild 11
Vor Einbau des Motors die Führung für einen Drehmomentwandler (1) oder die Keilverzahnungen der Kupplungswelle (2) leicht mit dem genannten Fett einschmieren.

Die Kerbe für den OT-Geber folgendermassen ausrichten:

- Unter Bezug auf Bild 4 die Markierung (a) an der Halteplatte mit der Markierung (a) des Drehmomentwandlers in eine Linie bringen.
- Die vier Befestigungsschrauben des Drehmomentwandlers (3) mit LOCTITE-Gewindesicherungsflüssigkeit einschmieren und sie gleichmässig ringsherum auf ein endgültiges Drehmoment von 30 Nm anziehen.

Den OT-Geber in Bild 12 jetzt folgendermassen einstellen:

- Bei einem neuen OT-Geber die 3 Vorsprünge in Anschlag bringen.
- Bei einem gebrauchten OT-Geber die drei Vorsprünge abschneiden. Den Spalt zwischen dem Geber und dem Zahnkranz auf 1,7 mm einstellen.

Beim Anschliessen der Zündspulenkabel unter Bezug auf Bild 12 auf die richtige Anschlussweise achten:

- Das braune oder rote Kabel (B-R) mit dem Zündverteiler verbinden.
- Das grüne Kabel (112) mit dem Drehzahlmesser verbinden (falls eingebaut).
- Das schwarze (N) oder graue (G) Kabel mit der Diagnosesteckdose verbinden.
- Das braune Kabel (2) mit der Plusseite der Zündspule verbinden.

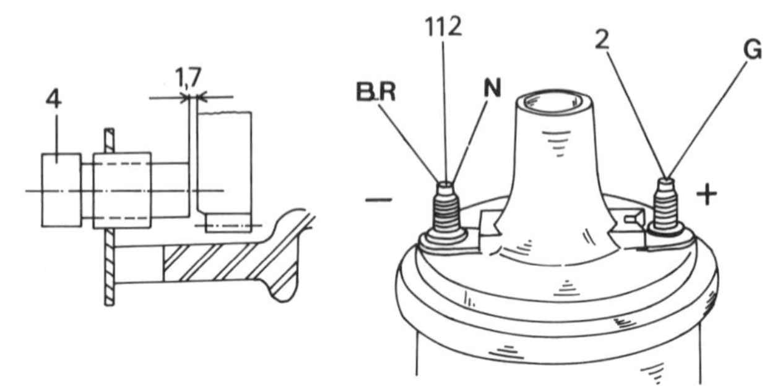

Bild 12
Die Kennzeichnung der Zündspulenanschlüsse (siehe Text).

Den Motor mit Öl füllen und die Kühlanlage auffüllen, wie es in Kapitel 4.1 beschrieben ist. Den Flüssigkeitsstand im Vorratsbehälter der Servolenkung und im automatischen Getriebe überprüfen und falls erforderlich berichtigen. Abschliessend die Zündung, den Vergaser usw. einstellen.

2.2.2 Einspritzmotor

Vor dem Einbau des Motors müssen einige Vorarbeiten getroffen werden:

- Die drei Anlasserschrauben (1) müssen eingesetzt werden, ohne dass die beiden hinteren

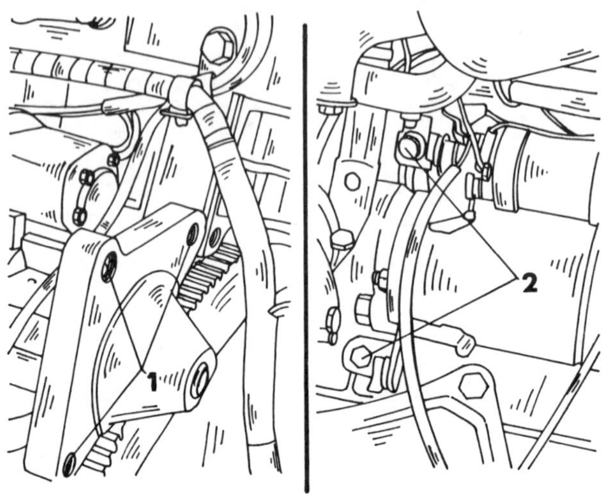

Bild 13
Zum Einbau des Anlassers (siehe Text).

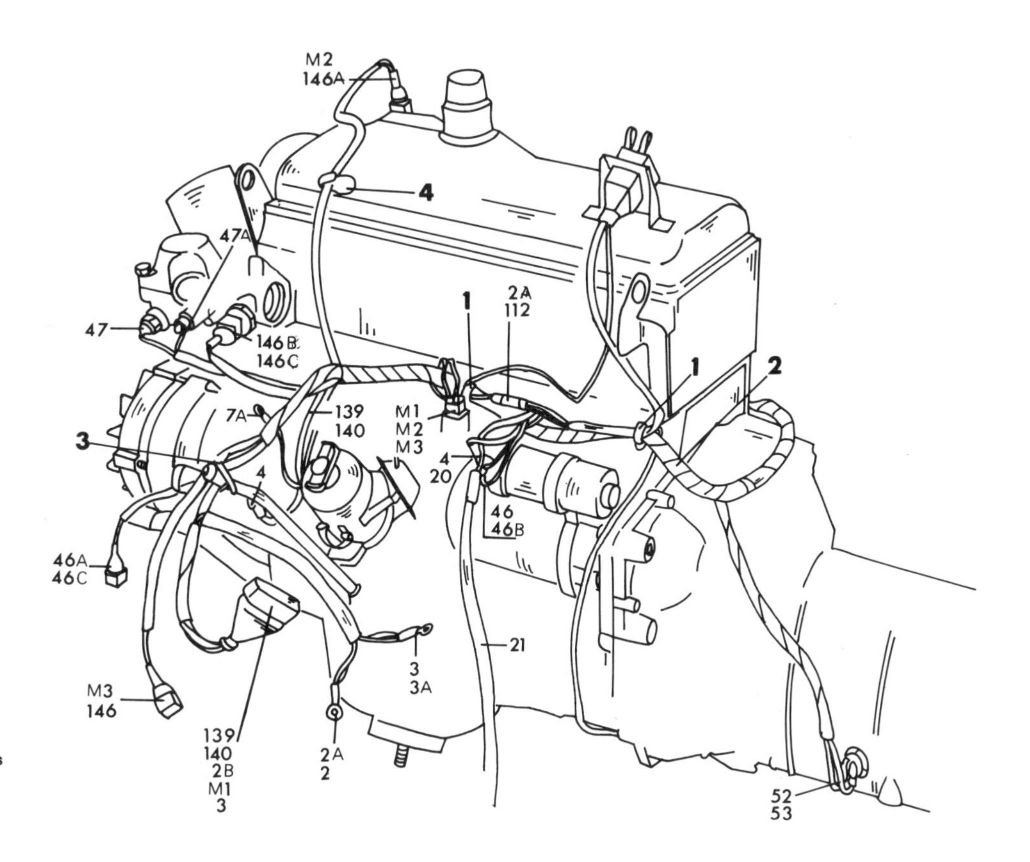

Bild 14
Die Anschlüsse des Motorkabelstrangs. Die Zahlen weisen auf die Anschlüsse des Schaltplans. Auf die grossen Zahlen wird im Text eingegangen.

Befestigungen (2) gelöst werden, falls das gleiche Kupplungs- oder Wandlergehäuse wieder eingebaut wird (siehe Bild 13).

- Falls ein neues Gehäuse eingebaut wurde, müssen die beiden Schrauben (2) gelockert werden.
- Die Kabelstränge des Motors und die Diagnosesteckdose entsprechend Bild 14 anschliessen. Die Kabel danach mit den Kabelschellen 1 (blaue Farbe), 2 (grüne Farbe), dem Kunststoffband (3) und der Kabelschelle (4) an der Zylinderkopfhaube befestigen.
- Bei eingebautem Schaltgetriebe die Keilverzahnungen und den Führungszapfen der Antriebswelle leicht mit Molykote 321-Fett einschmieren. Kontrollieren, ob das Ausrücklager einwandfrei eingesetzt ist.
- Die Führung für den Drehmomentwandler mit Calysol F3015-Fett einschmieren (ähnlich wie in Bild 11). Ungefähr 20 g des Fetts ist einzuschmieren.

Die Hebevorrichtung für den Motor anbringen und den Motor langsam in den Motorraum hineinheben. Bei den weiteren Arbeiten folgendermassen vorgehen:

- Einen Gang einschalten.
- Den Motor auf eine Höhe mit dem Passstift (1) in Bild 15 bringen und die Schraube (2) mit einer neuen Zahnscheibe einschrauben und anziehen, bis der Passstift (1) in Berührung mit dem Kupplungsgehäuse oder dem Wandlergehäuse kommt.
- Den Motor weiterhin absenken, bis die Schraube (1) in Bild 16 eingesetzt werden kann (mit einer neuen Zahnscheibe). Die beiden Schrauben in den Bildern 15 und 16 anziehen, bis das Getriebegehäuse gegen den Zylinderblock anliegt. Wie aus den Bildern ersichtlich ist, muss ein Innensechskantschlüssel zum Anziehen benutzt werden.

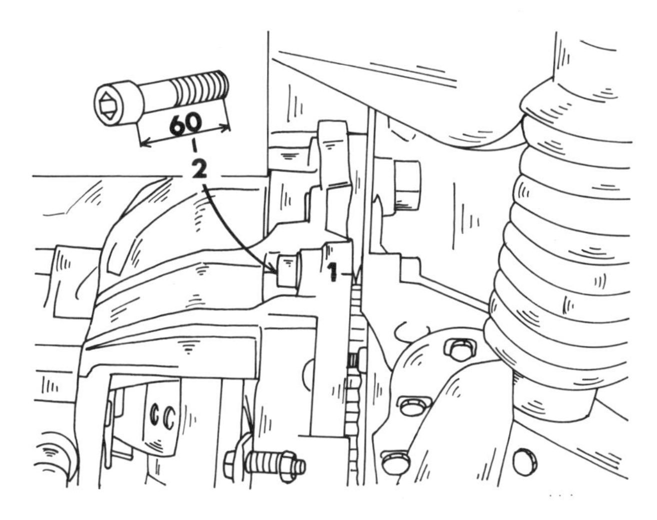

Bild 15
Die Befestigung des Getriebegehäuses an der Oberseite. Die Schrauben müssen den gezeigten Schraubenkopf und die gezeigte Länge haben.

1 Passstift
2 Schraube

Bild 16
Die Befestigung des Getriebegehäuses an der Unterseite. Die Schrauben (1) müssen den gezeigten Schraubenkopf und die gezeigte Länge haben.

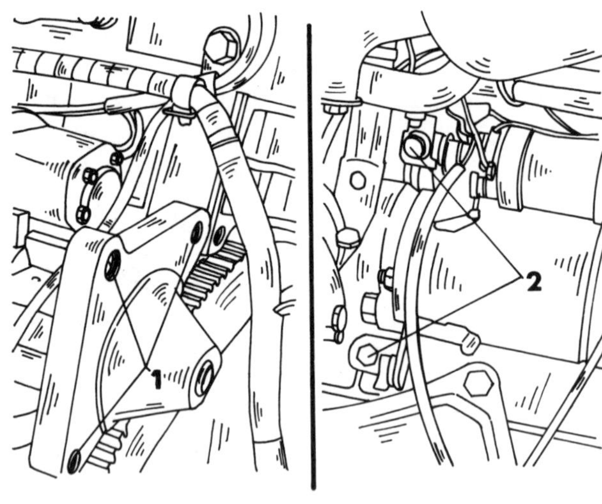

Bild 18
Zum Einbau des Anlassers (siehe Text)

- Die Schrauben zwischen Motor und Getriebegehäuse an der Oberseite einsetzen. Die Schrauben werden mit Wellenscheiben versehen. Zu beachten ist, dass die Schraube (2) in Bild 8 eine Länge von 40 mm haben muss. Die Schrauben gleichmässig ringsherum mit einem Drehmoment von 50 Nm anziehen.
- Die vorderen Motorlager montieren und die Schrauben und Muttern unter Bezug auf Bild 17 auf die folgenden Anzugsdrehmomente anziehen:

  Schrauben (1) = 20 Nm
  Mutter (2) = 35 Nm
  Schrauben (3) = 35 Nm

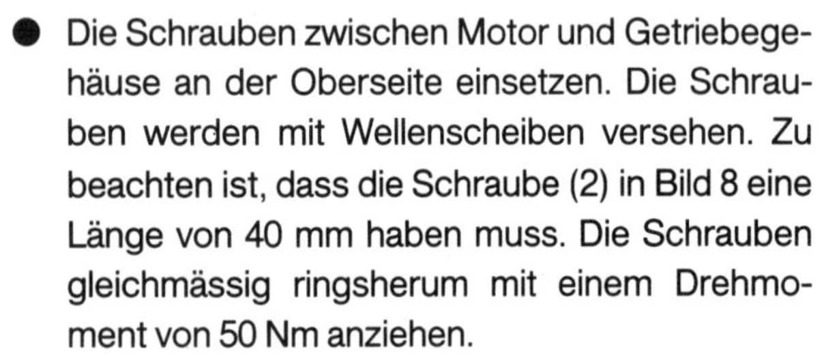

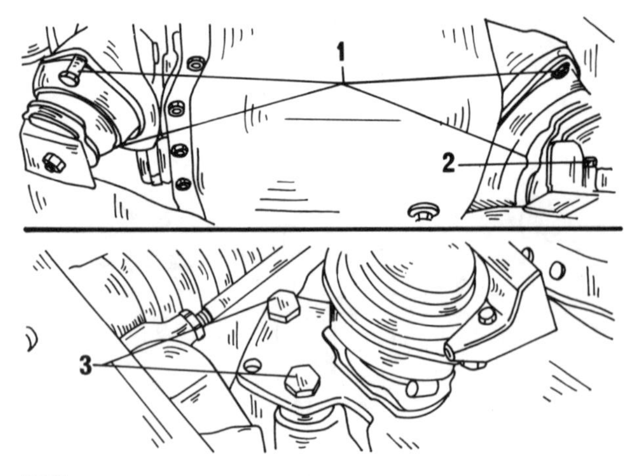

Bild 17
Zum Einbau des Motors. Auf die im Text angegebenen Anzugsdrehmomente achten.

- Die Hebevorrichtung vom Motor abnehmen.
- Den Anlasser mit den Innensechskantschrauben am Motor und Getriebe befestigen. Die Schrauben mit 15 Nm anziehen. Die hinteren Befestigungsschrauben des Anlassers mit 25 Nm anziehen (Bild 18).
- Die Befestigungsschrauben des Drehmomentwandlers an der Antriebsscheibe einwandfrei reinigen und die Gewinde mit «Loctite»-Gewindesicherungsflüssigkeit einschmieren. Die vier Schrauben der Reihe nach einsetzen und mit einem Drehmoment von 30 Nm anziehen. Die Kurbelwelle muss dabei durchgedreht werden, bis alle Schrauben an der Unterseite erscheinen.
- Abdeckplatte des Schwungradgehäuses oder Wandlergehäuses anbringen und die Schrauben mit 12,5 Nm anziehen.
- Kabel am Schalter der Rückfahrleuchten oder am Anlasssperrschalter bei eingebauter Getriebeautomatik anbringen.
- Den Geber der Diagnosesteckdose montieren. Den Geber einstellen, so dass ein Spalt von 1,0 mm zwischen dem Geber und dem Schwungrad vorhanden ist, wie es Bild 19 zeigt.

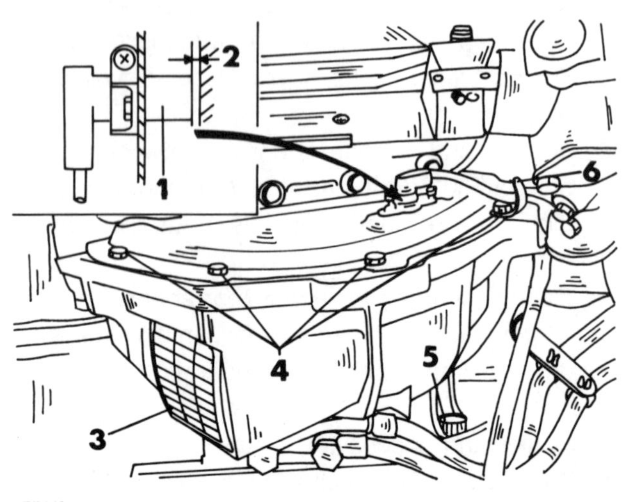

Bild 19
Zum Einbau des Motors

1 OT-Geber
2 Schwungrad
3 Kunststoffgitter
4 Schraube, 12,5 Nm
5 Kabelanschlüsse
6 Kabelschelle

- Die Lenkhilfspumpe unter Bezug auf die Bilder 20 und 21 wieder montieren. Dazu zuerst die Schrauben 1 bis 4 einsetzen und lose anziehen. Die Riemenscheibe wieder an der Pumpe anbringen und die beiden Schrauben mit 7,5 Nm anziehen. Den Keilriemen spannen, indem man die Pumpe nach aussen drückt und die Schrauben und Muttern auf folgende Anzugsdrehmomente anziehen:
  Schraube (1) = 30 Nm
  Schraube (3) = 35 Nm
  Schraube (4) und Muttern (2) = 30 Nm.
- Das Auspuffrohr und die Heizungsschläuche anschliessen.
- Den Kabelstrang des Motors mit dem Kabelstrang des Armaturenbretts verbinden. Das Anlasserrelais anschliessen.

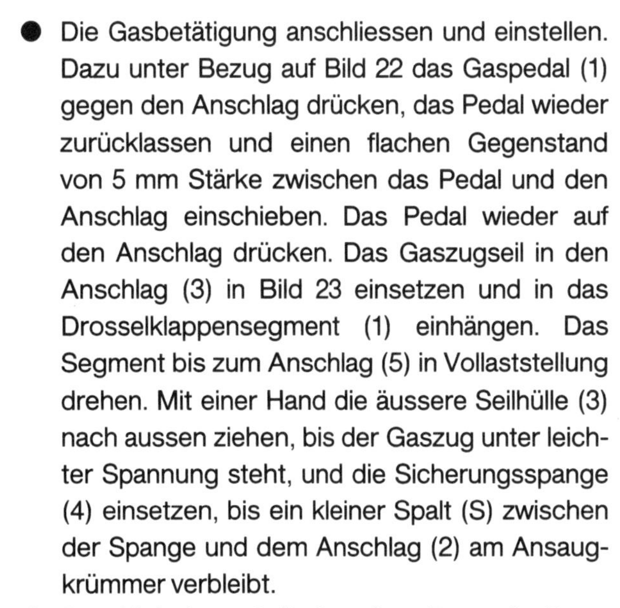

- Die Gasbetätigung anschliessen und einstellen. Dazu unter Bezug auf Bild 22 das Gaspedal (1) gegen den Anschlag drücken, das Pedal wieder zurücklassen und einen flachen Gegenstand von 5 mm Stärke zwischen das Pedal und den Anschlag einschieben. Das Pedal wieder auf den Anschlag drücken. Das Gaszugseil in den Anschlag (3) in Bild 23 einsetzen und in das Drosselklappensegment (1) einhängen. Das Segment bis zum Anschlag (5) in Vollaststellung drehen. Mit einer Hand die äussere Seilhülle (3) nach aussen ziehen, bis der Gaszug unter leichter Spannung steht, und die Sicherungsspange (4) einsetzen, bis ein kleiner Spalt (S) zwischen der Spange und dem Anschlag (2) am Ansaugkrümmer verbleibt.
- Das Kick-down-Seil einstellen. Dazu die Dros-

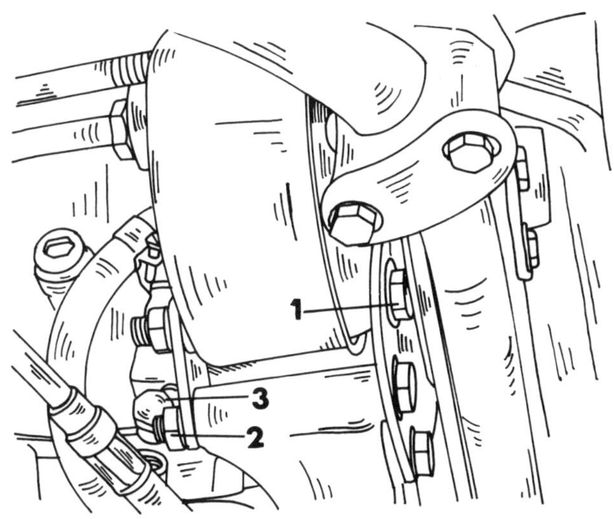

Bild 20
Die Befestigung der Lenkhilfspumpe von der Unterseite gesehen. Schrauben (1) und Muttern (2) werden verwendet.

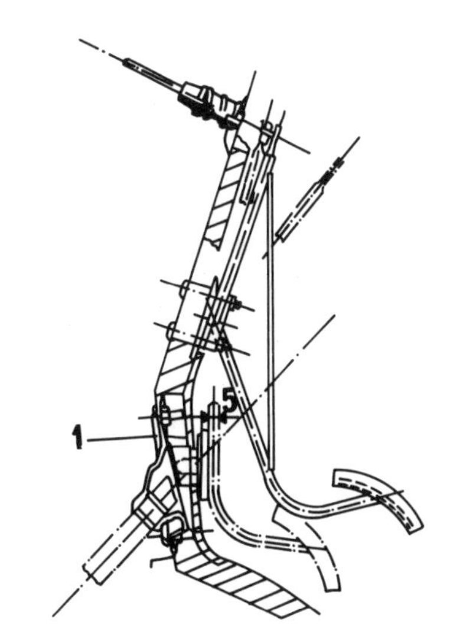

Bild 22
Zur Einstellung der Gasbetätigung. Der Abstand zwischen dem Anschlag (1) und dem Pedalhebel ist auf 5 mm einzustellen.

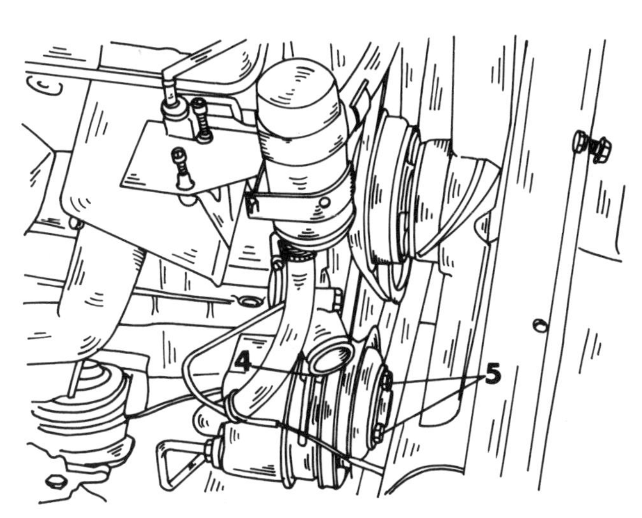

Bild 21
Die Befestigung der Lenkhilfspumpe (4) und der Riemenscheibe (5) von der Oberseite gesehen.

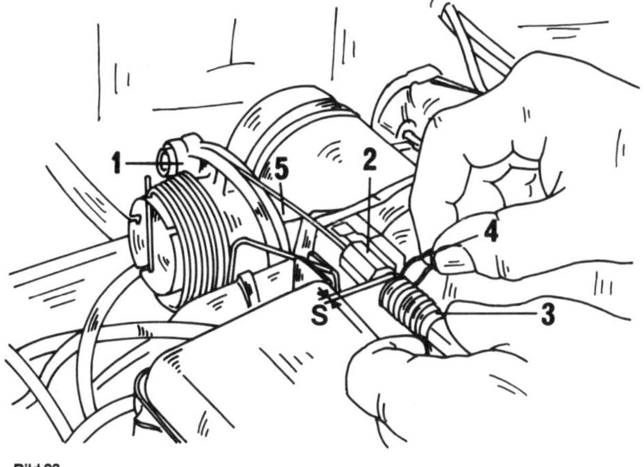

Bild 23
Anschliessen des Gasbetätigungszuges. Der Spalt «S» muss auf ein Mindestmass gebracht werden.

1 Gasbetätigungssegment
2 Anschlag
3 Seilaussenhülle
4 Federspange
5 Vollastanschlag

selklappe in die Leerlaufstellung bringen und das Seil vorspannen, bis ein Spalt (S) von 1,0 mm zwischen der Spange (1) und der Seilverschraubung (2) verbleibt. Das Seil leicht vorspannen und die Klemmschraube (3) anziehen (siehe Bild 24).

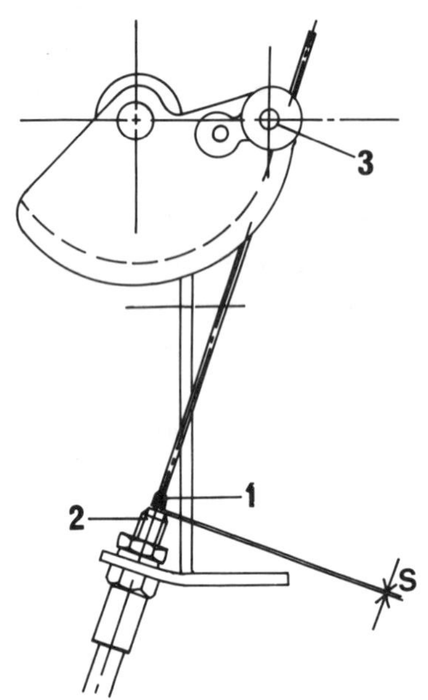

Bild 24
Zur Einstellung des Kick-down-Seils bei eingebauter Getriebeautomatik. Der Spalt «S» muss 1,0 mm betragen.

1 Federspange 2 Hülsenmutter 3 Klemmrolle

- Alle in Bild 5 gezeigten Teile wieder anschliessen.
- Die vier Einspritzdüsen und alle damit verbundenen Teile wieder einbauen.
- Die beiden Kraftstoffleitungen anschliessen. Dabei die mit dem Klebeband gezeichnete Leitung entsprechend Bild 25 anschliessen. Mit einer

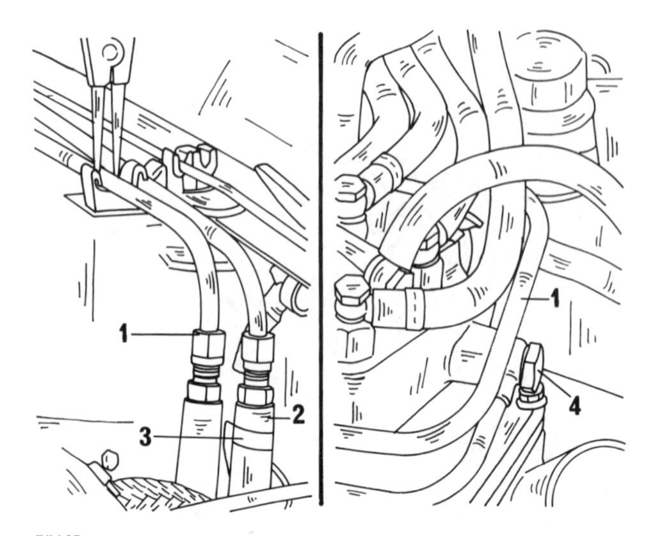

Bild 25
Anschlussweise der Kraftstoffleitungen

1 Rücklaufleitung
2 Einlassrohr
3 Klebring
4 Ringanschluss

Zange die Kunststoffhalterung öffnen und die beiden Leitungen in die Halterung drücken.

- Alle anderen Arbeiten in umgekehrter Reihenfolge des Ausbaus durchführen.

2.3 Zerlegung des Motors

Vor Beginn der Arbeiten sind alle Aussenflächen des Motors gründlich zu reinigen. Alle Öffnungen des Motors vorher mit einem sauberen Putzlappen abdecken, damit keine Fremdkörper in die Innenseite des Motors gelangen können.

Das Zerlegen des Motors wird in Einzelheiten weiter hinten beschrieben und unter der Überschrift «Reparatur und Überholung» zusammengefasst. Auf diese Weise können wir Arbeiten beschreiben, die entweder bei eingebautem Motor oder ausgebautem Motor durchgeführt werden können, ohne dass bestimmte Zerlegungsarbeiten zweimal beschrieben werden. Falls eine komplette Zerlegung durchgeführt werden soll, braucht man nur die einzelnen Arbeitsgänge miteinander zu kombinieren, und zwar in der angeführten Reihenfolge.

Im allgemeinen sollte man beim Zerlegen daran denken, dass alle sich bewegenden oder gleitenden Teile vor dem Ausbau zu zeichnen sind, um sie wieder in der ursprünglichen Lage einzubauen, falls sie wieder verwendet werden. Dies ist besonders bei Kolben, Ventilen, Lagerdeckeln und Lagerschalen wichtig. Die Teile so ablegen, dass man sie nicht durcheinander bringen kann.

Lager- und Dichtflächen auf keinen Fall mit einer Reissnadel oder gar Schlagzahlen zeichnen. Farbe eignet sich am besten zur Kennzeichnung. Ventile lassen sich am besten durch den Boden einer umgekehrten Pappschachtel stossen, so dass man die Ventilnummer daneben schreiben kann. Viele der Teile sind aus Aluminium hergestellt und sind dementsprechend zu behandeln. Falls Hammerschläge zum Trennen bestimmter Teile erforderlich sind, nur einen Gummi-, Plastik- oder Hauthammer verwenden.

Falls ein vorschriftsmässiger Montagestand nicht zur Verfügung steht, ist es am besten, wenn man sich geeignete Holzblöcke zurechtschneidet, auf welchen der Motor so aufgesetzt werden kann, dass man Zugang zur Ober- und Unterseite des Motors erhält. Der Zylinderkopf kann nach dem Ausbau mit einem Metallbügel, an den Stiftschrauben des Ansaugkrümmers angeschraubt, in einen Schraubstock eingespannt werden.

Die normale Zerlegungsreihenfolge der beiden Motorausführungen wird nachstehend angeführt und bestimmte Einzelheiten über den Ausbau werden ausführlich unter den betreffenden Überschriften weiter hinten beschrieben. Der Zylinderkopf kann bei eingebautem Motor ausgebaut werden.
Beim Zerlegen des Motors in folgender Reihenfolge vorgehen:

2.3.1 Vergasermotor

- Motorenöl ablassen.
- Alle Nebenaggregate ausbauen.
- Die Kraftstoffpumpe ausbauen.
- Ansaug- und Auspuffkrümmer abschrauben.
- Den Ölfilter, das Rohr der Kurbelgehäuseentlüftung sowie das Führungsrohr des Ölmessstabs ausbauen.
- Den Zylinderkopf nach der Beschreibung in Kapitel 2.5.1.1 ausbauen.
- Die Laufbüchsen mit den Halteschrauben sichern, wie es in Bild 26 gezeigt ist. Falls die gezeigte Spezialschraube nicht zur Verfügung steht, kann man grosse Scheiben verwenden, die mit Schrauben und langen Hülsen in den Block und gegen die Laufbüchsen geschraubt werden.

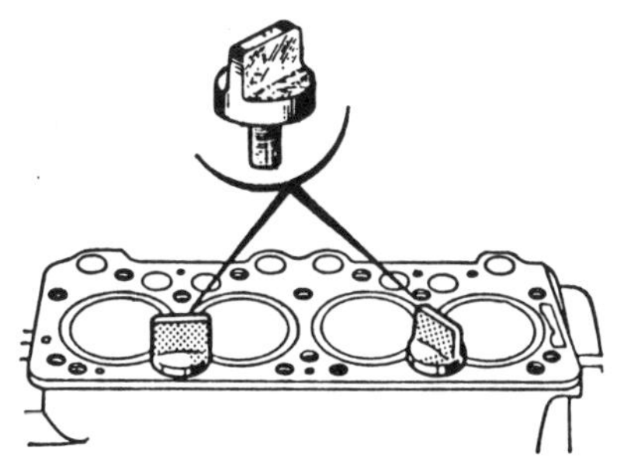

Bild 26
Befestigung der Zylinderlaufbüchsen beim Vergasermotor

- Kurbelwellenriemenscheibe zusammen mit der Scheibenfeder entfernen. Zum Lösen der Riemenscheibenmutter einen Schraubenzieher in die Zähne des Schwungradzahnkranzes einsetzen, um die Kurbelwelle gegen Durchdrehen zu sichern.
- Steuerdeckel abschrauben und herunterziehen.
- Ölschleuderblech von der Kurbelwelle herunterziehen.
- Den Kettenspanner ausbauen. Dazu die Verschlussschraube aus der Seite des Spanners herausdrehen und einen 3-mm-Innensechskantschlüssel in die freigelegte Öffnung einschieben. Den Spanner durch Drehen des Schlüssels nach rechts verriegeln.
- Nockenwellenrad abschrauben und das Kettenrad gleichzeitig mit der Steuerkette und dem Kurbelwellenrad von den beiden Wellen herunterziehen.
- Motor in Schrägstellung bringen.
- Alle Stössel herausziehen. Die Stössel in ihrer Einbaureihenfolge so aufbewahren, dass sie wieder in die ursprüngliche Stellung zurückgebracht werden können. Dies lässt sich am leichtesten durchführen, indem man die Stössel in der Reihenfolge des Ausbaus durch ein Stück Pappe stösst, wobei ein Ende der Pappe mit «Vorn» zu kennzeichnen ist, so dass die Vorderseite des Motors angegeben ist.
- Den Ölfilter ausbauen. Ein geeigneter Filterschlüssel muss dazu verwendet werden. Der Filter ist neben der Lichtmaschine auf der Oberseite des Motors befestigt.
- Die Lage der Kupplung im Verhältnis zum Schwungrad kennzeichnen, indem man mit einem Körnerschlag an gegenüberliegenden Stellen in die Kupplung und das Schwungrad schlägt. Danach die Kupplungsschrauben in gleichmässigen Durchgängen über Kreuz lösen und die Kupplung herunterheben. Das Schwungrad dabei in geeigneter Weise gegenhalten.
- Die Mitnehmerscheibe aus dem Schwungrad herausnehmen.
- Die Schrauben des Schwungrades der Reihe nach lösen. Das Schwungrad dabei wieder gegenhalten. Mit einem Gummihammer das Schwungrad abschlagen, aber darauf achten, dass es nicht herunterfallen kann.
- Motor so umkehren, dass die Zylinderkopffläche nach unten weist.
- Die Ölwanne abschrauben.
- Die drei Befestigungsschrauben der Ölpumpe lösen und die Pumpe abheben.
- Nach Ausbau der Abdeckplatte für das Steuergehäuse (mit der Dichtung) die Befestigungsplatte der Nockenwelle abschrauben.
- Nockenwelle vorsichtig herausziehen, ohne dabei die Lager zu beschädigen.
- Muttern der Pleuellagerdeckel lösen und die Pleuellagerdeckel abnehmen. Einige Schläge mit einem Weichmetallhammer könnten erforderlich sein, um die Deckel von den Pleuelstangen zu trennen. Sofort nach dem Abnehmen die

Lagerdeckel mit der entsprechenden Zylindernummer kennzeichnen.

- Lagerschalen von den Kurbelzapfen abnehmen und mit der Zylindernummer kennzeichnen.
- Kolben und Pleuelstangen zusammen mit der im Pleuelfuss verbleibenden Lagerschale aus der Oberseite des Zylinderblocks herausziehen. Ein Hammerstiel eignet sich vortrefflich, um die Teile aus der Bohrung zu schieben. Unbedingt darauf achten, dass die Kolben nicht plötzlich aus der Bohrung fallen können.
- Nach Ausbau von Kolben und Pleuelstangen sollten Lagerdeckel und Lagerschale sofort wieder mit Kolben/Pleuelstange verschraubt werden, um unter keinen Umständen Verwechslungen zuzulassen.
- Den hinteren Lagerdeckel der Kurbelwellenhauptlager abschrauben und den Deckel gerade nach oben abziehen, um ihn von den Passstiften frei zu bekommen. Zu beachten ist, dass zwei Anlaufscheiben am hinteren Lagerdeckel eingesetzt sind, welche beide abgenommen werden müssen.
- Die verbleibenden Hauptlagerdeckel in gleicher Weise entfernen, mit dem Unterschied, dass diese durch Federspannstifte geführt werden.
- Kurbelwelle vorsichtig aus dem Zylinderblock heben.
- Die verbleibenden Anlaufscheiben für das Axialspiel der Kurbelwelle aus dem hinteren Lager nehmen. Wiederum sind zwei Anlaufscheiben vorhanden.
- Motor um 180° drehen und die Befestigungsschrauben für die Zylinderlaufbüchsen entfernen. Falls sich die Zylinderlaufbüchsen nicht durch Handdruck herausdrücken lassen, kann man entweder den Spezialabzieher 0.0101 verwenden, oder man fertigt sich einen Abzieher entsprechend der Massangaben in Bild 27 an.
- Falls die Kolben von den Pleuelstangen getrennt werden sollen, die Sicherungsringe aus den Kolbenaugen entfernen und den Kolbenbolzen aus Kolben und Pleuelstange vorsichtig herauspressen. Den Kolben mit der Pleuelstange zusammenlassen, falls die Teile wieder verwendet werden sollen.
- An der Kurbelwelle können noch die Gegengewichte abgeschraubt werden. Diese sind jedoch vorher zu kennzeichnen, damit sie wieder in die alte Lage gebracht werden können.
- Die Verschlussstopfen der Ölkanäle der Kurbelwelle mit einem passenden Innensechskantschlüssel herausschrauben und die Kanäle in geeigneter Weise reinigen. Nach der Reinigung die Ölkanäle mit Pressluft durchblasen.

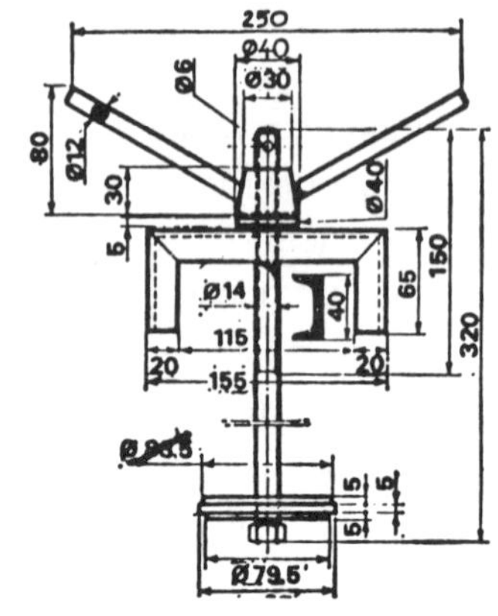

Bild 27
Abzieher zum Ausziehen der Zylinderlaufbüchsen des Vergasermotors

- Das Führungslager für die Kupplungswelle im Ende der Kurbelwelle ist selbstschmierend und kann erneuert werden, falls es sehr unter Verschleiss gelitten hat. Zum Ausbau des Lagers ist der in Bild 28 gezeigte Abzieher erforderlich. Wird das Führungslager nicht ausgebaut, darf man es beim Reinigen der Kurbelwelle nicht mit

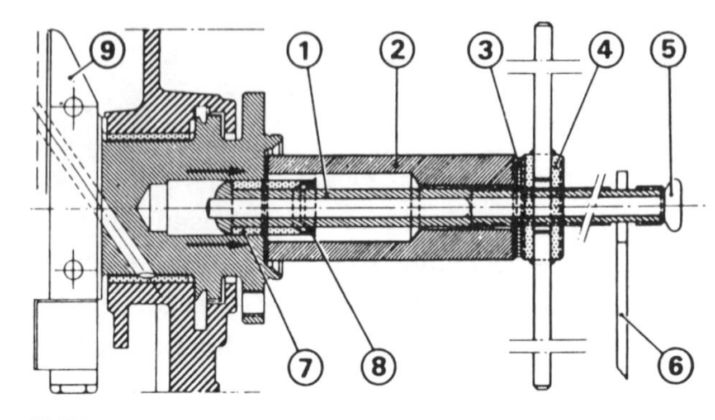

Bild 28
Ausbau der Führungsbüchse der Kurbelwelle mit dem Spezialabzieher 0.0201 beim Vergasermotor

1 Auszieheinsatz
2 Hülse
3 Scheibe
4 Mutter
5 Gewindestange 8 mm, 210 mm lang
6 Gabelschlüssel, 12 mm
7 Führungsbüchse
8 Wellendichtung
9 Kurbelwelle

Benzin oder anderen fettlösenden Flüssigkeiten in Berührung bringen.

2.3.2 Einspritzmotor

- Den Stopfen aus der Seite des Zylinderblocks ausschrauben, um das restliche Kühlmittel abzulassen.
- Den Stopfen aus der Unterseite der Ölwanne herausschrauben und das Motorenöl ablassen.
- Die Aufhängungsbügel für die Motoraufhängungen links und rechts abschrauben.
- Die Zündkabel von den Kerzen abziehen und den Zündverteiler ausbauen.
- Auspuffkrümmer abschrauben.
- Den Ansaugkrümmer zusammen mit dem Drosselklappengehäuse abschrauben.
- Spannung des Keilriemens entlasten, den Keilriemen abnehmen und die Drehstromlichtmaschine vom Zylinderblock abschrauben und abnehmen.
- Den Schutzdeckel vor dem Steuerriemen abschrauben.
- Die Wasserpumpe abschrauben und den mit dem Zylinderblock verlegten Schlauch abschliessen. Da der Zahnriemenspanner in die Pumpe eingesetzt ist, muss dieser wie in Bild 29 gezeigt mit einer Wasserpumpenzange zurückgehalten werden.

Bild 29
Beim Ausbau der Wasserpumpe den eingesetzten Zahnriemenspanner mit einer Wasserpumpe zurückdrücken (Einspritzmotor).

- Das Schwungrad in geeigneter Weise gegen Mitdrehung sichern und die Kurbelwellenriemenscheibe ausbauen.
- Die Lage der Kupplung im Verhältnis zum Schwungrad kennzeichnen, indem man mit einem Körnerschlag an gegenüberliegenden Stellen in die Kupplung und das Schwungrad schlägt. Danach die Kupplungsschrauben in gleichmässigen Durchgängen über Kreuz lösen und die Kupplung herunterheben. Das Schwungrad dabei in geeigneter Weise gegenhalten.
- Die Mitnehmerscheibe aus dem Schwungrad herausnehmen.
- Schwungrad weiterhin gegenhalten und die Schwungradschrauben lösen.
- Unter Bezug auf Bild 30 die Mutter (1) und die Schraube (2) entfernen und die Spannrolle (3) für den Zahnriemen abnehmen. Der Zahnriemen (4) kann jetzt abgenommen werden.

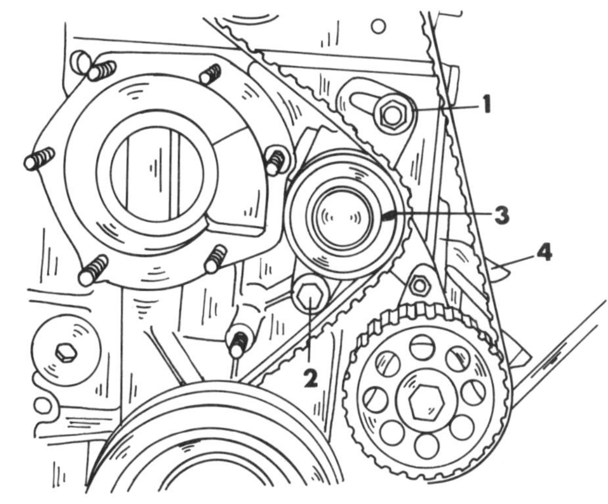

Bild 30
Zum Ausbau der Teile der Steuerung beim Einspritzmotor

1 Mutter 2 Schraube 3 Spannrolle 4 Zahnriemen

- Die Zylinderkopfhaube abschrauben und die Zylinderkopfschrauben von der Aussenseite nach innen vorgehend in gleichmässigen Durchgängen lockern.
- Den Kipphebelmechanismus abnehmen.
- Den Zylinderkopf herunterheben. Da dieser sehr fest sitzen könnte, sollten die zwei in Bild 31

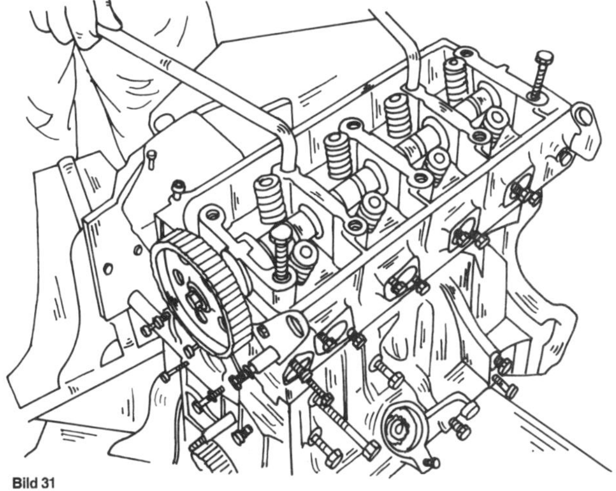

Bild 31
Abheben des Zylinderkopfes beim Einspritzmotor mit den Spezialhebeln 0.0149

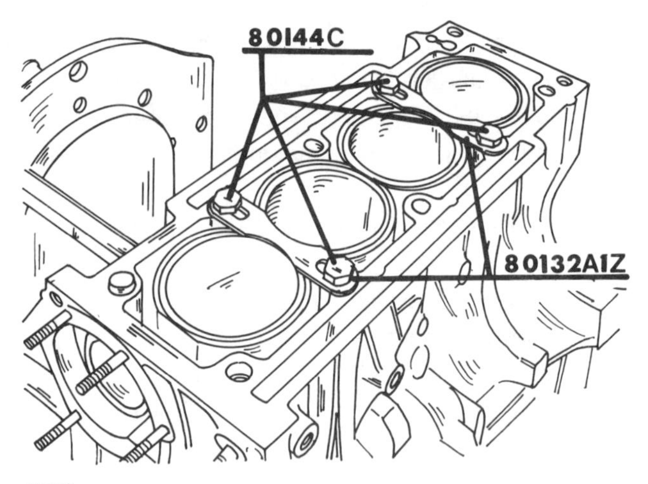

Bild 32
Befestigung der Laufbüchsen eines Einspritzmotors mit den Spezialbriden

gezeigten Hebel benutzt werden. Die Hebel an den gezeigten Stellen einsetzen und den Kopf ankippen. Der Zylinderblock muss natürlich dazu festgehalten werden, damit der Motor nicht umkippt.

- Die Laufbüchsen mit den Haltevorrichtungen sichern, wie es in Bild 32 gezeigt ist. Falls die gezeigten Briden nicht vorhanden sind, kann man sich entsprechende Metallstreifen zurechtschneiden. Je ein Streifen muss zwei der Laufbüchsen halten.
- Ölfilter mit einem Filterschlüssel losschrauben. Ist keiner vorhanden, eine Schraubenzieherklinge durch die Seite des Filters schlagen und den Filter durch Drehen am Griff abschrauben.
- Das Antriebsrad des Verteilers herausziehen und die Welle für den Ölpumpenantrieb aus dem Block ziehen.
- Motor so umkehren, dass die Zylinderkopfschraube nach unten weist.
- Die Ölwanne abschrauben.

Bild 33
Die Pleuelstangen und Pleuellagerdeckel auf der Seite der Zwischenwelle mit Körnerschlagen zeichnen

- Die Ölpumpe zusammen mit den beiden Führungspasshülsen ausbauen.
- Die Pleuelstangen und die Pleuellagerdeckel an den Seiten mit der Zylindernummer zeichnen. Lager Nr. 1 befindet sich auf der Kupplungsseite. Zur Kennzeichnung einen Körner verwenden und die Pleuel entsprechend Bild 33 zeichnen. Zu beachten ist, dass die Kennzeichnung auf der Seite der Zwischenwelle erfolgen muss.
- Die Muttern der Pleuellagerdeckel lösen und die Pleuellagerdeckel abnehmen. Einige Schläge mit einem Weichmetallhammer könnten erforderlich sein, um die Deckel von den Pleuelstangen zu trennen.
- Lagerschalen von den Kurbelzapfen abnehmen und mit der Zylindernummer kennzeichnen.
- Zylinderlaufbüchsen und Kolben mit der Zylindernummer kennzeichnen, die Halterungen für die Laufbüchsen abschrauben und die Laufbüchsen nach oben zu herausstossen. Sollten die Laufbüchsen festsitzen, baut man zuerst die Kurbelwelle aus. In diesem Fall die Kolben und Pleuelstangen zusammen mit der im Pleuelfuss verbleibenden Lagerschale aus der Oberseite des Zylinderblocks herausziehen. Ein Hammerstiel eignet sich vortrefflich, um die Teile aus der Bohrung zu schieben. Unbedingt darauf achten, dass die Kolben nicht plötzlich aus der Bohrung fallen können.
- Nach Ausbau von Kolben und Pleuelstangen sollten Lagerdeckel und Lagerschale sofort wieder mit Kolben/Pleuelstange verschraubt werden, um unter keinen Umständen Verwechslungen zuzulassen.
- Von der Vorderseite der Kurbelwelle das Steuerrad abziehen, den Keil entfernen und die Abstandsscheibe hinter dem Steuerrad abnehmen.
- Den hinteren Lagerdeckel der Kurbelwellenhauptlager abschrauben und den Deckel gerade nach oben abziehen, um ihn von den Passstiften frei zu bekommen. Zu beachten ist, dass zwei Anlaufscheiben eingesetzt sind, welche beide abgenommen werden müssen.
- Die verbleibenden Hauptlagerdeckel in gleicher Weise entfernen, mit dem Unterschied, dass diese durch Federspannstifte geführt werden. Die mittleren Lagerdeckel könnte man verwechseln und aus diesem Grund sind sie, wie in Bild 34 gezeigt, mit den Zahlen 2, 3 und 4 gezeichnet. Da man die Deckel jedoch verkehrt herum aufsetzen kann, müssen die Zahlen auf der Ölpumpenseite angeordnet werden.

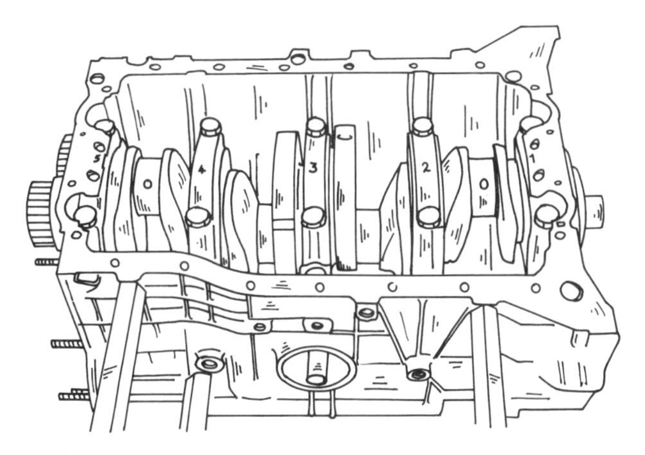

Bild 34
Kennzeichnung der Kurbelwellenhauptlagerdeckel beim Einspritzmotor

- Kurbelwelle vorsichtig aus dem Zylinderblock heben.
- Die verbleibenden Anlaufscheiben für das Axialspiel der Kurbelwelle aus dem Lager nehmen.
- Das Steuerrad der Zwischenwelle wie in Bild 35 gezeigt gegenhalten und die Schraube lösen.

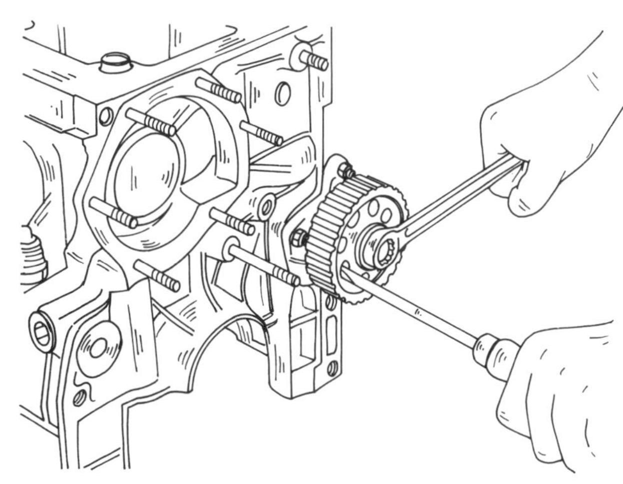

Bild 35
Lösen des Steuerrades der Zwischenwelle

- Das Steuerrad abziehen und den Keil herausnehmen.
- Befestigungsflansch der Zwischenwelle abschrauben und die Welle herausziehen. Auf der anderen Seite des Blocks den Deckel der Welle abschrauben.
- Falls die Laufbüchsen noch nicht ausgebaut wurden, kann man sie jetzt vorsichtig von unten nach oben ausschlagen. Darauf achten, dass sie nicht herunterfallen können.
- Falls die Kolben von den Pleuelstangen getrennt werden, den Kolbenbolzen aus Kolben und die Pleuelstange vorsichtig herauspressen. Zu beachten ist, dass man die Kolben und Laufbüchsen erneuern muss, falls die Pleuelstangen von den Kolben getrennt wurden, da man sie nicht wieder montieren kann.
- Das Führungslager für die Kupplungswelle im Ende der Kurbelwelle ist selbstschmierend und kann erneuert werden, falls es sehr unter Verschleiss gelitten hat. Zum Ausbau des Lagers ist der in Bild 36 gezeigte Abzieher erforderlich. Wird das Führungslager nicht ausgebaut, darf man es beim Reinigen der Kurbelwelle nicht mit Benzin oder anderen fettlösenden Flüssigkeiten in Berührung bringen.

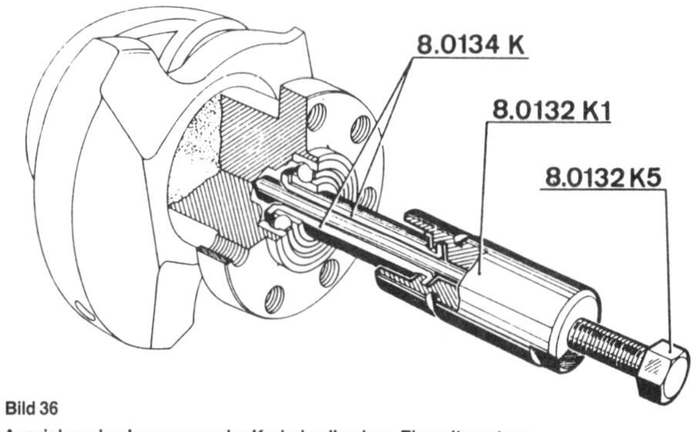

Bild 36
Ausziehen des Lagers aus der Kurbelwelle eines Einspritzmotors

2.4 Zusammenbau des Motors

Die folgenden Allgemeinhinweise sollte man beim Zusammenbau beachten:

- Kontrollieren, ob alle Teile sauber und frei von Fremdkörpern sind, ehe sie zusammengebaut werden.
- Einen Ölschmierfilm an alle Teile, die sich drehen oder die gleiten, auftragen. Dies ist vor dem Zusammenbau durchzuführen und nicht nachdem die Teile bereits zusammengebaut sind, da sonst das Öl nicht an die eigentlichen Lagerstellen heran kann. Es ist besonders wichtig, dass Kolben, Kolbenringe und Zylinderwandungen vor dem Zusammenbau reichlich mit Motoröl geschmiert werden.
- Alle Teile des Zylinderblocks gründlich reinigen, wenn der Motor vollkommen zerlegt wurde. Bei teilweiser Zerlegung darauf achten, dass keine Fremdkörper in die nicht zerlegten Teile des Motors oder in Hohlräume fallen können. Alle Öffnungen entweder abkleben oder mit Lappen abdecken, um dies zu vermeiden.
- Ölkanäle und -bohrungen am besten mit Pressluft ausblasen. Falls keine Luft zur Verfügung steht, die Kanäle oder Bohrungen mit einem Stück Holz durchstossen, niemals mit Metallgegenständen. Dichtringe, Dichtungen usw.

sollten immer erneuert werden. Auf keinen Fall an diesen Teilen sparen und ursprünglich beschädigte Teile wieder verwenden.

- In der Mass- und Einstelltabelle (Kapitel 20) sind die Verschleissgrenzen der meisten sich bewegenden Teile angegeben. Falls Zweifel über einen Teil bestehen, oder die Verschleissgrenze bald erreicht ist, ist es vielleicht besser, wenn man das Teil erneuert, um sich eine baldige Wiederzerlegung zu ersparen.
- Alle Ersatzteile nur von einer Peugeot-Vertretung beziehen, wobei die Motornummer anzugeben ist. Da Teile ständig verbessert und dadurch geändert werden, ist Ihr Peugeot-Lieferant in der Lage, Ihnen das richtige Teil zu verkaufen.

Ehe mit dem eigentlichen Zusammenbau des Motors begonnen wird, muss man das Überstehmass der Zylinderlaufbüchsen ausmessen. Die Laufbüchsen eines Einspritzmotors sind am Fuss mit «O»-Dichtringen versehen, welche jedoch keinen Einfluss auf das Überstehmass der Laufbüchsen haben. In fast allen Fällen wird das Überstehmass stimmen, muss jedoch zur Sicherheit immer kontrolliert werden. Die «O»-Dichtringe befinden sich an der in Bild 37 gezeigten Stelle.

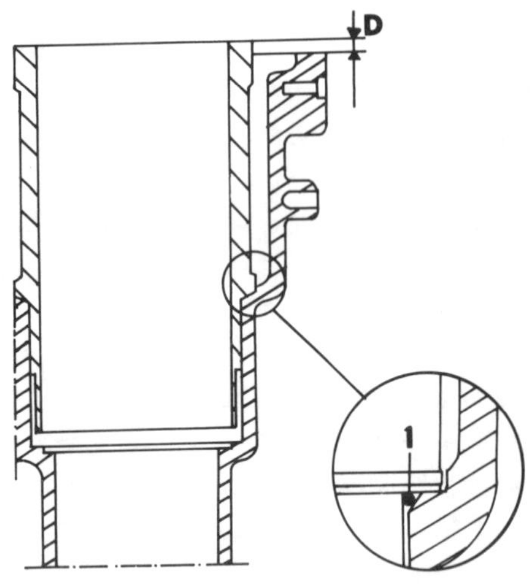

Bild 37
Die Lage des Öldichtringes (1) an den Laufbüchsen eines Einspritzmotors. Das Überstehmass ist mit «D» gezeichnet.

Der Vergasermotor ist mit komprimierten Laufbüchsen versehen, die genau entsprechend der folgenden Anweisungen montiert werden müssen. Die Laufbüchsen werden mit Dichtungen (von verschiedener Stärke) eingebaut. Die Paarung zwischen Laufbüchse und Kolben darf nicht verändert werden.

Bei der Kontrolle des Überstehmasses der Laufbüchsen folgendermassen vorgehen:

Vergasermotor

- Die Laufbüchsen ohne Dichtungen so in den Zylinderblock einsetzen, dass die Abflachungen an den oberen Bunden der Büchsen Nr. 1 und Nr. 2 bzw. Nr. 3 und Nr. 4 mit den abgeflachten Stellen gegenüberliegen.
- Eine Messuhr mit einem Halter auf der Zylinderblockfläche anbringen, wie es in Bild 38 gezeigt ist, und die Messuhr auf «Null» stellen, nachdem der Taststift ca. 5 mm vorgespannt wurde, d. h. unter Spannung steht.

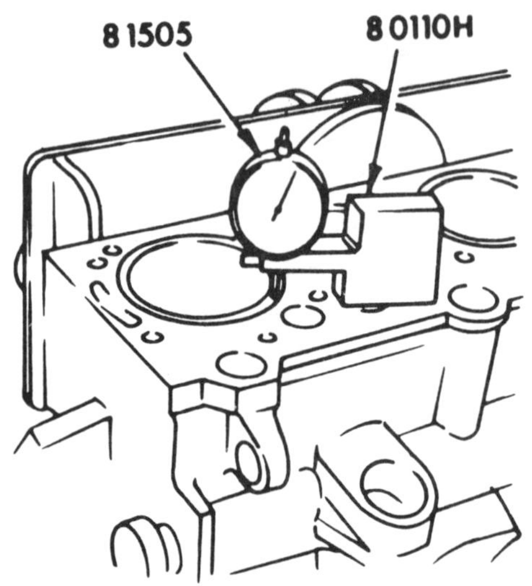

Bild 38
Messen des Laufbüchsen-Überstehmasses

- Messuhrhalter so zur Seite schieben, dass die Nadel auf der Blockfläche aufsitzt, und die Anzeige ablesen.
- Diese Messungen sind an vier verschiedenen Stellen an der Laufbüchse durchzuführen, und zwar in Längs- und Querrichtung des Motors. Die höchste Anzeige der Laufbüchse ist zu notieren. Ebenfalls beobachten, ob die maximale Abweichung zwischen zwei gegenüberliegenden Punkten weniger als 0,07 mm beträgt. Andernfalls die Laufbüchse herausnehmen und die Aufnahmebohrung oder die Büchse auf Gratstellen oder eingeschlossene Fremdkörper kontrollieren.
- Falls die Laufbüchsen alle einwandfrei sitzen, sind sie in ihrer Zylinderreihenfolge mit einem Filzstift so zu zeichnen, dass der Flansch und die Zylinderblockfläche zusammengehörig markiert werden (Zylinder Nr. 1 mit einem Strich, usw.).
- Um das Überstehmass zu berichtigen, stehen Dichtungen in verschiedenen Stärken zur Verfügung. Das zulässige Mass liegt zwischen 0,04 und 0,11 mm, jedoch sollte man versuchen, das

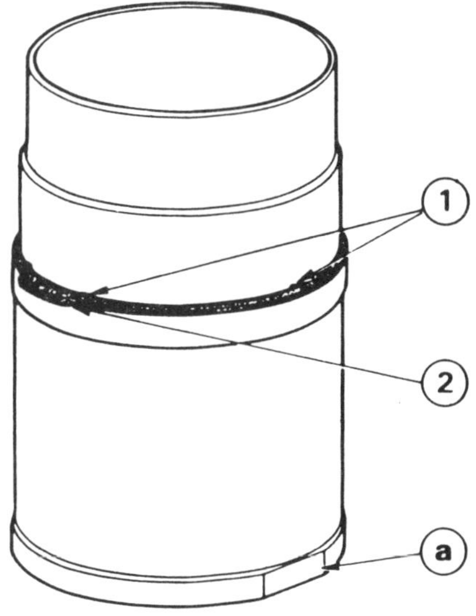

Bild 39
Laufbüchse eines Vergasermotors

1 Dichtung mit wellenförmigem Teil
2 Kennzunge muss senkrecht zur Abflachung «a» stehen

Mass immer auf 0,11 mm zu bekommen. Dichtungen stehen in Stärken von 0,05, 0,075, 0,10 und 0,125 mm Stärke zur Verfügung. Beim Anbringen der Dichtungen wird auf Bild 39 verwiesen:

- Die trockenen Dichtungen so von Hand auf die Laufbüchsen auflegen, dass der wellenförmige Teil (1) in die Zentriernute zu liegen kommt. Die Erkennungszungen (2) senkrecht zur Abflachung (a) anordnen, wie es das Bild zeigt.
- Die Laufbüchsen in den Zylinderblock einsetzen und die Erkennungszungen gemäss Bild 40 anordnen.

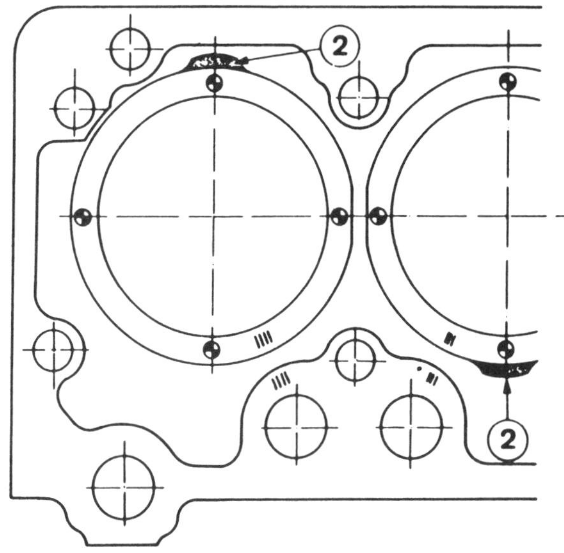

Bild 40
Laufbüchsen-Anordnung im Zylinderblock

- Das eigentliche Messen und Komprimieren der Laufbüchsen erfolgt als nächstes, wozu allerdings das Spezialwerkzeug 8.0128 zum Komprimieren erforderlich ist.
- Werkzeug wie in Bild 41 gezeigt anbringen und mit Hilfe der Messuhr die vier Messungen wie vorher an vier gegenüberliegenden Stellen wiederholen. Das max. Überstehmass sollte bei 0,11 mm liegen und die Abweichung zwischen zwei gegenüberliegenden Messstellen darf 0,07 mm nicht überschreiten.

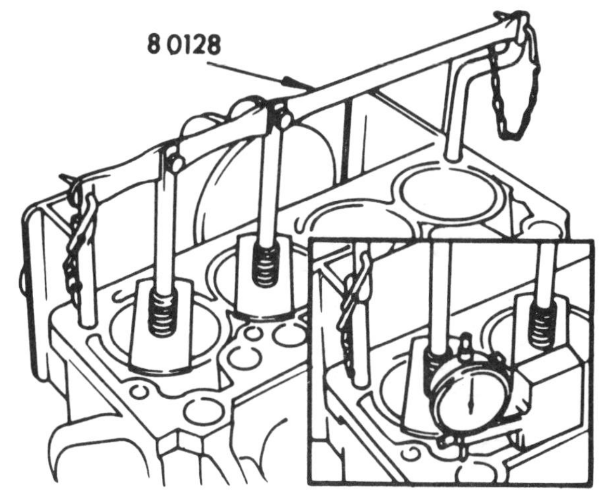

Bild 41
Komprimieren der Laufbüchsen vor Ausmessen des Überstehmasses

- Messuhr an der Innenseite der äusseren Laufbüchse am Flansch ansetzen, da, wo die beiden Laufbüchsen zusammenkommen, und auf Null stellen.
- Messuhrhalter so verschieben, dass der Messstift auf den Flansch der benachbarten Büchse gesetzt werden kann. Der Unterschied zwischen den beiden Büchsen darf nicht grösser als 0,04 mm sein,
- Die gleiche Messung an den beiden anderen, benachbarten Büchsen durchführen.
- Zur Abhilfe die Dichtung der Laufbüchse mit dem grösseren Überstehmass durch eine Dichtung geringerer Stärke ersetzen.
- Komprimierwerkzeug abnehmen.
- Laufbüchsen mit den Halteschrauben am Zylinderblock befestigen.

Einspritzmotor

- Laufbüchsen ohne die «O»-Dichtringe in den Zylinderblock einsetzen. Darauf achten, dass die Markierungen an Laufbüchse und Zylinderblock in eine Linie kommen, falls die ursprünglichen Teile verwendet werden.

- Das Überstehmass jeder Laufbüchse mit einer Tiefenlehre oder dem Spezialmessblock in Bild 42 ausmessen. Zuerst das Überstehmass zwischen jeder Laufbüchse und der Zylinderblockfläche und danach den Unterschied zwischen jeweils zwei nebeneinander liegenden Laufbüchsen ausmessen. Der Unterschied zwischen zwei Laufbüchsen darf 0,04 mm nicht überschreiten. Die Laufbüchsen müssen alle innerhalb 0,08 – 0,15 mm über den Zylinderblock herausstehen. Die Laufbüchsen auf beiden Seiten des Zylinderblocks ausmessen.

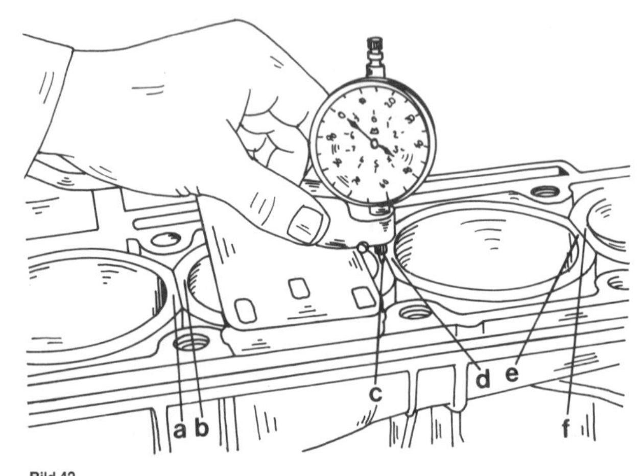

Bild 42
Ausmessen des Überstehmasses

- Die vier Laufbüchsen am Rand mit der Zylindernummer zeichnen und gleichwertige Zahlen in den Zylinderblock einzeichnen. Um die Laufbüchsen seitenrichtig zu zeichnen, nimmt man die Markierung auf der Seite der Zwischenwelle vor.
- Falls das richtige Überstehmass nicht erhalten wird, muss man die betreffende Laufbüchse wieder herausnehmen und auf Fehler oder eingetretenen Schmutz untersuchen, da es sein kann, dass Fremdkörper zwischen die Laufbüchse und den Sitz im Zylinderblock eingedrungen ist.
- Laufbüchseneinheit wieder ausbauen und den «O»-Dichtring an der in Bild 37 gezeigten Stelle anbringen, ohne ihn zu verdrehen.

Der Motor kann jetzt zusammengebaut werden.

2.4.1 Zusammenbau des Vergasermotors

- Neue Stopfen in die Ölkanäle der Kurbelwelle einschrauben. Dazu die Welle in einen Schraubstock einspannen. Die Stopfen mit «Festinol»-Dichtungsmasse einschmieren und mit einem Innensechskantschlüssel mit einem Anzugsdrehmoment von 55 Nm anziehen. Abschliessend mit einem Körner die Stopfen sichern, damit sie sich nicht wieder lösen können.
- Gegengewichte der Kurbelwelle entsprechend der beim Abschrauben eingezeichneten Markierung wieder montieren und die Schrauben auf ein Anzugsdrehmoment von 67,5 Nm anziehen. Die Laschen der Sicherungsbleche umschlagen.
- Die Führungsbüchse im Ende der Kurbelwelle mit einem passenden, abgesetzten Dorn eintreiben.
- Die Lagerschalen der Kurbelwelle in ihre entsprechenden Lagerbohrungen einlegen. Die Nasen der Lagerschalen müssen in die Nuten der Bohrungen eingreifen. Die Lagerschalen gut einölen.
- Auf beiden Seiten des hinteren Lagerdeckels eine Anlaufscheibe so einlegen, dass die Ölnuten zur Kurbelwelle weisen, und den hinteren Lagerdeckel zusammen mit der Lagerschale, aber ohne seitliche Dichtungen, am Zylinderblock anschrauben.
- Die verbleibenden Lagerdeckel mit den Lagerschalen montieren. Die Gusswarzen in den Lagerdeckeln sollten jeweils zur Rückseite (Schwungradseite) des Motors weisen. Die Deckel können folgendermassen auseinandergehalten werden:
  - Der mittlere Lagerdeckel hat zwei Gusswarzen.
  - Der vordere Lagerdeckel hat eine Gusswarze.
  - Der hintere Zwischenlagerdeckel hat zwei Gusswarzen.
  - Der vordere Zwischenlagerdeckel hat eine Gusswarze.
- Nach dem Aufsetzen der Lagerdeckel neue Unterlegscheiben auf die Schrauben stecken, die Schrauben einsetzen und gleichmässig auf ein Anzugsdrehmoment von 75 Nm anziehen. Nach Festziehen der Deckel die Kurbelwelle einige Male durchdrehen, um zu kontrollieren, ob keine schweren Stellen vorhanden sind.

Das Axialspiel der Kurbelwelle ist jetzt folgendermassen zu kontrollieren:

- Eine Messuhr mit einem geeigneten Halter an der Stirnseite des Motors anbringen und den Messstift auf den Bund der Kurbelwelle ansetzen, wie es aus Bild 43 ersichtlich ist. Falls man eine Messuhr mit Magnetstand hat, kann man den Stand auf die Welle setzen und den Messstift auf der geschliffenen Fläche des Blocks ansetzen.

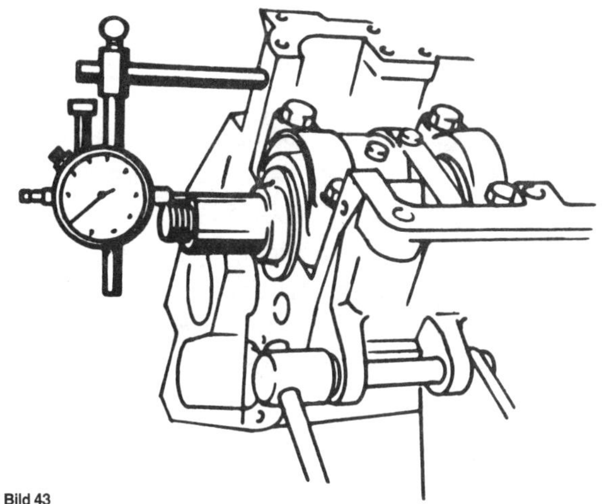
Bild 43
Ausmessen des Kurbelwellenaxialspiels

- Die Kurbelwelle mit einem Schraubenzieher auf eine Seite drücken und die Messuhr auf «Null» stellen.
- Jetzt die Kurbelwelle auf die andere Seite drücken und die Anzeige der Messuhr ablesen. Der angezeigte Wert sollte zwischen 0,08 und 0,20 mm liegen.
- Falls das Axialspiel grösser ist, müssen zwei Übergrösse-Halbscheiben eingebaut werden. Dazu den hinteren Lagerdeckel wieder abschrauben. Beide Scheiben müssen die gleiche Stärke haben. Scheiben stehen in verschiedenen Stärken zur Verfügung.

● Nach Auswechseln der Anlaufscheiben das Axialspiel nochmals in der beschriebenen Weise überprüfen.

Falls das Axialspiel in Ordnung ist, wird der hintere Lagerdeckel wieder abgenommen, zum Einsetzen der seitlichen Dichtungen. Dazu sollte das in Bild 44 gezeigte Spezialwerkzeug verwendet werden, um eine einwandfreie Abdichtung des Lagerdeckels zu gewährleisten. Folgende Arbeiten durchführen:

● Die beiden Seitenplatten «C1» am Werkzeug

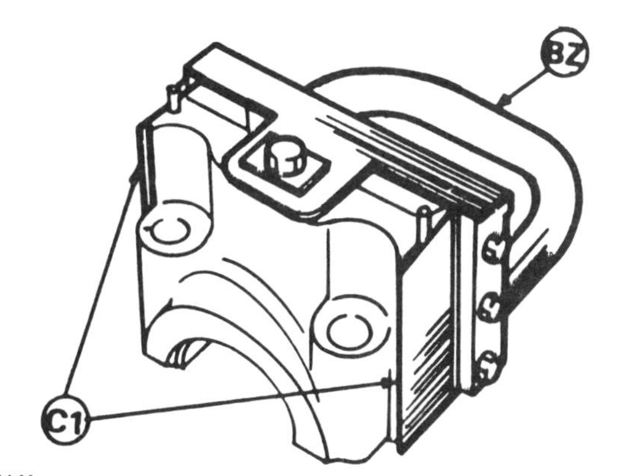

Bild 44
Spezialwerkzeug zum Einbau des hinteren Kurbelwellenlagerdeckels und der seitlichen Deckeldichtungen. «BZ» ist das Montagewerkzeug, «C1» sind die Halteplatten für die seitlichen Dichtungen.

«BZ» so anbringen, dass das Spiel zwischen den beiden Teilen so klein wie möglich ist.

● Die beiden Platten leicht auseinanderdrücken, den Lagerdeckel in das Werkzeug einsetzen und die Befestigungsschrauben handfest anziehen.
● Die seitlichen Dichtungen auf beiden Seiten in den Deckel einschieben. Die Platten gut einölen.
● Den Deckel in den Zylinderblock einsetzen.
● Den Lagerdeckel festschrauben und mit einem Anzugsdrehmoment von 75 Nm anziehen.
● Die vorstehenden Enden auf der Ölwannendichtfläche abschneiden. Da diese Enden jedoch 0,5 mm überstehen müssen, sollte man eine Fühlerlehre dieser Stärke auf die Fläche und gegen die Dichtungen ansetzen und mit einem scharfen Messer entlang der Lehre die Dichtungen abschneiden. Zwischen der Unterseite des Lagerdeckels und dem Kurbelgehäuse muss sich eine Fühlerlehre von 0,05 mm Stärke einschieben lassen (siehe Bild 45).

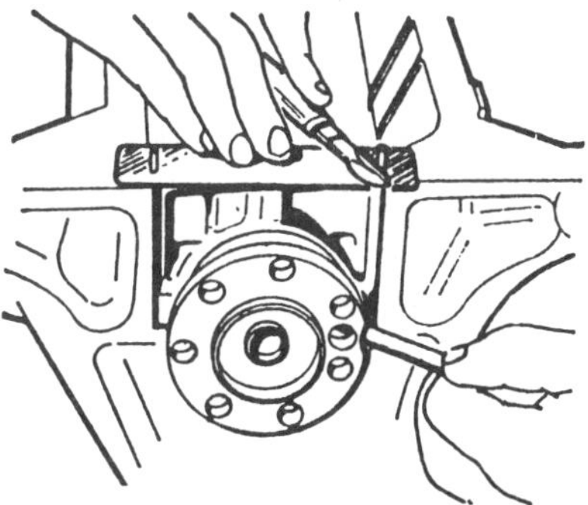
Bild 45
Abschneiden der überstehenden Enden der Hauptlagerdeckeldichtungen

● Laufbüchseneinheiten entsprechend den nach Ausmessung des Überstehmasses eingezeichneten Zylindernummern in den Zylinderblock einsetzen (falls noch ausgebaut) und gut nach unten drücken. Alle Laufbüchsen mit den Klemmstücken befestigen. Unter keinen Umständen darf es möglich sein, dass die Laufbüchsen oder Kolben beim Umkehren des Motors aus den Bohrungen rutschen können.
● Kolben und Pleuelstangen zusammenmontieren, wie es in Kapitel 2.6.3 beschrieben ist.
● Kolben und Kolbenringe mit Motorenöl einschmieren und ein Kolbenringspannband so um die Kolben legen, dass die Ringe gut in die Nuten gedrückt werden. Ebenfalls die Zylinderlaufbüchse einölen und den Kolben mit der Pleuelstange von oben in den Motor einschieben. Falls kein Spannband vorhanden ist, kann ein breiter Schlauchbinder um die Kolbenringe gelegt wer-

den, wobei jeder Ring einzeln in die Nut zu drükken ist. Die Arbeit muss jedoch dementsprechend vorsichtig durchgeführt werden.

- Den Kolben mit einem Hammerstiel nach unten drücken und gleichzeitig den Pleuelfuss über den Kurbelzapfen führen. Die Lagerschalenhälfte muss im Pleuelfuss eingesetzt sein. Kontrollieren, ob die Pfeile im Kolbenboden zur Vorderseite des Motors weisen, und darauf achten, dass die Pleuelstangen entsprechend ihrer Numerierung eingebaut werden. Die Kolben dürfen während des Einschiebens nicht gedreht werden.
- Von der anderen Seite des Motors die Lagerschalenhälften (gut eingeölt) und die Lagerdekkel über die jeweiligen Pleuellager setzen. Darauf achten, dass die Kennzeichnungen der Dekkel auf der gleichen Seite wie die Markierungen der Pleuelstangen liegen. Neue Pleuelschrauben verwenden und die Muttern auf ein Anzugsdrehmoment von 40 Nm anziehen.
- Das innere Steuergehäuse mit einer neuen Papierdichtung montieren.
- Die Nockenwelle einölen und in den Zylinderblock einführen. Die Halteplatte in die Rille der Nockenwelle einsetzen und die Schraube mit 17 Nm anziehen.
- Die Teile der Steuerung wie weiter hinten unter getrennter Überschrift beschrieben, montieren und einstellen.
- Schwungrad am Motor montieren (neues Sicherungsblech verwenden). Das Schwungrad kann nur in einer Stellung montiert werden. Die Schrauben gleichmässig ringsherum mit einem Drehmoment von 67,5 Nm anziehen.
- Mitnehmerscheibe in das gut gereinigte Schwungrad einlegen und die Kupplung entsprechend der Kennzeichnungen anschrauben. Die Kupplung muss mit einem Zentrierdorn zentriert werden (siehe Kapitel «Kupplung»).
- Um die richtige Stellung des Motors für den Zündverteiler zu erhalten, den Motor durchdrehen, bis der Kolben Nr. 1 (der hintere Kolben) im oberen Totpunkt des Zündzeitpunktes steht.
- Antriebswelle der Ölpumpe in den Motor einschieben, so dass der Schlitz im Zahnrad parallel zur Längsachse des Motors liegt und sich die Schmalseite des Mitnehmers näher dem Motorblock befindet. Nach dem Einsetzen verdreht sich die Welle und der Schlitz liegt in einer Linie mit der Gewindebohrung für die Zylinderkopfschraube Nr. 2.
- Die Dichtfläche der Zündverteilerhalterung mit «Festinol» einschmieren und am Zylinderblock befestigen.
- Zum Einbau der Ölpumpe den Motor so drehen, dass der Kurbeltrieb nach oben weist. Zwei neue Passstifte in den Zylinderblock einschlagen und einen neuen Dichtring in die Bohrung an der Pumpenhalterung einsetzen. Darauf achten, dass die Pumpenwelle mit der Pumpenantriebswelle in Eingriff kommt. Falls erforderlich, die Kurbelwelle leicht durchdrehen, bis der Eingriff zustandekommt. Die drei Schrauben abschliessend mit 10 Nm anziehen.
- Ölwanne mit einer neuen Dichtung versehen und am Zylinderblock anschrauben. Die Schrauben mit 10 Nm anziehen. Den Ölablassstopfen einsetzen und festziehen.
- Den Motor umkehren und die gut eingeölten Stössel entsprechend ihrer Kennzeichnung in die Bohrungen einsetzen.
- Den Zylinderkopf montieren, wie es später unter getrennter Überschrift beschrieben ist.
- Ölmessstabrohrgewinde mit «Festinol» einschmieren und montieren.
- Ölfilter mit Sockel anbringen und die verbleibenden Motornebenteile in umgekehrter Reihenfolge als beim Ausbau wieder montieren. Zum Einbau des Zündverteilers ist das betreffende Kapitel durchzulesen.

2.4.2 Zusammenbau des Einspritzmotors

- Die Führungsbüchse im Ende der Kurbelwelle mit einem passenden, abgesetzten Dorn eintreiben.
- Die Lagerschalen der Kurbelwelle in ihre entsprechenden Lagerbohrungen einlegen. Die Nasen der Lagerschalen müssen in die Nuten der Bohrungen eingreifen. Die Lagerschalen gut einölen.
- Auf beiden Seiten des Hauptlagers Nr. 2 die beiden Anlaufscheiben so einlegen, dass die Ölnuten zur Kurbelwelle weisen. Die Anlaufscheiben müssen eine Stärke von 2,80 mm haben. Bild 46 zeigt, wo die Scheiben sitzen.
- Die Lagerdeckel Nr. 2, 3 und 4 mit den Lagerschalen montieren. Die Deckel sind auf der Ölpumpenseite mit den Deckelnummern gezeichnet (siehe Bild 34).
- Die Lagerdeckel Nr. 1 und Nr. 5 vorübergehend ohne die seitlichen Abdichtungen montieren.
- Die Hauptlagerschrauben über Kreuz mit einem

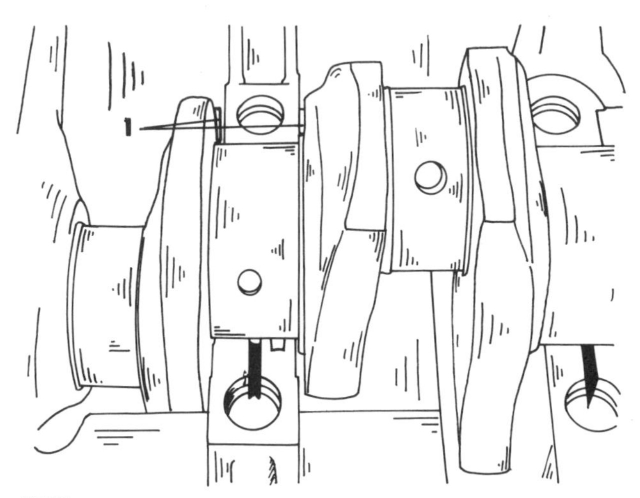

Bild 46
Die Lage der beiden Anlaufhalbscheiben (1) beim Einspritzmotor

Drehmoment von 95 Nm anziehen. Nach Festziehen der Deckel die Kurbelwelle einige Male durchdrehen, um zu kontrollieren, ob keine schweren Stellen vorhanden sind.

Das Axialspiel der Kurbelwelle ist jetzt folgendermassen zu kontrollieren:

- Die grosse Scheibe der Kurbelwellenriemenscheibe mit der Befestigungsschraube an der Vorderseite der Kurbelwelle anbringen.
- Eine Messuhr mit einem geeigneten Halter an der Stirnseite des Motors anbringen und den Messstift auf der Kante der Scheibe ansetzen, wie es aus Bild 47 ersichtlich ist.
- Die Kurbelwelle mit einem Schraubenzieher auf eine Seite drücken und die Messuhr auf «Null» stellen.
- Jetzt die Kurbelwelle auf die andere Seite drücken und die Anzeige der Messuhr ablesen. Der angezeigte Wert sollte zwischen 0,05 und 0,25 mm liegen.

Bild 47
Ausmessen des Axialspiels der Kurbelwelle beim Einspritzmotor

1 Messuhr
2 Scheibe
3 Schraube

- Falls das Axialspiel grösser ist, müssen zwei Übergrösse-Halbscheiben eingebaut werden. Dazu den Lagerdeckel Nr. 2 wieder abschrauben. Beide Scheiben müssen die gleiche Stärke haben. Scheiben stehen in verschiedenen Stärken zur Verfügung, d. h. 2,85, 2,90 und 2,95 mm.

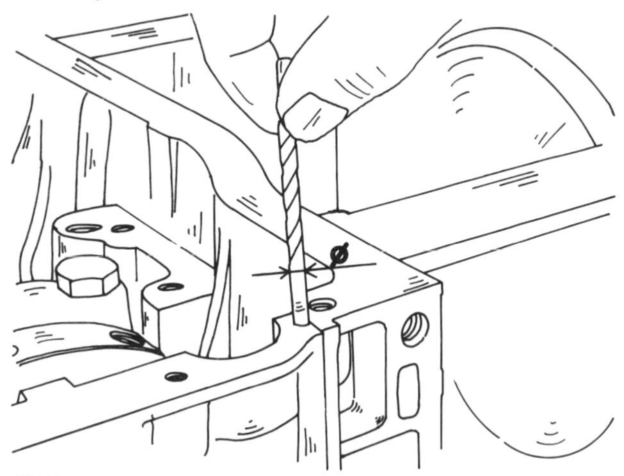

Bild 48
Ausmessen des Spalts zwischen der Seite des Lagerdeckels und dem Zylinderblock

- Unter Bezug auf Bild 48 den Spalt auf der linken und rechten Seite des Lagerdeckels Nr. 1 und Nr. 5 mit einem Spiralbohrerschaft ausmessen. Falls der Spalt weniger als 5,0 mm beträgt, eine Dichtung mit einer Stärke von 5,15 mm montieren. Ist der Spalt grösser als 5,0 mm, eine Dichtung mit einer Stärke von 5,40 mm verwenden. Diese hat zur Kennzeichnung eine weisse Markierung.
- Die beiden Lagerdeckel wieder abschrauben und die beiden Dichtungen in die Lagerdeckel einsetzen, mit der Dichtringnut nach aussen. Kontrollieren, ob das in Bild 49 gezeigte Mass 0,2 mm beträgt. Die Seitendichtungen gut einölen.
- Zwei M12-Stiftschrauben in den Zylinderblock einschrauben (anstelle der Lagerdeckelschrauben) und den Lagerdeckel über die Stiftschrauben setzen. Zwei Stück Aluminiumfolie zwischen der Seitendichtung und dem Zylinderblock auf jeder Seite einlegen und den Deckel vorsichtig in die richtige Lage schlagen. Dabei ständig kontrollieren, ob sich die Dichtungen nicht verschieben können.
- Die Stiftschrauben entfernen, die Lagerdeckelschrauben einsetzen und abwechselnd mit 95 Nm anziehen.
- Die gleichen Arbeiten am anderen Endlagerdeckel durchführen und die Schrauben wieder mit 95 Nm anziehen.

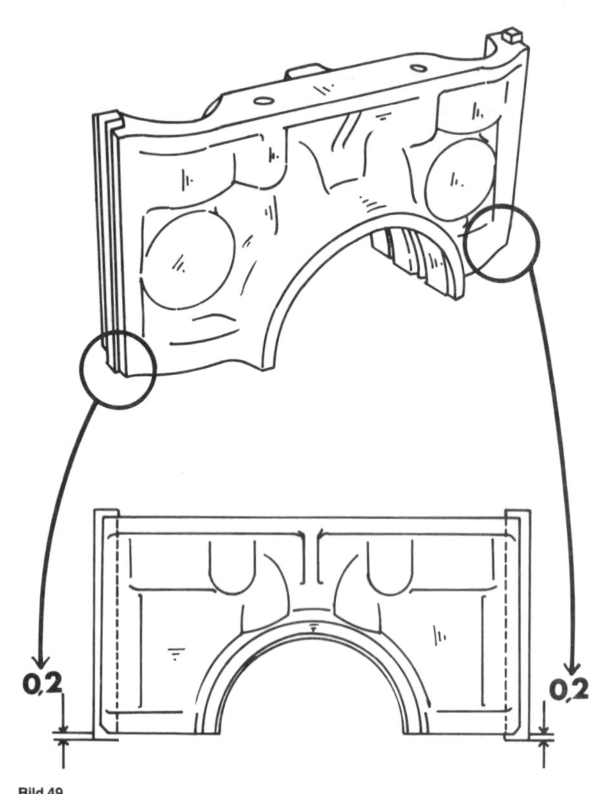

Bild 49
Vorschriftsmässig eingebaute Seitendichtungen

- Die Kurbelwelle einige Male durchdrehen, um etwaige Klemme festzustellen.
- Mit einem scharfen Messer die Enden der Dichtungen so abschneiden, dass sie noch 0,7 mm herausstehen. Dazu eine Fühlerlehre dieser Stärke auf den Block auflegen und die Enden abschneiden, wie es Bild 50 zeigt.
- Die beiden Dichtringe in die Vorderseite und die Rückseite des Zylinderblocks einschlagen. Die Aussenseite des Dichtringes und die Lauffläche der Kurbelwelle gut einölen, den Dichtring gerade ansetzen und den Ring mit Hilfe eines Rohrstücks einschlagen, bis er bündig abschneidet.

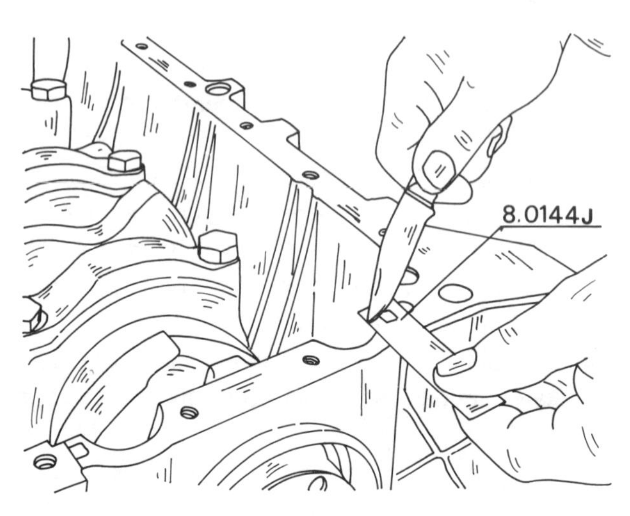

Bild 50
Abschneiden des überstehenden Endes der Seitendichtungen der Lagerdeckel

Beide Dichtringe werden in ähnlicher Weise montiert.

- Die Kolben in die Laufbüchsen einsetzen (siehe betreffendes Kapitel).
- Die Pleuellagerschalen mit den Bohrungen in die Pleuelstangen einlegen (entsprechend der Kennzeichnungen, falls die ursprünglichen Schalen eingebaut werden) und die Schalen ohne Bohrung in die Lagerdeckel einlegen (siehe Bild 51). Vorher kontrollieren, ob die Bohrung (2) frei ist.

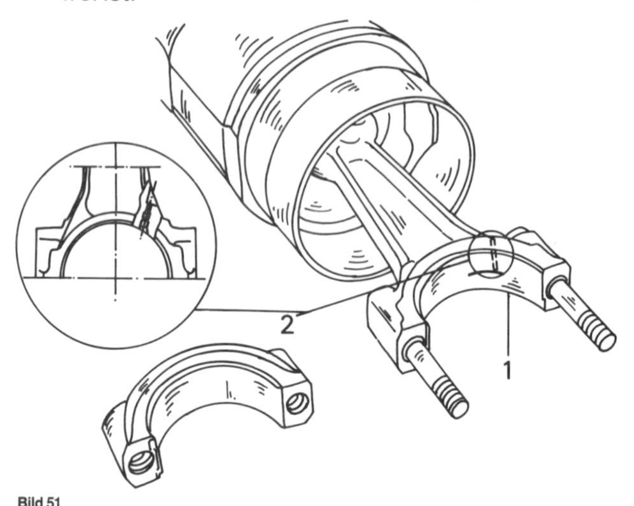

Bild 51
Einbau der Pleuellagerschalen. Die Schalen mit einer Bohrung (1) kommen in die Pleuelstange. Kontrollieren, ob die Ölbohrung nicht verstopft ist.

- Einen neuen «O»-Dichtring an jeder Laufbüchse anbringen, ohne ihn dabei zu verdrehen.
- Laufbüchse/Kolben und Pleuelstange des Zylinders Nr. 1 so in den Zylinderblock einsetzen, dass der Pfeil mit dem «V» im Kolbenboden zur Schwungradseite des Motors weist. Den Kolben und die Kolbenringe dabei gut mit Motorenöl einschmieren und ein Kolbenringspannband so um die Kolben legen, dass die Ringe gut in die Nuten gedrückt werden. Ebenfalls die Zylinderlaufbüchse einölen und den Kolben mit der Pleuelstange von oben in den Motor einschieben. Falls kein Spannband vorhanden ist, kann ein breiter Schlauchbinder um die Kolbenringe gelegt werden, wobei jeder Ring einzeln in die Nut zu drücken ist. Die Arbeit muss jedoch dementsprechend vorsichtig durchgeführt werden.
- Den Kolben mit einem Hammerstiel nach unten drücken und gleichzeitig den Pleuelfuss über den Kurbelzapfen führen. Die Lagerschalenhälfte muss im Pleuelfuss eingesetzt sein. Kontrollieren, ob die Bohrung (2) in Bild 51 auf der Ölpumpenseite des Motors liegt. Ebenfalls kontrollieren, dass die Pleuelstangen entsprechend ihrer Numerierung eingebaut werden. Die Kol-

ben dürfen während des Einschiebens nicht gedreht werden.

- Von der anderen Seite des Motors die Lagerschalenhälften (gut eingeölt) und die Lagerdeckel über die jeweiligen Pleuellager setzen. Darauf achten, dass die Kennzeichnungen der Deckel auf der gleichen Seite wie die Markierungen der Pleuelstangen liegen, wie es in Bild 52 beim Zylinder Nr. 1 gezeigt ist. Neue Pleuelschrauben verwenden und die Muttern auf ein Anzugsdrehmoment von 47,5 Nm anziehen.
- Die Ölpumpe montieren. Die zwei Passstifte müssen im Zylinderblock sitzen. Die Schrauben mit 45 Nm anziehen.
- Die Pumpenantriebswelle mit etwas Fett einschmieren und in die Ölpumpe einsetzen.
- Schwungrad am Motor montieren. Die Schraubengewinde werden mit «Loctite» eingeschmiert. Das Schwungrad kann nur in einer Stellung montiert werden. Die Schrauben gleichmässig ringsherum mit einem Drehmoment von 65 Nm anziehen.
- Mitnehmerscheibe in das gut gereinigte Schwungrad einlegen und die Kupplung entsprechend der Kennzeichnungen anschrauben. Die Kupplung muss mit einem Zentrierdorn zentriert werden (siehe Kapitel «Kupplung»). Die Schrauben mit 20 Nm anziehen.
- Ölwanne mit einer neuen Dichtung versehen und am Zylinderblock anschrauben. Die Schrauben mit 10 Nm anziehen. Den Ölablassstopfen einsetzen und mit 30 Nm festziehen.
- Den Zylinderkopf montieren, wie es später unter getrennter Überschrift beschrieben ist.
- Die Lagerzapfen der Zwischenwelle gut einölen und die Welle in die Bohrung einschieben.
- Die Halteplatte in die Rille der Welle einsetzen, die beiden Schraubenbohrungen ausrichten und die Schraube einsetzen. Die Schraube mit 20 Nm anziehen.
- Das Gehäuse der Zwischenwelle anschrauben, ohne es vollkommen festzuziehen.
- Die Aussenseite eines neuen Dichtringes gut einölen und den Dichtring vorsichtig in das Gehäuse und über die Welle schlagen. Nach Einschlagen des Dichtringes die Gehäuseschrauben mit 12,5 Nm anziehen.
- Das Steuerrad der Zwischenwelle mit dem Steuerzeichen nach aussen weisend auf die Welle aufschlagen. Das Steuerrad gegenhalten, wie es Bild 35 zeigt, und die Schraube mit 50 Nm anziehen.
- Den Keil in die Kurbelwelle einschlagen.
- Den Distanzring über die Welle setzen. Die Innenanschrägung des Distanzringes muss nach innen weisen.
- Das Steuerrad der Kurbelwelle mit dem Steuerzeichen nach aussen weisend auf die Kurbelwelle schlagen, ohne dabei die Scheibenfeder zu verschieben.
- Die Spannrolle für den Zahnriemen einbauen, jedoch die Mutter und Schraube nur mässig anziehen.
- Mit einer Fühlerlehre das Spiel zwischen der Spannrollenanlage (1) und der Schraube (2) in Bild 53 ausmessen. Falls der Spalt nicht zwischen 0,10 und 0,15 mm liegt, die Kontermutter lockern und die Stiftschraube (2) entsprechend verstellen.
- Eine neue Wasserpumpendichtung auflegen, die Feder und den Riemenspannerkolben in das

Bild 52
Die Kennzeichnung des Pleuellagerdeckels und des Pleuels müssen auf einer Seite liegen

Bild 53
Einstellen des Spalts zwischen der Spannrollenanlage und der Druckschraube

Gehäuse der Wasserpumpe einhängen und die Pumpe am Zylinderblock anschrauben.

- Den Zahnriemen montieren, wie es im betreffenden Kapitel beschrieben ist.
- Die Kurbelwellenriemenscheibe über das Steuerrad der Kurbelwelle aufbringen. Unbedingt kontrollieren, ob die beiden Federspannstifte eingeschlagen sind.
- Die Schraube der Riemenscheibe entfetten und das Gewinde mit «Loctite» einschmieren.
- Die Scheibe auf die Schraube aufstecken, die Schraube eindrehen und mit einem Drehmoment von 130 Nm anziehen. Die Kurbelwelle muss dabei gegengehalten werden, da sie sich sonst mitdreht.
- Steuerriemenschutzblech anschrauben.
- Das Antriebsrad des Zündverteilers so in die Bohrung einsetzen, dass der Mitnehmerschlitz parallel mit der Mittellinie des Motors steht, wie es Bild 54 zeigt. Die Schmalseite des Mitnehmers muss nach aussen weisen. Das Antriebsrad vollkommen hineinstossen. Sobald es in Eingriff kommt, verdreht sich der Mitnehmer und nimmt die in der unteren Ansicht von Bild 54 gezeigte Stellung ein.

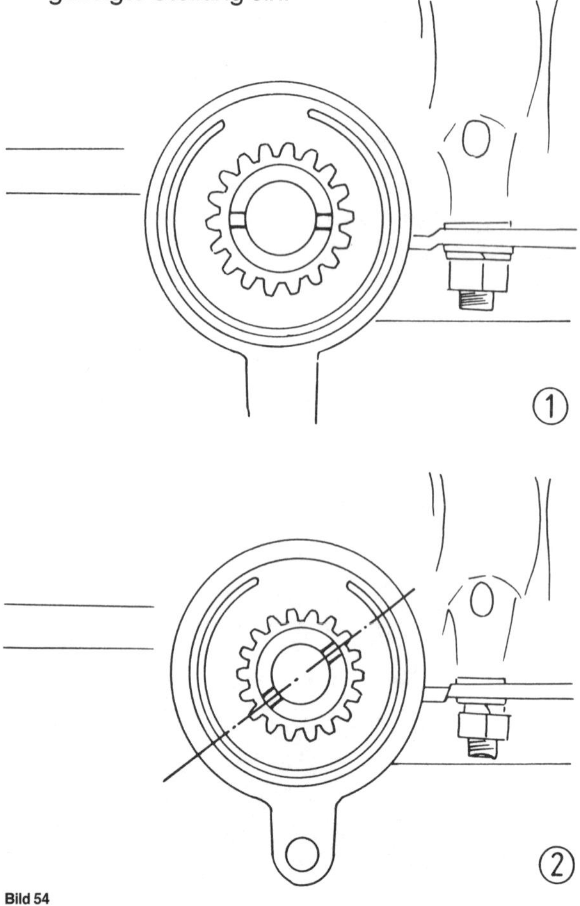

Bild 54
Einsetzen der Verteilerantriebswelle beim Einspritzmotor

1 Vor dem Einsetzen
2 Nach dem Einsetzen

- Ölfilter anbringen. Falls ein neuer oder Austauschmotor eingebaut wurde, oder die Zylinderlaufbüchsen und Kolben erneuert wurden, muss man den Filter nach 1500 bis 2500 km ersetzen. Ihr Peugeot-Händler wird Ihnen den richtigen Filter verkaufen.
- Die verbleibenden Motornebenteile in umgekehrter Reihenfolge als beim Ausbau wieder montieren. Zum Einbau des Zündverteilers ist das betreffende Kapitel durchzulesen.

2.5 Zylinderkopf

2.5.1 Aus- und Einbau des Zylinderkopfes

2.5.1.1 Vergasermotor

Der Zylinderkopf darf nur bei kaltem Motor ausgebaut werden, um einen Verzug der Dichtfläche zu vermeiden.

- Batterie abklemmen.
- Das Kühlwasser aus dem Zylinderblock ablassen. Falls Frostschutz eingefüllt ist und sich noch in gutem Zustand befindet, kann es aufgefangen werden.
- Den Verteilerkopf, die Kerzenkabel und die Zündkerzen ausbauen.
- Den oberen Wasserschlauch vom Kühler und den Ventilatorriemen ausbauen. Den unteren Wasserschlauch und die Heizungsschläuche lösen.
- Die Spannstrebe der Lichtmaschine lockern, die Lichtmaschine nach innen drücken und den Keilriemen abnehmen.
- Die Kraftstoffleitung, den Unterdruckschlauch, den Schlauch der Kurbelgehäusebelüftung und die Wasserschläuche der Vergaservorwärmung lösen.
- Die Drossel- und Starterklappenbetätigung lösen und das Kabel des Wärmefühlers für das Fernthermometer und den Kohlehalter der Ventilatorkupplung ausbauen. Der letztere befindet sich in der Nähe der Drehstromlichtmaschine.
- Den Vorratsbehälter für die Servolenkung ausbauen.
- Den Stecker von der Diagnosesteckdose abziehen.
- Die Befestigung des Heizungsschlauches vom Radlauf lösen.
- Die Zylinderkopfhaube abschrauben. Nicht die vier Dichtscheiben verlieren.
- Den Luftfilter ausbauen.

- Den Vergaser und den Ansaugkrümmer ausbauen, die Ölleitung für die Schmierung der Kipphebelwellen lösen und die Anschlussnippel der Kurbelgehäusebelüftung ausbauen.
- Den Auspuffkrümmer an den in Bild 55 gezeigten Stellen lösen und die Anlage vorsichtig nach unten senken.

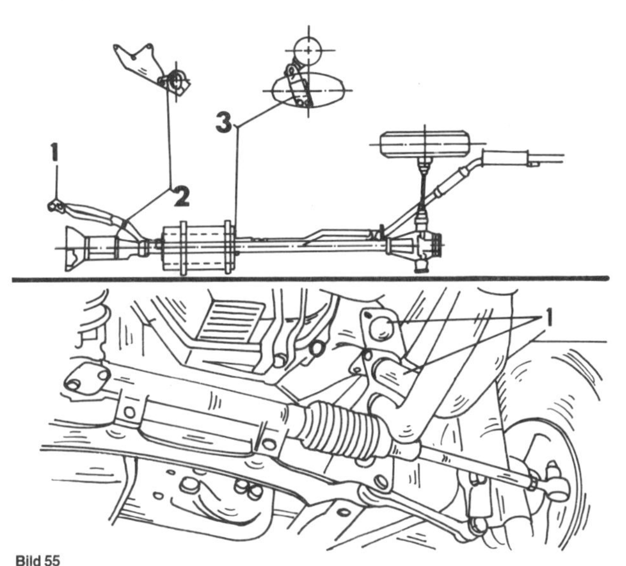

Bild 55
Die Zahlen weisen auf die Befestigung der Auspuffanlage

- Die Zylinderkopfschrauben und die Befestigungsmuttern der Kipphebellagerböcke abwechslungsweise und in mehreren Stufen lösen.
- Die Kipphebelwelle als Gesamteinheit abheben.
- Die Stösselstangen ausbauen und in Einbaureihenfolge ablegen, damit sie wieder in der ursprünglichen Lage eingebaut werden können.
- Den Zylinderkopf herunterheben. Da die Laufbüchsen dabei nicht herausgezogen werden dürfen, sollte man zwei Hebel verwenden, wie sie bereits in Bild 31 beim Einspritzmotor gezeigt wurden.
- Die Laufbüchsen mit geeigneten Haltevorrichtungen am Zylinderkopf befestigen.

Vor Einbau des Zylinderkopfes die Bohrungen für den Ölrücklauf und die Stösselbohrungen in geeigneter Weise zustopfen und die Zylinderblockfläche einwandfrei reinigen. Die Kolbenböden sollten nicht von Ölkohle gereinigt werden.

Das Vorstehmass der Zylinderlaufbüchsen kontrollieren, wie es beim Zusammenbau des Motors bereits beschrieben wurde.

Den Zylinderkopf auf Verzug kontrollieren, indem man ein Messlineal quer, längs und in Diagonalrichtung auf die Zylinderkopffläche auflegt. Mit einer Fühlerlehre den Lichtspalt zwischen dem Lineal und der Kopffläche ausmessen. Der höchstzulässige Spalt beträgt 0,10 mm. Falls der Zylinderkopf nachgeschliffen wird, muss er nach dem Abschleifen noch eine Höhe von 92 mm haben. Eine Toleranz von 0,15 mm ist zulässig.

Beim Einbau des Zylinderkopfes folgendermassen vorgehen:

- Zwei Stiftschrauben oder die Spezialführungen 8.0115BZ in zwei Ecken des Zylinderblocks einschrauben und die Zylinderkopfdichtung trokken auflegen. Die Aufschrift «DESSUS» muss von oben lesbar sein.
- Den Zylinderkopf aufsetzen und mit einem Gummihammer anschlagen.
- Die Stösselstangen in ihrer ursprünglichen Stellung wieder einsetzen.
- Den Kipphebelmechanismus aufsetzen.
- Die mit Talg geschmierten und mit einer flachen Unterlegscheibe versehenen Zylinderkopfschrauben handfest anziehen. Die Muttern der Kipphebelwellen aufschrauben und handfest anziehen.
- Die Zentrierstifte des Zylinderkopfes entfernen und an deren Stelle zwei Zylinderkopfschrauben einsetzen und handfest anziehen.
- Die Schrauben und Muttern werden jetzt entsprechend der folgenden Anweisungen angezogen:
  - Die zehn Zylinderkopfschrauben in der Anzugsreihenfolge von Bild 56 gleichmässig auf ein Anzugsdrehmoment von 50 Nm anziehen.
  - Die Muttern der Kipphebellagerböcke mit 15 Nm anziehen.
  - Das Werkzeug 8.0129 (Bild 57) auf die Schrauben (1) und (2) aufsetzen.

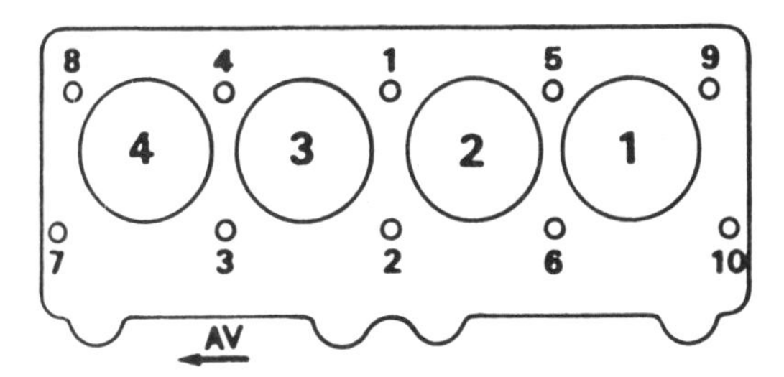

Bild 56
Anzugsreihenfolge der Zylinderkopfschrauben des Vergasermotors

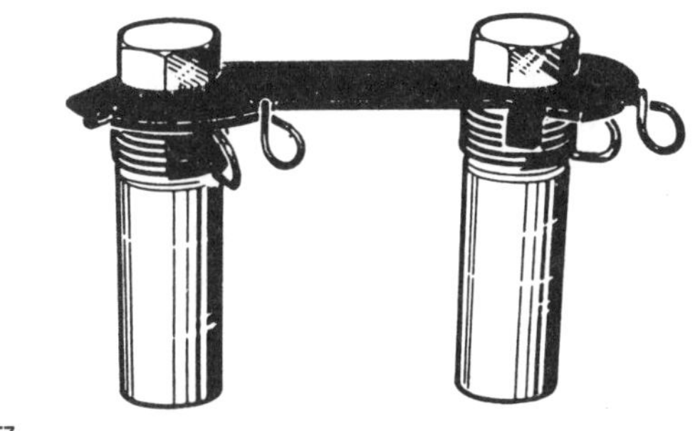

Bild 57
Werkzeug zum Anziehen der Zylinderkopfschrauben

- Die Schraube (1) vollständig lösen und wieder mit 20 Nm anziehen. Den Schlüssel in dieser Stellung festhalten.
- Den Einstellbügel (1) in Bild 58 durch Drücken auf den unteren Teil der Feder auf die mit «0» gekennzeichnete Kerbe einstellen.
- Die Schraube festziehen, bis der Einstellbügel (1) unter der mit «90» bezeichneten Kerbe erscheint.
- Die Schraube (2) in gleicher Weise festziehen.
- Das Werkzeug auf ein anderes Schraubenpaar umsetzen und alle Zylinderkopfschrauben in der beschriebenen Weise in der Anzugsreihenfolge von Bild 56 anziehen.
- Falls der geringste Zweifel am richtigen Anzug einer Schraube besteht, ist diese vollständig zu lösen und der ganze Vorgang nochmals zu wiederholen.

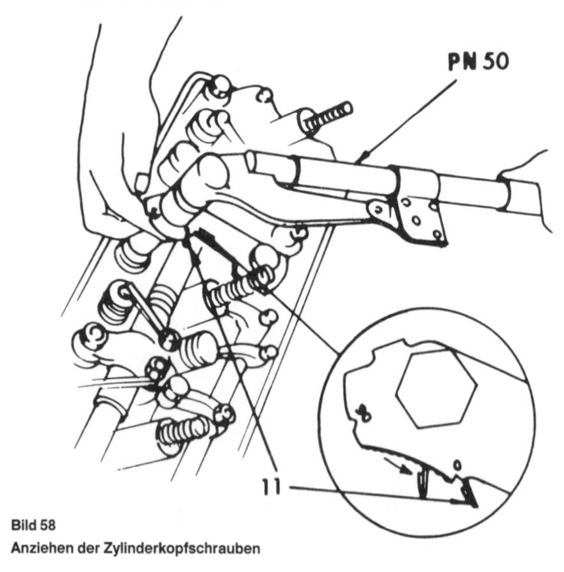

Bild 58
Anziehen der Zylinderkopfschrauben

Das Ventilspiel jetzt folgendermassen einstellen:

- Die Kurbelwelle in Drehrichtung durchdrehen, bis der Kolben des ersten Zylinders (auf der Schwungradseite) auf dem oberen Totpunkt steht, aber mit dem Auslassventil geöffnet.
- Die Kontermutter der Ventileinstellschraube am Kipphebel des Einlassventils Nr. 3 und des Auslassventils Nr. 4 lockern (siehe Bild 59).

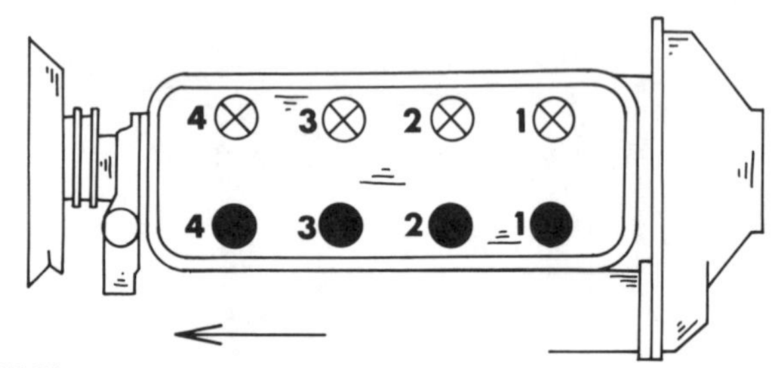

Bild 59
Die Lage der Einlass- und Auslassventile beim Vergasermotor. Die Auslassventile liegen oben.

- Eine Fühlerlehre von 0,10 mm (Einlassventile) oder 0,25 mm (Auslassventil) zwischen den entsprechenden Kipphebel und das Ventilschaftende einschieben.
- Die Einstellschraube aus- oder einschrauben, bis die Lehre gerade stramm zwischen Kipphebel und Ventilschaft durchgleitet.
- Die Einstellschraube gegenhalten und die Kontermutter anziehen. Das Spiel danach nochmals nachprüfen.
- Die Kurbelwelle um eine halbe Umdrehung drehen, damit sich der Kolben Nr. 3 im oberen Totpunkt des Auslasstraktes befindet.
- Das Spiel des Einlassventils Nr. 4 und des Auslassventils Nr. 2 in der oben beschriebenen Weise einstellen.
- Die übrigen Ventile gemäss der nachstehenden Tabelle einstellen:

Auslassventil offen	Einlassventil einstellen	Auslassventil einstellen
Zylinder 1	3	4
Zylinder 3	4	2
Zylinder 4	2	1
Zylinder 2	1	3

- Die Anbauteile des Motors in der umgekehrten Ausbaureihenfolge wieder einbauen. Dabei auf folgende Punkte achten:
- Vergaserzüge mit 2 mm Spiel einbauen.
- Keilriemen der Drehstromlichtmaschine spannen. Dazu den Keilriemen so stellen, dass man die beiden eingezeichneten Marken sehen kann, und die Lichtmaschine festziehen, bis der Abstand zwischen den Marken 100 mm beträgt. Die Lichtmaschine wieder lockern und nach aussen drücken, bis sich der Abstand zwischen den beiden Marken auf 102 – 103 mm vergrössert hat. Die Lichtmaschine in dieser Stellung festziehen.
- Den Leerlauf abschliessend einstellen.

2.5.1.2 Einspritzmotor

Der Zylinderkopf darf nur im kalten Zustand ausgebaut werden. Vor Ausbau das gesamte Kapitel durchlesen, da einige Spezialwerkzeuge erforderlich sind, ohne welche man den Kopf nicht montieren kann.

- Batterie abklemmen.
- Das Kühlwasser aus dem Kühler und dem Zylinderblock ablassen. Falls der Frostschutz noch gut aussieht, kann er aufgefangen werden. Bild 60 zeigt die Ablassstellen an der Unterseite

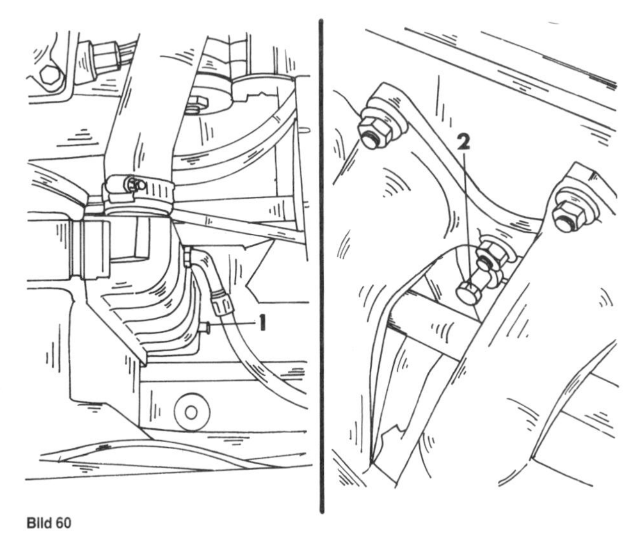

Bild 60
Entleeren der Kühlanlage (Einspritzmotor)

1 und 2 = Ablassstellen

des Kühlers (links) und am Zylinderblock (rechts).

- Den Verteilerkopf, die Kerzenkabel und die Zündkerzen ausbauen.
- Den oberen Wasserschlauch vom Kühler abschliessen.
- Den Keilriemen der Drehstromlichtmaschine ausbauen.
- Die Heizungsschläuche abschliessen.
- Luftfilter ausbauen.
- Kühler ausbauen.
- Bei eingebauter Getriebeautomatik die Ventilatorverkleidung ausbauen und die beiden Anschlüsse der Ölleitungen lösen.
- Unter Bezug auf Bild 61 folgende Teile ausbauen: Kaltstartventil (1), Steuerdruckregler (2), die Steuerdruckhalterung (3), beide Kraftstoffschläuche (4), die Gummiverbindung (5), die vier Einspritzventile (6), den Luftansaugstutzen (7) und den Gemischregler.

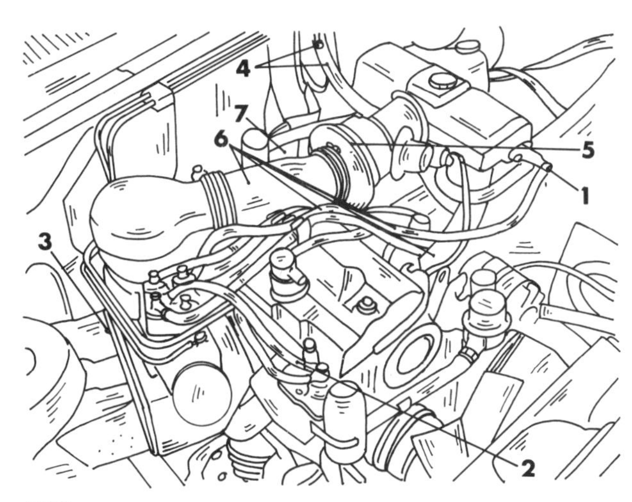

Bild 61
Zum Ausbau des Zylinderkopfes beim Einspritzmotor (Zahlenangaben siehe Text)

- Auspuffflansch und Auspuffrohrbefestigungen am Getriebe und an der Karosserie lösen.
- Zwei Heizungsrohre vom Motor abschliessen.
- Bei eingebauter Getriebeautomatik das Kickdown-Seil abschliessen.
- Gaskabelzug abklemmen.
- Unterdruckanschlüsse des Zündverteilers, des Bremskraftverstärkers und des Unterdruckbehälters abschliessen.
- Alle elektrischen Kabel vom Zylinderkopf abklemmen. Darin eingeschlossen sind der Thermozeitschalter, das Zusatzluftventil, ein Temperaturschalter, ein Geber, der Öldruckschalter.
- Unter Bezug auf Bild 62 die Diagnosesteckdose (1), den Schlauch (2), die Schraube (3) der Kabelschelle und die Rücksaugleitung der Kurbelgehäusebelüftung (4) ausbauen.

Bild 62
Zum Aus- und Einbau des Zylinderkopfes beim Einspritzmotor (Zahlenangaben siehe Text)

- Ansaugkrümmer ausbauen.
- Das Thermostatgehäuse ausbauen.
- Lichtmaschine und deren Aufhängungsbügel ausbauen.

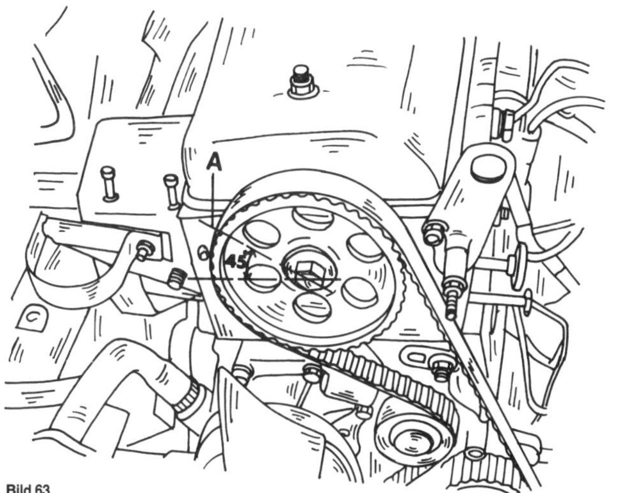

Bild 63
Das Nockenwellensteuerrad vor Ausbau des Zahnriemens in die gezeigte Stellung bringen. Die Steuermarke (A) ist in das Steuerrad eingezeichnet.

- Steuerriemenschutz abschrauben.
- Vorratsbehälter der Servolenkung ausbauen, den Riemen der Lenkhilfspumpe entspannen und den Riemen abnehmen.
- Markierung des Nockenwellenrades wie in Bild 63 gezeigt anordnen, das Verschlussblech des Kupplungsgehäuses abschrauben und das Schwungrad in geeigneter Weise blockieren. Da

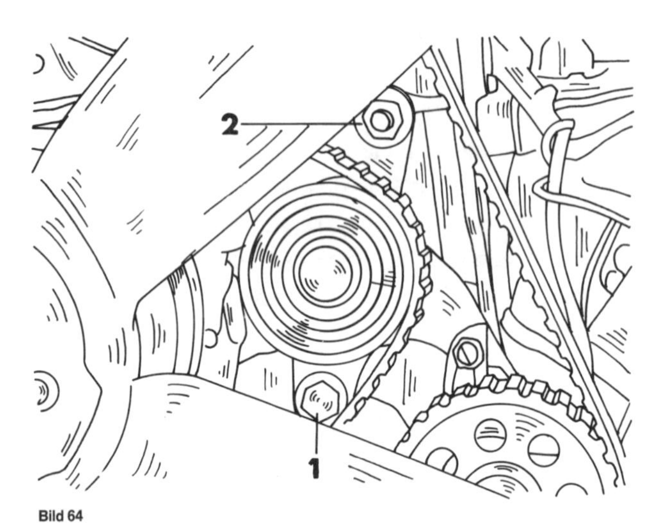

Bild 64
Zum Aus- und Einbau des Zahnriemens (siehe Text)

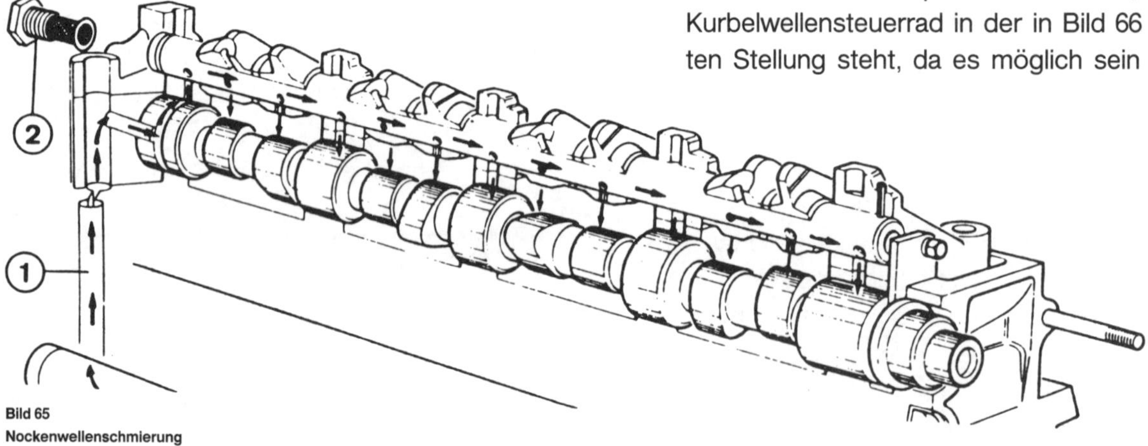

Bild 65
Nockenwellenschmierung

1 Zulaufkanal 2 Filter

es sich nicht verdrehen darf, sollte man das Spezialwerkzeug 8.0144B benutzen.

- Die Schraube (1) und die Mutter (2) in Bild 64 lösen und die Spannrolle mit Hilfe eines Schraubenziehers nach aussen drücken, bis sie sich nicht weiter bewegen lässt. Die Mutter (2) in dieser Rollenstellung anziehen.
- Steuerriemen ausbauen. Der Riemen darf nicht geknickt werden oder mit Öl oder Fett in Berührung kommen.
- Schraube der Kurbelwellenriemenscheibe lösen und die Riemenscheibe mit einem Kunststoffhammer abschlagen.
- Zylinderkopfhaube abmontieren.
- Die zehn Zylinderkopfschrauben von aussen nach innen in gleichmässigen Stufen lockern.
- Die Kipphebelwelle herunterheben.
- Den Zylinderkopf mit den in Bild 31 gezeigten Hebeln herunterheben.
- Die Laufbüchsen arretieren, wie es beim Zerlegen des Motors beschrieben wurde.

Nach Herunterheben des Zylinderkopfes darauf achten, dass keine Fremdkörper in die Zulaufbohrung der Kipphebelwelle gelangen können, da bei einer Verstopfung des Filters (2) in Bild 65 die Nokkenwelle und die Kipphebelwelle festfressen könnten.

Zylinderblock- und Zylinderkopfflächen gut reinigen, ehe man den Kopf wieder montiert. Die Zylinderkopffläche darf nicht nachgeschliffen werden.

Beim Einbau des Zylinderkopfes folgendermassen vorgehen:

- Die Haltevorrichtungen der Zylinderlaufbüchsen abschrauben. Kontrollieren, ob sich die Laufbüchsen nicht verdreht haben. Die Abflachungen an den Seiten der Büchsen müssen genau parallel liegen.
- Vor Einbau des Kopfes kontrollieren, ob das Kurbelwellensteuerrad in der in Bild 66 gezeigten Stellung steht, da es möglich sein könnte,

Bild 66
Das Steuerzeichen (1) muss in der gezeigten Stellung stehen

dass man den Motor unbeabsichtigt durchgedreht hat. Alle Kolben müssen ungefähr in der Mitte ihres Hubes stehen.

- Führung der Kopfdichtung in den Zylinderblock einführen. Die Nut (1) muss parallel zur Motorachse liegen, mit der Kettenbefestigung (2) der Stirnwand zugewandt (Bild 67).

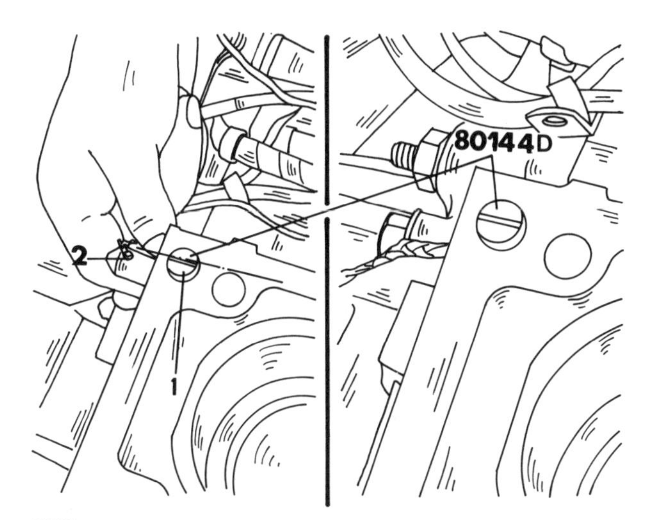

Bild 67
Einsetzen der Führung für die Zylinderkopfdichtung

- Befestigungslöcher des Zylinderkopfes und Ölbohrungen von Ölresten reinigen.
- Dichtung auf dem Zylinderblock montieren. Eingesetzte Führung und diagonal gegenüberliegende Hülse zur Hilfe nehmen.
- Den Zylinderkopf aufsetzen.
- Kontrollieren, ob die sechs Passstifte in der Unterseite der Kipphebelwellenlagerböcke sitzen. Die Haltescheibe für die Nockenwelle in die Rille am Ende der Nockenwelle einsetzen.
- Die Zylinderkopfschrauben in der in Bild 68 gezeigten Anzugsreihenfolge mit einem Anzugsdrehmoment von 50 Nm anziehen. Danach in der gleichen Reihenfolge die Schrauben auf 80 Nm anziehen. Die Schrauben jetzt der Reihe nach in der gegebenen Reihenfolge um eine Viertelumdrehung lockern und mit 95 Nm anziehen.
- Die Führung aus dem Zylinderkopf ziehen.
- Lippendichtring der Nockenwelle einölen und den Dichtring mit einem passenden Rohrstück einschlagen.
- Den Keil in die Nockenwelle einschlagen und das Nockenwellenrad aufschlagen. Die Seite mit der Erhöhung in der Mitte kommt zum Zylinderkopf.
- Die Schraube einsetzen und mit 50 Nm anziehen. Das Nockenwellenrad dabei in geeigneter Weise gegenhalten.
- Das Ventilspiel jetzt folgendermassen einstellen:
  – Nockenwellen durchdrehen und die Auslassventile der in der untenstehenden Tabelle in die vollkommen geöffnete Stellung bringen. Die Lage der Ventile kann Bild 59 entnommen werden:

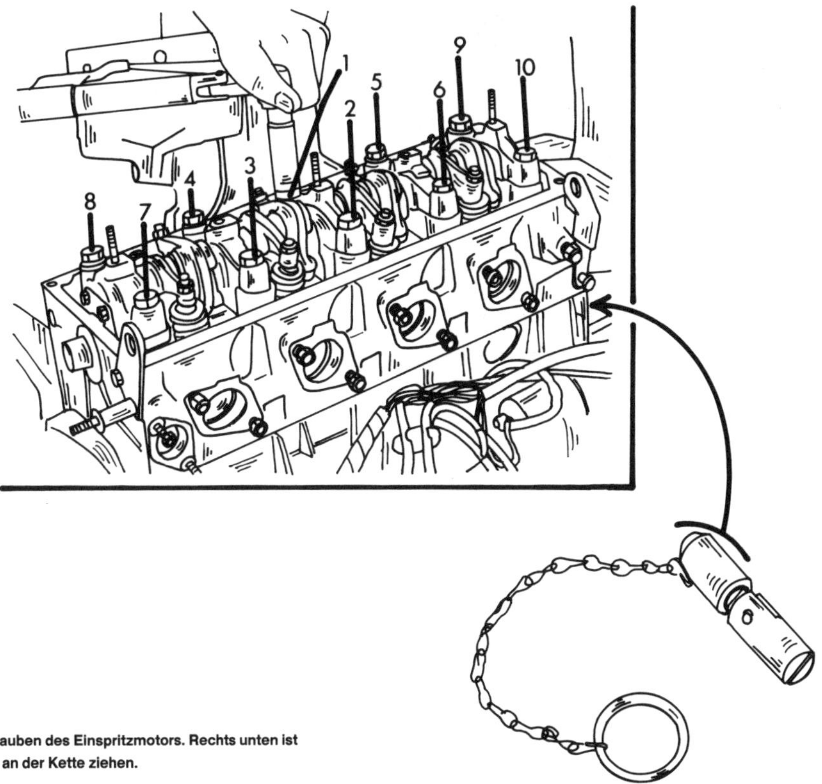

Bild 68
Anzugsreihenfolge der Zylinderkopfschrauben des Einspritzmotors. Rechts unten ist die Führung gezeigt. Zum Herausziehen an der Kette ziehen.

Auslass-ventil geöffnet	Einlass-ventil einstellen	Auslass-ventil einstellen
Zylinder 1	3	4
Zylinder 3	4	2
Zylinder 4	2	1
Zylinder 2	1	3

- Fühlerlehre mit der vorgeschriebenen Stärke zwischen Kipphebel und Ventilschaftende einführen. Das Spiel der Einlassventile beträgt 0,10 mm, das der Auslassventile 0,25 mm.
- Kontermutter lösen und die Einstellschraube ein- oder ausschrauben, bis die Lehre gerade stramm zwischen Kipphebel und Ventilschaft durchgleitet. Danach die Kontermutter wieder anziehen und das Spiel nachprüfen.

● Die Spannvorrichtung der Kipphebelwelle (Nr. 8.0144A) ist jetzt erforderlich. Diese ist wie in Bild 69 gezeigt anzubringen. Die Muttern (1) gleichmässig anziehen, bis sich die Nockenwelle frei durchdrehen lässt.

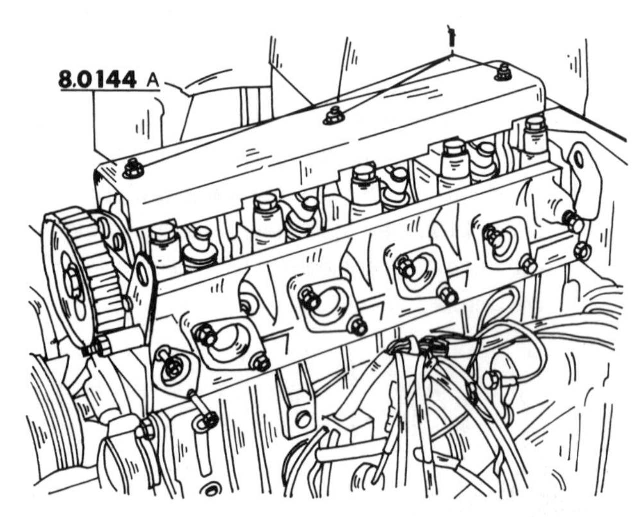

Bild 69
Spannvorrichtung der Kipphebelwelle auf dem Kopf aufgeschraubt

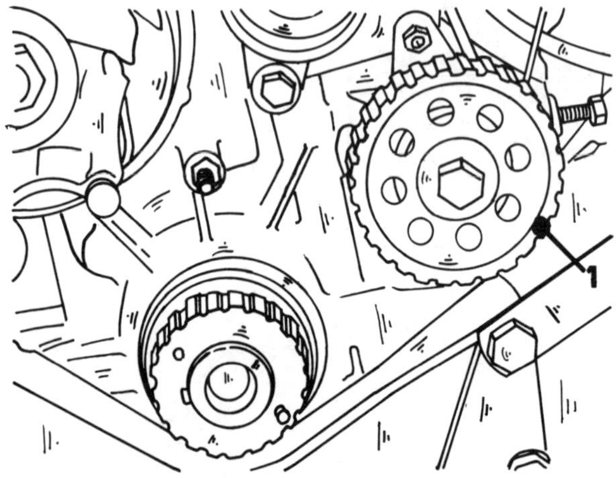

Bild 70
Steuerrad der Zwischenwelle durchdrehen, bis die Marke (1) in der gezeigten Stellung steht.

● Die Kerbe des Steuerrades der Zwischenwelle (1) in Bild 70 in der gezeigten Weise anordnen. Der Verteilerfinger muss nun senkrecht zur Motorachse stehen und die Spitze muss zum Zylinderblock zeigen. Falls dies nicht der Fall ist, das Steuerrad der Zwischenwelle um eine oder zwei zusätzliche Drehungen weiterdrehen.

● Den Spalt zwischen dem Spannrollenträger und der Schraube (2) in Bild 71 auf 0,10 – 0,15 mm einstellen. Falls erforderlich, die Kontermutter (3) lockern und die Schraube entsprechend verstellen. Das Gewinde der Schraube muss mit «Loctite» eingeschmiert werden. Abschliessend die Mutter (3) gut anziehen.

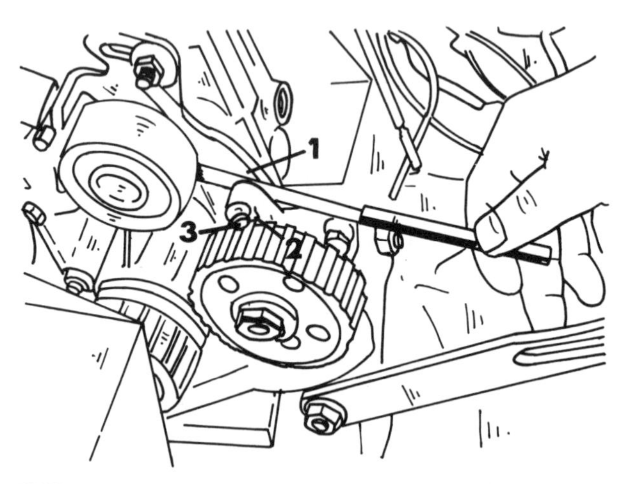

Bild 71
Zum Einbau der Ventilsteuerung

1 Spannrollenträger
2 Einstellschraube
3 Kontermutter

● Unter Bezug auf Bild 72 die Feder der Spannrolle ganz zusammendrücken und den Zahnriemen entsprechend der einzelnen Markierungen, an der Kurbelwelle beginnend, auflegen. Der Pfeil «F» auf dem Riemen gibt die Dehrichtung des Motors an. Der Zahnriemen muss alle 100 000 km und bei Kontakt mit Öl oder Fett gewechselt werden.

● Den Spannriemen auf den verschiedenen Steuerrädern und auf der Spannrolle zentrieren.

● Befestigungen der Spannrolle lösen und danach wieder mit 25 Nm anziehen (siehe Bild 64).

● Die Spannvorrichtung der Kipphebelwelle wieder ausbauen (Bild 69).

● Zylinderkopfhaube mit der Dichtung montieren und die Muttern mit 6 Nm anziehen.

● Kurbelwellenriemenscheibe auf das Steuerrad aufsetzen, jedoch vorher prüfen, ob die Federspannstifte eingeschlagen sind. Die Schraube

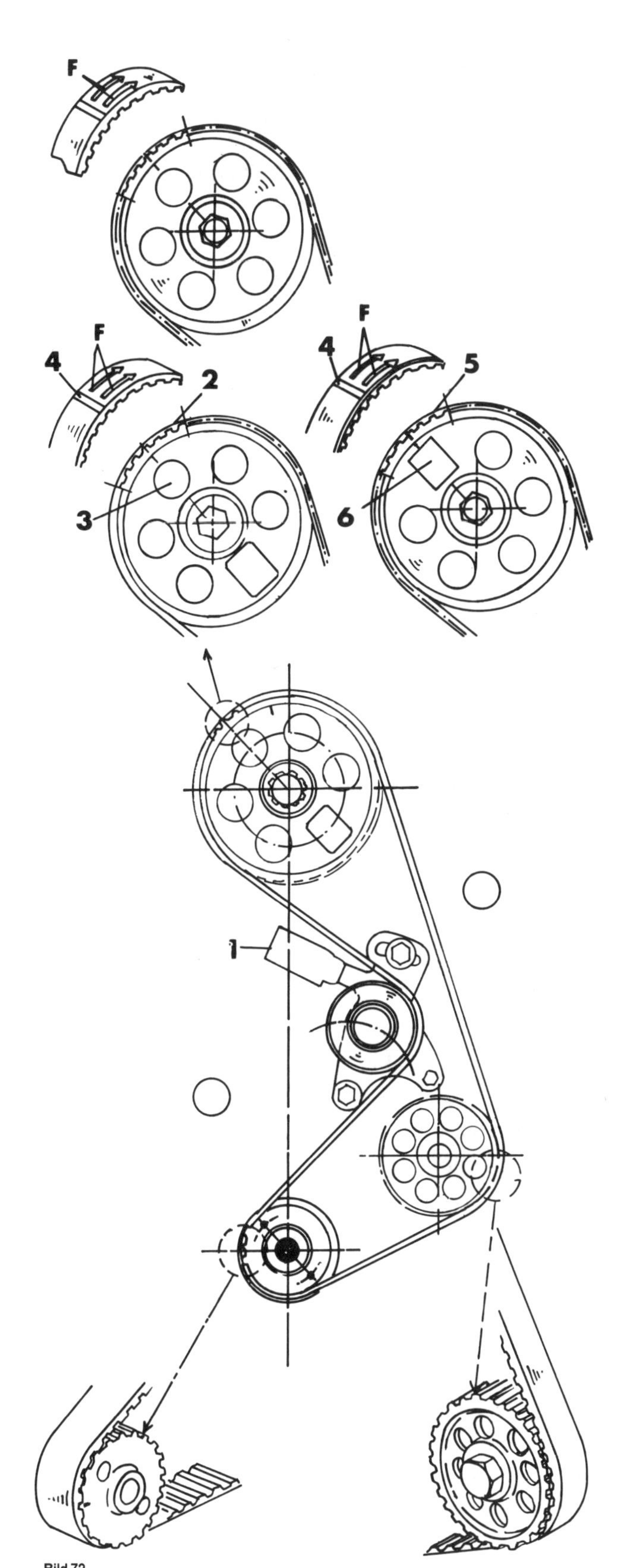

Bild 72
Einbaustellung des Zahnriemens

1 Feder der Spannrolle
2 Markierung
3 Runde Aussparung
4 Markierung auf Riemen
5 Markierung
6 Rechteckige Aussparung
Ältere Ausführung – oben links
Ältere Ausführung – oben links, zweite Ansicht
Augenblickliche Ausführung – oben rechts
F Laufrichtung des Zahnriemens

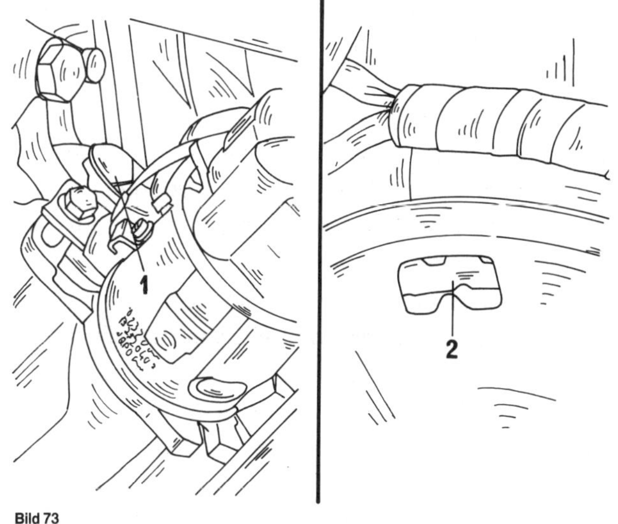

Bild 73
Die Lage des Stopfens (1) und das Schauloch in der Zahnriemenschutzhaube (2)

mit «Loctite» einschmieren, in die Kurbelwelle eindrehen und mit 130 Nm anziehen. Die Kurbelwelle muss in geeigneter Weise gegengehalten werden.

- Sperre aus dem Schwungrad herausnehmen und das Abdeckblech montieren.
- Schutzhaube des Zahnriemens montieren.
- Ölbehälter der Servopumpe montieren.
- Verschlussstopfen der Taststiftbohrung ausbauen (Bild 73) und den Motor durchdrehen, bis die Nockenwellenmarkierung links von der Kerbe der Riemenschutzhaube erscheint.
- Taststift 8.0133A einführen und auf das Gegengewicht der Kurbelwelle aufgedrückt halten. Das Werkzeug hat die in Bild 74 gezeigte Form. Die Kurbelwelle langsam durchdrehen, bis der Stab in die Kerbe des Kurbelwellengegengewichtes fällt. Nun muss die Markierung der Riemenscheibe mit der Null auf der Skalenplatte übereinstimmen. Andernfalls die Skalenplatte verstellen und deren Mutter zur Sicherung mit einem Farbtupfer versehen.
- Taststift herausziehen und den Verschlussstopfen mit 20 Nm anziehen.

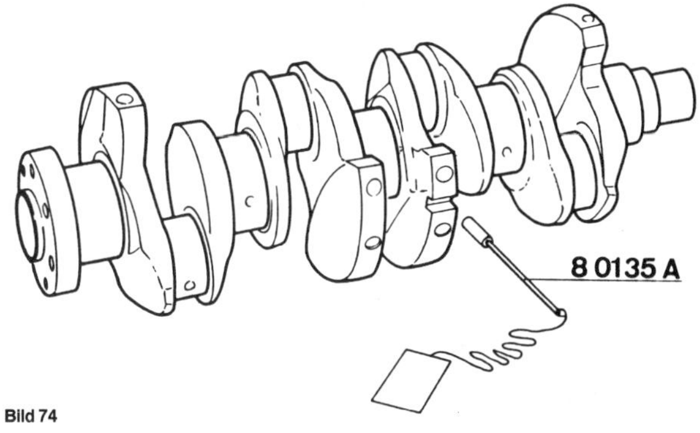

Bild 74
Taststift und Kerbe in der Kurbelwelle

- Restliche Teile in umgekehrter Reihenfolge des Ausbaus einbauen.

2.5.1.3 Turbomotor

Wiederum sind einige Spezialwerkzeuge erforderlich, um den Zylinderkopf wieder einzubauen.

- Fahrzeug auf Auffahrrampen ausfahren, um darunter zu arbeiten.
- Batterie abklemmen und ausbauen.
- Von der Unterseite des Fahrzeuges die Kühlanlage entleeren. Eine Ablassschraube befindet sich im Kühler und eine im Zylinderblock.
- Auspuffanlage abschliessen. Dazu die drei Flanschmuttern lösen und eine Stiftschraube ausschrauben. Zum Ausbau zwei Originalmuttern aufschrauben, sie gegeneinander kontern und mit einem Ringschlüssel lösen.
- Die Muttern der vorderen Gummilager des vorderen Schalldämpfers lösen und den Aufhängungsbolzen des hinteren Auspuffrohres entfernen.
- Die untere Befestigung des Turboladers freilegen. Dazu die Schrauben der Turboladerbefestigung an der Konsole und an der Haltelasche lösen.
- Den Kettenspanner entspannen.
- Den Turboladerschmierungsanschluss abschliessen und in der Nähe des Anschlusses einen Stopfen ausschrauben.
- Mit Hilfe eines Schraubenziehers die Gewindespindel des Kettenspanners nach rechts drehen, bis sie sich nicht weiter drehen lässt (ca. eine Drittelumdrehung).
- Aus dem Motorraum die Wasserschläuche, das Ansaugrohr, die Zündkerzenstecker mit dem Kabelrohr und den Zündverteiler ausbauen.
- Motoraufhängungsbügel ausbauen.
- Alle elektrischen Leitungen und Schläuche vom Zylinderkopf abschliessen.
- Die Muttern und Befestigungsschrauben des Ansaugluftverteilers vom Zylinderkopf abschrauben. Dazu eine Stecknuss mit einer Verlängerung verwenden.
- Die Leitung vom Bolzen lösen.
- Den Ansaugluftverteiler zur Seite drücken und in geeigneter Weise festbinden.
- Zylinderkopfhaube ausbauen.
- Einen hohen Gang einschalten und das Fahrzeug vorwärts schieben, bis der Motor in die OT-Stellung kommt. Die Markierung an der Riemenscheibe muss vor der am Steuergehäuse angegossenen (längsten) Markierung «O» stehen und die Kipphebel des vierten Zylinders müssen Spiel haben, während die Kipphebel des ersten Zylinders sich überschneiden. Ebenfalls kontrollieren, ob die Markierung an der Rükkenfläche des Nockenwellensteuerrades gegenüber dem Höcker am Zylinderkopf steht.
- Den Gang wieder herausnehmen und den Motor nicht mehr durchdrehen.
- Zündverteiler und obere Hälfte des Steuergehäuses ausbauen.
- Drei Befestigungsschrauben des Nockenwellenrades lösen.
- Die Kette gliedweise über das Nockenwellenrad heben und ausbauen. Da die Kette keine Steuerzeichen hat, kann sie beliebig ausgebaut werden. Nach Aushängen der Kette muss sie in geeigneter Weise befestigt werden, damit sie nicht vom Kurbelwellensteuerrad rutschen kann. Peugeot-Werkstätten verwenden dazu die Spezialhalterungen 8.0134R.
- Die Zylinderkopfschrauben von aussen nach innen lösen. Nachdem alle Schrauben entfernt sind, den Kopf nach hinten schieben, bis der Nockenwellenzapfen aus dem Kettenrad herauskommt. Zwei Personen sollten diese Arbeit durchführen. Den Kopf jetzt herausheben.
- Falls erforderlich, die Nockenwelle ausbauen. Dazu vier Schrauben des Steuergehäuses, das Steuergehäuse mit der Papierdichtung und die beiden Schrauben der Halteplatte lösen. Vor dem Herausziehen der Nockenwelle alle Einstellschrauben der Kipphebel lockern, damit die Welle spannungsfrei wird.

Vor dem Einbau des Kopfes die Block- und die Kopffläche einwandfrei reinigen. Nicht die Kolbenböden entkohlen. Die Zylinderkopffläche mit einem Messlineal auf Verzug kontrollieren. Dieser darf nicht mehr als 0,10 mm betragen. Wird die Zylinderkopffläche nachgeschliffen (max. 0,20 mm), muss der Kopf noch eine Höhe von 152,2 mm haben.

Beim Einbau folgendermassen vorgehen:

- Zylinderkopfdichtung trocken auflegen. Die Beschriftung «DESSUS» muss von oben sichtbar sein.
- Einen neuen «O»-Dichtring am Schmierungsflansch des Turboladers anbringen.
- Die Nockenwelle wieder montieren und verdrehen, bis die Ventile des Zylinders Nr. 1 sich schneiden und die Markierung am Nockenwellenrad gegenüber des Höckers am Zylinderkopf steht.

- Falls der Motor in der Zwischenzeit durchgedreht wurde, ihn wieder in OT-Stellung bringen.
- Den Zylinderkopf aufsetzen und gleichzeitig den Nockenwellenzapfen in das Steuerrad der Nokkenwelle einführen.
- Das Nockenwellenrad an der Welle anbringen und die Kette so auflegen, dass die Einstellmarkierung am Nockenwellenrad gegenüber dem Höcker am Zylinderblock steht. Die drei Schrauben mit «Loctite» einschmieren und mit 15 Nm anziehen.
- Die Zylinderkopfschrauben entsprechend des Anzugschemas in Bild 75 zuerst auf 50 Nm und danach auf 80 Nm anziehen.

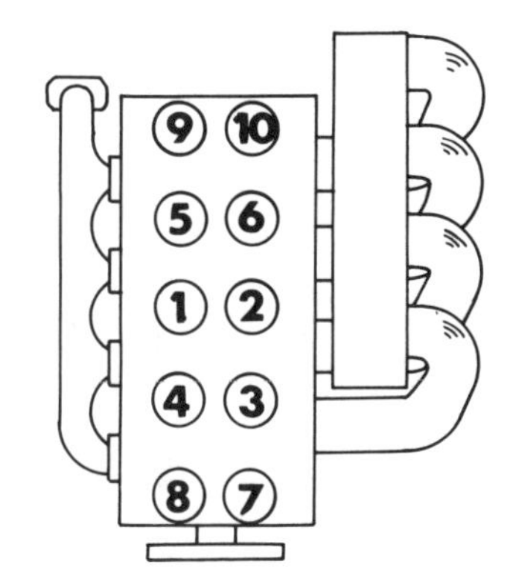

Bild 75
Anzugsschema der Zylinderkopfschrauben beim Turbomotor

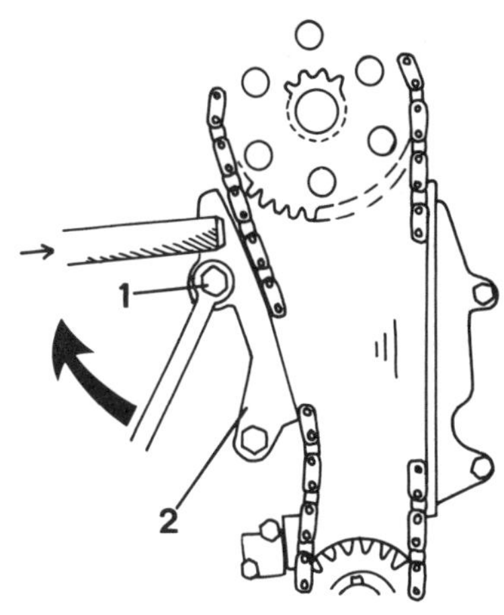

Bild 76
Zum Spannen der Steuerkette

1 Schraube 2 Gleitschuh

- Die Spannung der Steuerkette einstellen. Dazu die obere Schraube lösen und den Gleitschuh (2) in Bild 76 unter Verwendung eines Hammerstiels fest gegen die Kette drücken. Den Druck beihalten und die Schraube (1) anziehen. Obere Schraube wieder anziehen.
- Die Ventile unter Bezug auf Bild 77 einstellen. Dazu den Motor durchdrehen, bis das Auslassventil des ersten Zylinders vollkommen geöffnet ist und die entsprechenden Ventile mit Hilfe der Tabelle einstellen:

Auslassventil geöffnet	Einlassventil einstellen	Auslassventil einstellen
1	3	4
3	4	2
4	2	1
2	1	3

Das Ventilspiel wird in gleicher Weise eingestellt, wie es bei den anderen Motoren beschrieben wurde. Das Spiel der Einlassventile beträgt 0,20 mm, das der Auslassventile 0,30 mm.

- Alle anderen Arbeiten in umgekehrter Reihenfolge als beim Ausbau durchführen. Den hydraulischen Kettenspanner von der Unterseite des Fahrzeuges einstellen, indem man einen Schraubenzieher an der in Bild 78 gezeigten Stelle einsetzt und den Spannbolzen um eine Drittelumdrehung nach links dreht. Den Stopfen einschrauben und mit 35 Nm anziehen.

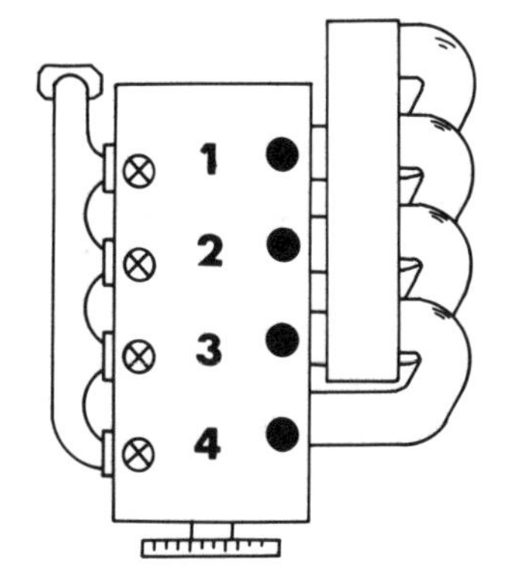

Bild 77
Die Lage der Ventile beim Turbomotor. Links liegen die Auslassventile.

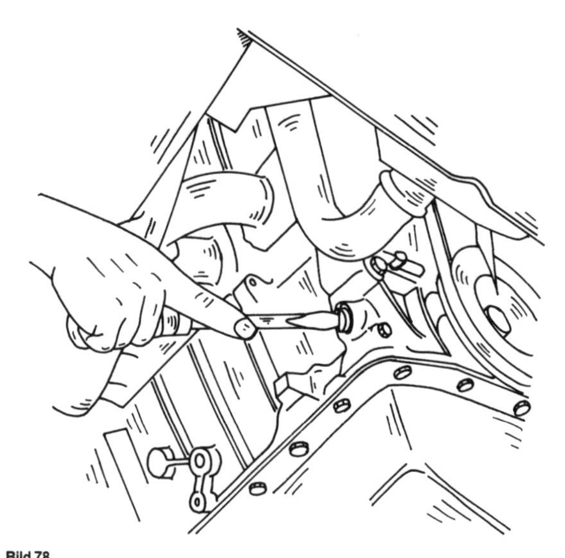

Bild 78
Spannen des hydraulischen Kettenspanners in der Seite des Zylinderblocks

2.5.2 Nachziehen der Zylinderkopfschrauben

Nur die Zylinderkopfschrauben des Turbomotors brauchen nicht nachgezogen werden. Bei den anderen Motoren folgende Arbeiten durchführen:

2.5.2.1 Vergasermotor

Die Arbeit darf nur bei kaltem Motor durchgeführt werden:

- Das Werkzeug 8.0129 (Bild 57) auf die Schrauben (1) und (2) in Bild 56 aufsetzen.
- Die Schraube (1) vollständig lösen und wieder mit 20 Nm anziehen. Den Schlüssel in dieser Stellung festhalten.
- Den Einstellbügel (1) in Bild 58 durch Drücken auf den unteren Teil der Feder auf die mit «0» gekennzeichnete Kerbe einstellen.
- Die Schraube festziehen, bis der Einstellbügel (1) unter der mit «90» bezeichneten Kerbe erscheint.
- Die Schraube (2) in gleicher Weise festziehen.
- Das Werkzeug auf ein anderes Schraubenpaar umsetzen und alle Zylinderkopfschrauben in der beschriebenen Weise in der Anzugsreihenfolge von Bild 56 anziehen.
- Die Befestigungsmuttern der Kipphebelwelle auf 15 Nm nachziehen.
- Das Ventilspiel entsprechend der Beschreibung in Kapitel 2.5.1 einstellen.

2.5.2.2 Einspritzmotor

Den Motor eine Viertelstunde mit einer Drehzahl von 2000/min laufen lassen und nach dem Abstellen 2 Stunden stehen lassen.

- Luftschlauch und Zylinderkopfhaube abmontieren.
- Die Zylinderkopfschrauben gemäss des Anzugsschemas in Bild 68 der Reihe nach um eine Viertelumdrehung lockern und wieder mit 95 Nm anziehen.
- Ventilspiel kontrollieren und ggf. einstellen, wie es in Kapitel 2.5.1.2 beschrieben wurde.
- Markierung des Nockenwellenrades mit dem Zeiger der Riemenschutzhaube in Deckung bringen, danach die Kurbelwelle um 90° im Uhrzeigersinn drehen.
- Spannvorrichtung der Kipphebelwelle anbringen (Bild 69).
- Befestigungen der Spannrolle lösen.
- Einen Schraubenzieher an der Klinge mit einem dicken Lappen umwickeln und damit auf den Zahnriemen einwirken, bis der Stössel (2) in Bild 79 in seine Lagerung gebracht wird. Die Schraube und Mutter der Spannrollenbefestigung wieder anziehen.
- Spannvorrichtung ausbauen.
- Zylinderkopfhaube und Luftschlauch wieder montieren.
- Motor laufen lassen und auf Dichtheit kontrollieren.

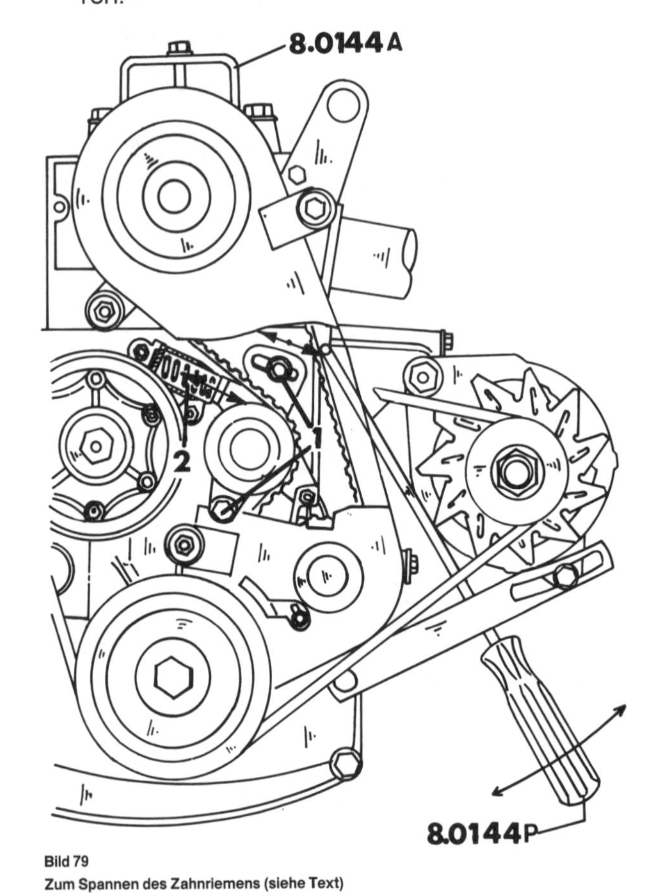

Bild 79
Zum Spannen des Zahnriemens (siehe Text)

2.5.3 Zerlegung und Überholung

2.5.3.1 Ventile

Kleinere Beschädigungen der Ventiltellerflächen können durch Einschleifen der Ventile in die Sitze des Zylinderkopfes berichtigt werden, wie es in Kapitel 2.5.3.2 beschrieben wird.

- Falls die Enden der Ventilschäfte Verschleiss aufweisen, können sie an einer Schleifmaschine glatt geschliffen werden, vorausgesetzt, dass man nicht mehr als 0,50 mm des Materials zur Korrektur entfernen muss.
- Die Teller der Ventile können in einer Ventilschleifmaschine nachgeschliffen werden, vorausgesetzt, dass die Ventiltellerstärke nach dem Schleifen nicht kleiner als 0,5 mm wird.
- Die Ventilschäfte, und in diesem Zusammenhang die Innendurchmesser der Ventilführun-

gen, kontrollieren. Falls Verschleiss stattgefunden hat, müssen die Ventilführungen vielleicht erneuert werden (siehe Kapitel 2.5.3.4).

2.5.3.2 Ventilsitze

- Alle Ventilsitze auf Zeichen von Verschleiss oder Narbenbildung kontrollieren. Leichte Verschleisserscheinungen können mit einem 45°-Fräser (Auslassventile) oder 60°-Fräser (Einlassventile) entfernt werden. Falls der Sitz jedoch bereits zu weit eingelaufen ist, müssen die Ventilsitze neu gefräst werden, oder man muss die Ventilsitzringe erneuern. Die letztere Arbeit erfordert das Aufbohren der Ventilsitzaufnahmen und sollte einer Peugeot-Werkstatt überlassen werden.

Beim Fräsen auf die unterschiedlichen Winkel der Aus- und Einlassventile achten.

- Die Ventilsitze müssen nachgefräst werden, wenn neue Ventilführungen eingezogen wurden.
  - Den Ventilsitzwinkel fräsen und danach mit einem Korrekturfräser die Oberkante des Sitzes leicht bearbeiten, um die Breite des Ventilsitzes zu verringern und auf eine Breite von 1,50 mm beim Vergasermotor oder 1,85 mm beim Einspritzmotor zu bringen. Die Fräsarbeiten sind zu beenden, sobald der Sitz innerhalb der angegebenen Breite liegt.
  - Nachgearbeitete Ventilsitze einschleifen. Dazu die Ventilsitzfläche mit etwas Schleifpaste einschmieren und das Ventil in den entsprechenden Sitz einsetzen. Einen Sauger am Ventil anbringen und das Ventil hin- und herbewegen.
  - Nach dem Einschleifen alle Teile gründlich von Schmutz und Schleifpaste reinigen und den Ventilsitz am Ventilteller und Sitzring kontrollieren. Ein ununterbrochener, matter Ring muss an beiden Teilen sichtbar sein und gibt die Breite des Ventilsitzes an.
  - Mit einem Bleistift einige Striche auf dem Ring am Ventilteller anzeichnen. Die Striche sollten ungefähr in Abständen von 1 mm ringsherum eingezeichnet werden. Danach das Ventil vorsichtig in die Führung und den Sitz fallen lassen und das Ventil um 90° verdrehen, wobei jedoch ein gewisser Druck auf das Ventil auszuüben ist.
  - Ventil wieder herausnehmen und kontrollieren, ob die Bleistiftstriche vom Sitzring entfernt wurden. Falls sich die Ventilsitzbreiten innerhalb der angegebenen Angaben befinden, kann der Kopf wieder eingebaut werden. Andernfalls die Ventilsitze nacharbeiten oder in schlimmen Fällen einen Austauschkopf einbauen. In diesem Fall alle Anbauteile vom alten Kopf abbauen und auf den neuen Kopf übertragen.

2.5.3.3 Ventilfedern

Zur einwandfreien Kontrolle der Ventilfedern sollte ein vorschriftsmässiges Federprüfgerät verwendet werden, um die Länge der Ventilfedern unter der in der Mass- und Einstelltabelle (Kapitel 19) angegebenen Belastung auszumessen. Falls dieses nicht zur Verfügung steht:

- Eine gebrauchte Feder mit einer neuen Feder vergleichen. Dazu beide Federn in einen Schraubstock einspannen und diesen langsam schliessen. Falls beide Federn um den gleichen Wert zusammengedrückt werden, ist dies eine sichere Anzeige, dass sie ungefähr die gleiche Spannung haben. Lässt sich die alte Feder jedoch weitaus kürzer als die neue Feder zusammendrücken, so ist dies ein Zeichen von Ermüdung und die Federn müssen im Satz erneuert werden.
- Die Federn der Reihe nach so auf eine glatte Fläche aufstellen (Glasplatte), dass sich die geschlossene Wicklung an der Unterseite befindet. Einen Stahlwinkel neben der Feder aufsetzen. Den Spalt zwischen der Feder und dem Winkel an der Oberseite ausmessen, welcher nicht mehr als 2,0 mm betragen darf. Andernfalls ist die Feder verzogen.

2.5.3.4 Ventilführungen

Zum genauen Ausmessen der Ventilführungen und Ventilschäfte wird ein Mikrometer gebraucht. Falls der Unterschied zwischen den beiden Massen mehr als 0,10 mm beträgt, muss die betreffende Ventilführung (oder alle) erneuert werden. Falls kein Mikrometer vorhanden ist (Innenmikrometer für die Ventilführungsbohrungen) kann man das Laufspiel der Schäfte in den Führungen folgendermassen ermitteln:

- Die Ventilführungen reinigen, indem man einen in Benzin getränkten Lappen durch die Führungen hin- und herzieht. Ebenfalls die Ventilschäfte einwandfrei reinigen und danach der Reihe nach die Ventile in ihre entsprechenden Bohrungen einsetzen.
- Eine Messuhr mit einem geeigneten Halter an der Oberseite des Zylinderkopfes anbringen

und das Ventil aus der Bohrung herausdrücken, bis das Ende des Ventilschaftes bündig mit der Ventilführung auf der anderen Seite des Zylinderkopfes abschneidet.

- Den Ventilteller an der Oberseite hin- und herbewegen und die Anzeige an der Messuhr ablesen. Falls diese mehr als ca. 1,0 – 1,2 mm beträgt, muss die Ventilführung meistens erneuert werden.
- Den Allgemeinzustand des Zylinderkopfes überprüfen, ehe eine Ventilführung erneuert wird. Zylinderköpfe mit kleinen Rissen zwischen den Ventilsitzen können wieder verwendet und nachgeschliffen werden, vorausgesetzt, dass die Risse nicht zu breit sind.
- Zum Erneuern einer Ventilführung die alte Führung mit einem passenden Dorn aus dem Zylinderkopf herauspressen. Der Zylinderkopf muss in heissem Wasser erhitzt werden, um die Führungen auszuschlagen. Vor dem Ausschlagen das Überstehmass der Führungen an der Oberseite des Zylinderkopfes ausmessen. Der zum Ausbau verwendete Dorn sollte einen Zapfen angedreht haben, welcher in die Innenseite der Führung passt.
- Wenn die Ventilführungen erneuert werden, erneuert man die Ventile ebenfalls. Die Ventilsitze müssen dann nachgeschliffen werden. Ventilführungen stehen in Übergrösse im Aussendurchmesser zur Verfügung (siehe Mass- und Einstelltabelle, Kapitel 20) und die Aufnahmebohrungen im Zylinderkopf sind entsprechend aufzubohren.
- Neue Führungen gut einölen und in den Zylinderkopf einpressen, bis das vorstehende Mass dem vor dem Ausbau erhaltenen Mass entspricht.
- Die Ventilführungen nach dem Einpressen auf einen Durchmesser von 8,02 – 8,04 mm aufreiben. Zum Aufreiben eine verstellbare Reibahle verwenden. Das vorschriftsmässige Laufspiel der Ventilschäfte wird dabei automatisch hergestellt.

Achtung: Die Ventilsitze müssen nachgefräst werden, wenn eine Ventilführung erneuert wurde (Kapitel 2.5.3.2).

2.5.3.5 Zylinderkopf

Die Dichtflächen von Zylinderkopf und Zylinderblock einwandfrei reinigen und die Zylinderkopffläche auf Verzug kontrollieren. Dazu ein Messlineal auf den Kopf auflegen und mit einer Fühlerlehre den Lichtspalt längs, quer und diagonal zur Zylinderkopffläche ermitteln, wie es Bild 80 zeigt. Falls sich eine Blattlehre von mehr als 0,10 mm Stärke einschieben lässt, kann man den Zylinderkopf planschleifen lassen (ausser Einspritzmotor ohne Turbolader). Ist der Spalt an irgendeiner Stelle grösser, muss der Kopf erneuert werden.

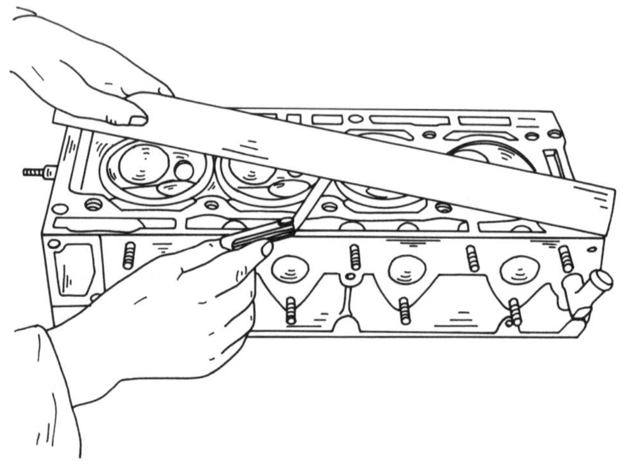

Bild 80
Ausmessen einer Zylinderkopffläche auf Verzug

2.5.3.6 Nockenwelle

Die Nockenwelle mit den beiden Endlagerzapfen in Prismen einlegen oder zwischen die Spitzen einer Drehbank spannen und eine Messuhr am mittleren Lagerzapfen ansetzen. Die Nockenwelle langsam durchdrehen und die Anzeige an der Messuhr ablesen. Falls die Anzeige mehr als 0,01 mm beträgt, ist die Welle verbogen und sollte erneuert werden.

Die Lagerzapfen auf sichtbare Schäden hin kontrollieren. Falls diese vorgefunden werden, kann man sich alle weiteren Arbeiten ersparen.

Zum Ausmessen des Axialspiels der Nockenwelle bei einem Einspritzmotor diese in den Zylinderkopf einsetzen und mit der Halteplatte befestigen. Den Zylinderkopf auf eine glatte Fläche aufstellen. Eine Messuhr an der Stirnfläche ansetzen und die Welle hin- und herbewegen. Das Spiel muss zwischen 0,05 – 0,13 mm liegen. Andernfalls ist die Halteplatte abgenutzt und muss erneuert werden. In schlimmen Fällen kann auch der Anlageflansch der Nockenwelle abgenutzt sein. Bei den anderen Motoren ist die gleiche Prüfung am Zylinderblock durchzuführen.

2.5.4 Zylinderkopf zusammenbauen

- Alle Teile gründlich reinigen und alle gleitenden und sich drehenden Teile gut mit Motorenöl einschmieren.
- Die Ventile in ihre Führungen einsetzen. Falls die Ventilsitze nachgeschnitten wurden, müssen sie mit den entsprechenden Sitzen zusammengehalten werden. Das gleiche gilt für wieder verwendete Ventile, die man in die ursprünglichen Sitze einsetzen muss.
- Neue Ventilschaftdichtringe an jede Ventilführung anbringen, welche ursprünglich mit einem Dichtring versehen war und mit einem passenden Rohrstück nach unten schieben.
- Die Ventile unter Bezug auf Bild 81 zusammenbauen. Dazu die Feder über jedes Ventil setzen und diese mit einem Ventilheber zusammendrücken. Wenn das Ventilschaftende an der Oberseite des Ventilfedertellers heraussteht, mit einer Spitzzange die beiden Ventilkegelhälften einsetzen. Den Ventilheber langsam zurücklassen und kontrollieren, ob die Kegelhälften gut gehalten werden.

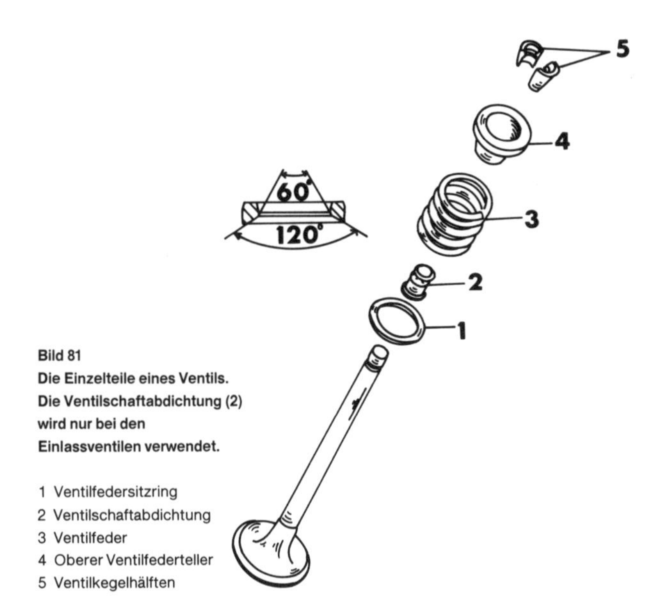

Bild 81
Die Einzelteile eines Ventils. Die Ventilschaftabdichtung (2) wird nur bei den Einlassventilen verwendet.

1 Ventilfedersitzring
2 Ventilschaftabdichtung
3 Ventilfeder
4 Oberer Ventilfederteller
5 Ventilkegelhälften

- Mit einem Plastikhammer auf die Oberseite der Ventilschäfte schlagen. Nicht richtig sitzende Ventilkegelhälften fliegen dabei heraus. Zur Vorsicht einen Lappen über die Federenden legen, damit die Teile nicht davonfliegen können.
- Bei einem Einspritzmotor die Lagerzapfen der Nockenwelle mit Motorenöl einschmieren und die Welle vorsichtig in den Zylinderkopf einschieben, ohne dabei mit den Nocken oder Lagerzapfen gegen die Lagerbüchsen anzustossen.
- Wellenhalteplatte am Zylinderkopf anschrauben. Das Axialspiel der Nockenwelle nochmals kontrollieren, wie es in Kapitel 2.5.3.5 beschrieben wurde.

2.5.5 Ventilspiele einstellen

Die Einstellung des Ventilspiels wurde im Zusammenhang mit dem Einbau des Zylinderkopfes beschrieben und das betreffende Kapitel ist durchzulesen. Falls die Einstellung bei eingebautem Motor durchgeführt wird, wie dies bei einer allgemeinen Kontrolle des Ventilspiels der Fall ist, müssen die notwendigen Vorarbeiten getroffen werden, um an die Ventile zu kommen. Dazu ist es notwendig, die Zylinderkopfhaube abzumontieren, mit den erforderlichen Arbeiten, wie z. B. Luftfilter ausbauen, bestimmte Schläuche abschliessen, usw. Beim Abnehmen der Zylinderkopfhaube darauf achten, dass die Dichtung nicht beschädigt wird, da man sie vielleicht wieder verwenden kann. Danach den Anweisungen für den betreffenden Motor folgen.
Die Ventile können auch auf andere Weise eingestellt werden, d. h. man dreht den Motor durch, bis die beiden Ventile des ersten Zylinders vollkommen geschlossen sind. Dies kann man am vierten Zylinder kontrollieren, dessen Ventile jetzt schneiden müssen. Wenn man den Motor hin- und herdreht, wird man sehen, dass sich ein Ventil nach unten und eins nach oben bewegt. Die Kipphebel des ersten Zylinders haben etwas Spiel. Nach Einstellen des ersten Zylinders den Motor eine halbe Umdrehung weiterdrehen und das nächste geschlossene Ventilpaar einstellen. Die folgende Tabelle gibt eine Aufstellung der Einstellung.

Ventile schneiden	*Einzustellende Ventile*
Zylinder Nr. 1	Zylinder Nr. 4
Zylinder Nr. 3	Zylinder Nr. 3
Zylinder Nr. 4	Zylinder Nr. 1
Zylinder Nr. 2	Zylinder Nr. 3

Zur Kontrolle des Ventilspiels eine Fühlerlehre der vorgeschriebenen Stärke zwischen das Ventilschaftende und den Kipphebel einschieben. Das Ventilspiel ist der Mass- und Einstelltabelle zu entnehmen. Die Blattfühlerlehre sollte sich leicht einschieben lassen, aber nicht zu locker sitzen. Eine gute Anzeige ist, wenn sich die Fühlerlehre ohne zu klemmen einschieben lässt, sich dann etwas durchbiegt und in den Spalt zwischen Ventilschaft und Kipphebel springt.
Zum Einstellen des Ventilspiels einen Ringschlüssel zum Lockern der Kontermutter für die Ventileinstell-

schraube benutzen und die Schraube mit einem Schraubenzieher einschrauben oder herausdrehen. Beim Festziehen der Kontermutter die Schraube gegenhalten, damit sie sich nicht wieder verstellen kann. Abschliessend das Ventilspiel nachprüfen.

Falls der Motor im Fahrzeug sitzt, die ausgebauten Teile wieder montieren.

2.6 Kolben und Pleuelstangen

Die Kolben und Zylinderlaufbüchsen können nur bei ausgebautem Motor erneuert werden. Falls neue Zylinderlaufbüchsen und Kolben gekauft werden müssen, sollte man wissen, dass diese aufeinander abgestimmt wurden und aus diesem Grund zusammenzuhalten sind. Dies gilt ebenfalls, wenn die ursprünglichen Teile wieder verwendet werden. In diesem Fall die Laufbüchsen, Kolben und Pleuelstange mit der Zylindernummer zeichnen.

Alle Kolben sind mit zwei Kompressionsringen und einem Ölabstreifring versehen. Der obere Verdichtungsring ist an der Aussenfläche verchromt, während der zweite Kolben einen Trapezquerschnitt besitzt. Bild 82 zeigt einen Querschnitt durch die Ringe, woraus ausserdem ersichtlich ist, wie die beiden oberen Ringe aussehen. Die Kennzeichnungen müssen nach dem Einbau von oben sichtbar sein.

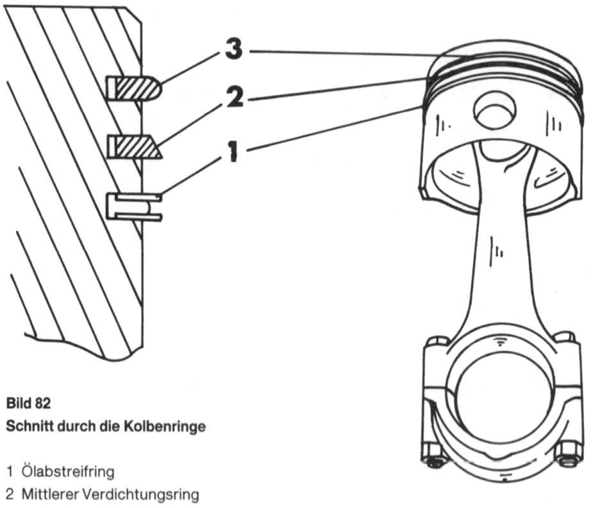

3
2
1

Bild 82
Schnitt durch die Kolbenringe

1 Ölabstreifring
2 Mittlerer Verdichtungsring
3 Oberer Verdichtungsring

2.6.1 Kolben und Pleuelstangen trennen

Zum Trennen der Kolben von den Pleuelstangen sind auf jeden Fall Spezialwerkzeuge erforderlich. Falls diese nicht besorgt werden können, sollte man die Arbeiten in einer Peugeot-Werkstatt durchführen lassen. Auch wenn die Kolben erneuert werden sollen, werden die gleichen Werkzeuge zum Einziehen des Kolbenbolzens benötigt. Ebenfalls muss eine Kochplatte zur Verfügung stehen, so dass man das Pleuelauge (nicht der gesamte Pleuel) auf eine Temperatur von 250° C erwärmen kann (nur beim Einspritzmotor). Ein Schmelzstift, welcher bei dieser Temperatur erweicht, ist bei der Kontrolle erforderlich. Folgende Arbeiten durchführen:

- Kolben und Pleuelstange aus der Zylinderlaufbüchse herausziehen. Nochmals kontrollieren, ob man die Kennzeichnung markiert hat.
- Kolbenringe der Reihe nach mit einer Kolbenringzange abnehmen. Falls die Ringe wieder verwendet werden sollen, sind sie entsprechend zu zeichnen. Falls keine Kolbenringzange zur Verfügung steht, können Metallstreifen an gegenüberliegenden Stellen des Kolbens unter den Ring geschoben werden. Einen Streifen unbedingt unter das Ende des Ringes unterlegen, um Kratzer zu vermeiden.
- Beim Vergasermotor die Sicherungsringe der Kolbenbolzen entfernen und die Bolzen aus Kolben und Pleuelstange herausdrücken.
- Das Spezialwerkzeug wird jetzt zum weiteren Zerlegen der Kolben eines Einspritzmotors benötigt. Den Kolben wie in Bild 83 gezeigt auf das Werkzeug unter einer Presse auflegen und den Bolzen mit dem Pressstempel herausdrücken.

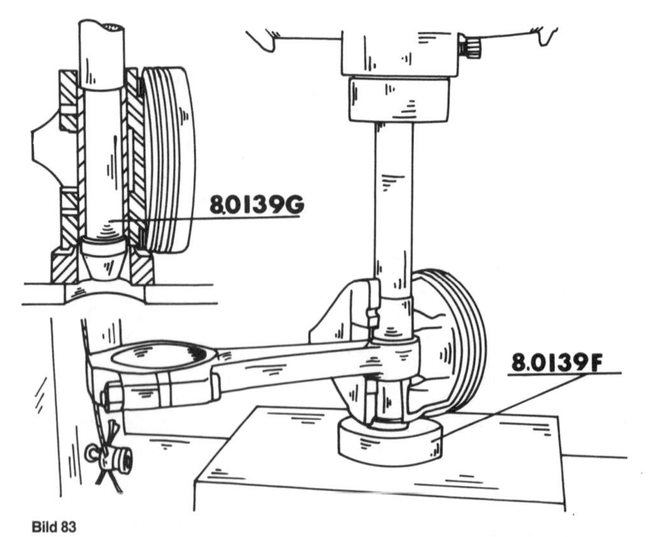

Bild 83
Ausdrücken des Kolbenbolzens mit den Spezialwerkzeugen beim Einspritzmotor

2.6.2 Kolben und Pleuelstangen überprüfen

Alle Teile gründlich kontrollieren. Falls Teile Anzeichen von Fressern, Kratzern oder Verschleiss aufweisen, müssen sie erneuert werden.

- Das Höhenspiel der Kolbenringe in den Nuten des Kolbens ausmessen, indem man die Kolbenringe der Reihe nach in die jeweilige Nute einsetzt (Bild 84). Mit einer Fühlerlehre den Spalt zwischen der Ringfläche und der Kolbennutenfläche ermitteln. Falls die Spalte eines Ringes zu gross erscheint, sind entweder die Ringe oder der Kolben abgenutzt.

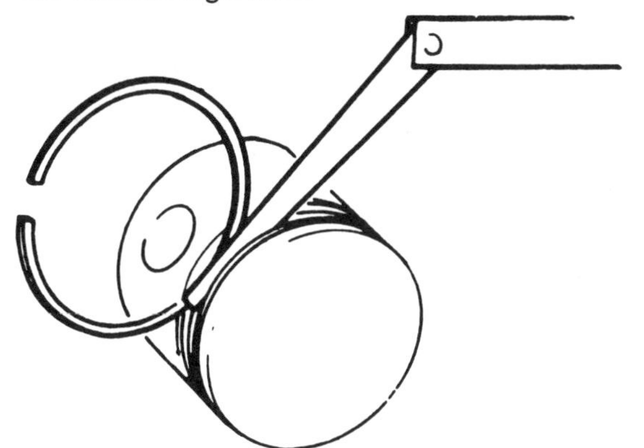

Bild 84
Kontrolle des Höhenspiels der Kolbenringe in den Nuten des Kolbens

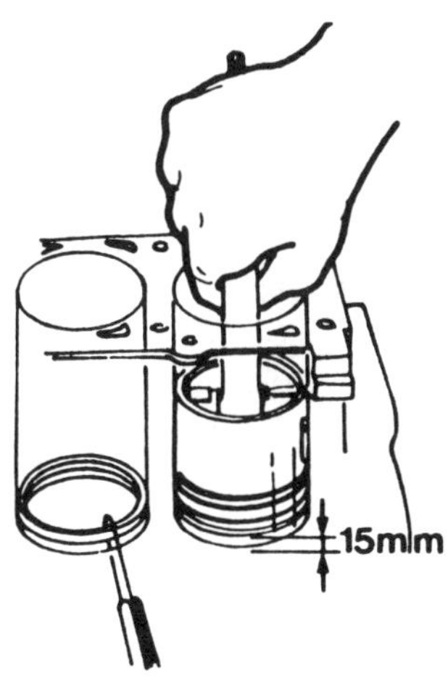

Bild 85
Ausmessen des Stossspiels der Kolbenringe

- Als nächstes der Reihe nach alle Kolbenringe von der Oberseite in die Laufbüchse einsetzen. Mit einem umgekehrten Kolben den Ring nach unten stossen, bis er ca. 15 mm von der Unterkante der Bohrung entfernt steht. Den Zylinderblock dazu auf eine Seite legen. Eine Fühlerlehre in den Spalt zwischen den beiden Ringenden einschieben, um das Kolbenringstossspiel auszumessen. Bild 85 zeigt, wie das Spiel vorschriftsmässig ausgemessen wird. Die Stossspiele können nicht eingestellt werden und die Kolbenringe sind nicht länger verwendungsfähig, falls sie zu gross erscheinen.
- Den Kolbendurchmesser im rechten Winkel zum Kolbenbolzen an der Unterkante des Kolbenmantels mit einem Mikrometer ausmessen. Kolben stehen in drei Toleranzgruppen zur Verfügung und die dazugehörigen Kolbenbolzen sind mit Farbzeichen versehen.
- Zum Prüfen des Kolbenlaufspiels den Durchmesser der Bohrung ausmessen. Bohrungen werden in Längs- und Querrichtung gemessen und in drei Tiefen der Laufbüchsen. Auf diese Weise werden der grösste und kleinste Durchmesser gefunden. Die Werte aufschreiben.
Den Kolbendurchmesser jetzt von den Bohrungsdurchmessern abziehen. Der Unterschied ist das Laufspiel der Kolben, welches zwischen 0,06 – 0,08 mm liegen darf. Falls das Laufspiel grösser ist, müssen neue Laufbüchsen/Kolben-Sätze eingebaut werden.
- Kolbenbolzen und -bohrungen auf Verschleiss oder Beschädigung kontrollieren. Die Bolzen werden nur zusammen mit den Kolben geliefert und sind je nach Toleranzgruppe mit Farbtupfen gezeichnet.

2.6.3 Kolben und Pleuelstangen zusammenbauen

Es wird angenommen, dass die Teile entsprechend Kapitel 2.6.2 kontrolliert und überholt worden sind.

- Pleuelstangen in einem Pleuelprüfgerät auf Verdrehung oder Verbiegung kontrollieren. Dies sollte man am besten in einer Werkstatt durchführen lassen, da verbogene oder in sich selbst verdrehte Pleuelstangen keinen einwandfreien Lauf des Motors herstellen können.
- Die Pleuelstangen und Kolben eines Vergasermotors können ohne Schwierigkeiten zusammengebaut werden, da die Bolzen schwimmend in Kolben und Pleuel gelagert sind. Nur falls sich die Bolzen schwer einsetzen lassen, kann man sie in kochendem Wasser erwärmen. Nach dem Zusammenbau muss das Verhältnis von Ölbohrung (1) und der Bezeichnung «AV» (vorn) im Kolbenboden wie in Bild 86 gezeigt hergestellt sein.

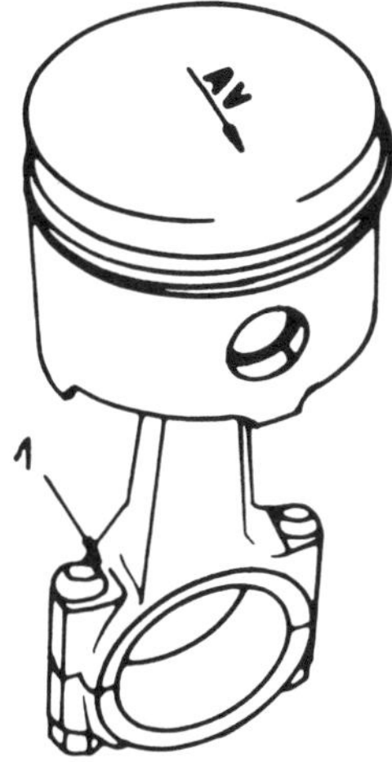

Bild 86
Richtiger Zusammenbau der Kolben eines Vergasermotors

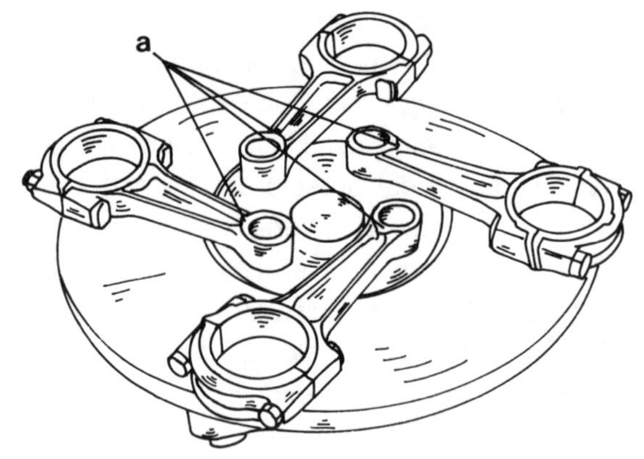

Bild 87
Anwärmen der Pleuelaugen vor Einpressen der Kolbenbolzen. Nur Enden (a) auflegen.

- Beim Zusammenbau der Teile eines Einspritzmotors die Pleuelstangen auf eine Kochplatte auflegen. Dazu die Pleuelaugen sternförmig auf die Platte auflegen (Bild 87). Der Pleuelfuss jeder einzelnen Stange ist entsprechend unterzulegen, damit die Pleuelstangen in waagerechte Lage kommen. Mit dem Schmelzstift laufend kontrollieren, wenn die vorgeschriebene Temperatur von 250° C erreicht ist.
- Den Kolbenbolzen auf den Montagedorn stekken und das konische Führungsstück am anderen Ende anschrauben, ohne es aber festzuziehen. Den Bolzen und den Dorn gut einölen.
- Beim Zusammenbau der Kolben und Pleuelstangen und Verwendung von neuen Pleuellagerschalen können die Pleuelstangen beliebig am Kolben montiert werden. Falls die alten Lagerschalen wieder eingebaut werden, muss man diese entsprechend der Kennzeichnungen beim Zerlegen anordnen. Auf jeden Fall muss der Pfeil im Kolbenboden zur Vorderseite des Motors weisen, wenn die Ölbohrung auf der in Bild 88 gezeigten Seite liegt.

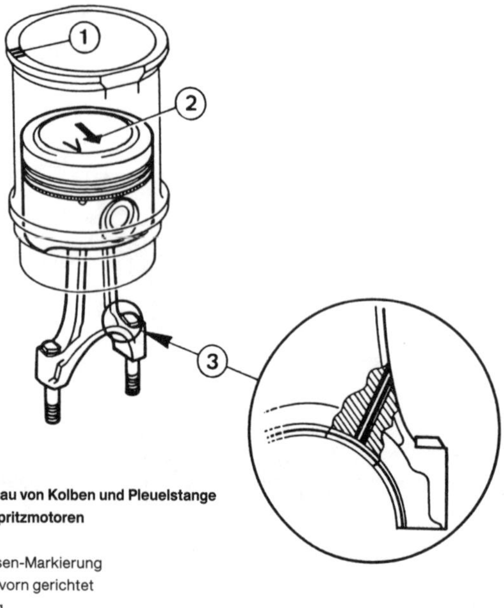

Bild 88
Zusammenbau von Kolben und Pleuelstange bei den Einspritzmotoren

1 Laufbüchsen-Markierung
2 Pfeil nach vorn gerichtet
3 Ölbohrung

- Den Kolben auf das Spezialwerkzeug auflegen, mit der Kolbenbolzenbohrung über das Loch und die beiden Feststellschrauben anziehen, um den Kolben zu halten.
- Die Montagearbeiten müssen so schnell wie möglich durchgeführt werden, damit sich das Pleuelauge nicht wieder abkühlen kann.
- Pleuelstange mit einer Wasserpumpenzange schnell von der Kochplatte nehmen und in die Innenseite des Kolbens einführen.

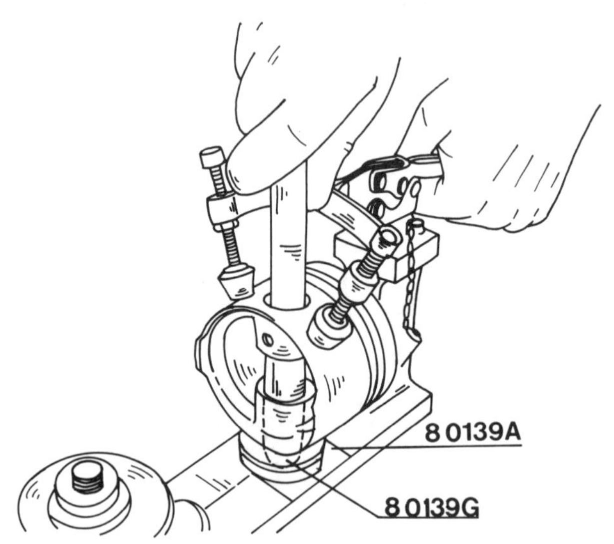

Bild 89
Einpressen eines Kolbenbolzens beim Einspritzmotor

- Bolzen von Hand und dem Montagedorn eindrücken (Bild 89). Die Pleuelstange wie erforderlich hin- und herbewegen, damit die Flucht zustandekommt. Den Kolbenbolzen bis zum Anschlag eindrücken. Das Spezialwerkzeug gewährleistet, dass der Kolbenbolzen in die genaue Lage eingepresst wird. Nach einigen Sekunden den Kolben von der Auflage befreien und kontrollieren, ob sich der Kolben frei auf dem Pleuelauge bewegen lässt, nachdem er abgekühlt ist.
- Den Montagedorn aus dem Kolben ausschrauben und die anderen Kolben in gleicher Weise montieren.
- Mit einer Ölkanne Öl in die Lagerstelle des Bolzens spritzen.
- Der Reihe nach die Kolbenringe am Kolben anbringen. Die beiden oberen Ringe müssen mit der Markierung nach oben weisen. Vor dem Einsetzen jeden Ring nochmals kontrollieren, da man leicht Fehler machen kann. Eine Kolbenringzange sollte zum Aufsetzen der Kolbenringe

verwendet werden, jedoch kann man drei dünne Metallstreifen (z. B. Blattfühlerlehren) um den Kolben legen und die Ringe über die Metallstreifen schieben. Die Streifen herausziehen, wenn der Ring in Höhe der betreffenden Nute ist. Die Ringe können leicht brechen und beim Einbau ist mit grösster Sorgfalt vorzugehen.

- Kolbenringe gut einölen und auf dem Aussenumfang des Kolbens verdrehen, um die Ringstösse vorschriftsmässig anzuordnen, d. h. die Stösse der Verdichtungsringe müssen um jeweils 120° vom Ölabstreifring versetzt sein.
- Kolben mit Motorenöl einschmieren und in die dazugehörigen Laufbüchsen einsetzen. Geeignete Kolbenringspannbänder müssen zum Eindrücken der Kolbenringe in die Nute benutzt werden. Die Kolben werden so eingesetzt, dass die flachen Seiten der Pleuelstangen und die Fläche an der Oberseite der Laufbüchse parallel ausgerichtet sind und dass der Pfeil im Kolbenboden zur Vorderseite des Motors weist. Das Verhältnis zwischen der Pleuelstange und der Fläche an der Zylinderlaufbüchse ist in Bild 88 gezeigt.
- Neue «O»-Dichtringe an der Unterseite der Laufbüchsen anordnen, ohne sie dabei zu verdrehen (nur beim Einspritzmotor).
- Laufbüchsen in den Zylinderblock einsetzen, ohne sie dabei zu verdrehen, nachdem man das Überstehmass der Büchsen wie in Kapitel 2.4 beschrieben ausgemessen hat.
- Nach dem Einbau der Laufbüchsen kontrollieren, ob die Markierungen in der Oberkante der Büchsen und in der Fläche des Zylinderkopfes übereinstimmen, und ob alle vier Pfeile in den Kolbenböden zur Steuerseite des Motors weisen.
- Die Kurbelwellenlager und Pleuellagerdeckel wie in Kapitel 2.4 beschrieben montieren.

2.7 Zylinderblock

Der Zylinderblock besteht aus dem Kurbelgehäuse und dem eigentlichen Zylinderblock, in denen die Laufbüchsen eingesetzt sind.

Bei einer Ganzzerlegung den Zylinderblock einwandfrei reinigen und alle Fremdkörper aus Hohlräumen und Ölkanälen entfernen. Besonders auch darauf achten, dass Reinigungsflüssigkeiten vollkommen entfernt werden. Falls möglich, mit Pressluft trockenblasen. Unbedingt darauf achten, dass kein Öl in den Bohrungen für die Zylinderkopfschrauben verbleibt.

Um das Laufspiel der Kolben auszumessen, ist Kapitel 2.6.2 durchzulesen.

Die Zylinderblockfläche wird in ähnlicher Weise wie beim Zylinderkopf beschrieben auf Verzug kontrolliert. Den Block in Längsrichtung, Querrichtung und Diagonalrichtung vermessen. Eine Fühlerlehre von mehr als 0,10 mm Stärke darf sich nicht einschieben lassen.

2.8 Kurbelwelle und Kurbelwellenlager

Der Ausbau der Kurbelwelle wurde bereits in Kapitel 2.2 beschrieben. Die Kurbelwelle läuft in fünf Lagern. Hauptlagerzapfen und Pleuellagerzapfen können einmal auf eine Untergrösse nachgeschliffen werden, d. h. die entsprechenden Lagerschalen stehen dafür zur Verfügung.

Das Axialspiel der Kurbelwelle wird durch die Anlaufhalbschalen an einem der Kurbelwellenlager reguliert.

Die Abdichtung der Kurbelwelle erfolgt an der Vorderseite und Rückseite durch einen Radialdichtring.

2.8.1 Axialspiel der Kurbelwelle ausmessen

Vor dem Ausbau der Kurbelwelle sollte das Axialspiel kontrolliert werden, um evtl. notwendige Übergrösse-Anlaufscheiben beim Einbau bereit zu haben. Folgende Arbeiten durchführen:

- Messuhr an der Stirnfläche des Zylinderblocks anbringen, wie es in Bild 43 gezeigt ist, und die Welle mit einem Schraubenzieher in eine Richtung drücken. Die Messuhr auf Null stellen.
- Welle mit dem Schraubenzieher in die andere Richtung drücken und die Anzeige der Messuhr ablesen. Diese sollte zwischen 0,08 – 0,20 mm (Vergasermotor) bzw. 0,05 – 0,25 mm (Einspritzmotor) betragen. Den Wert aufschreiben.
- Messuhr wieder abmontieren.
- Kurbelwelle ausbauen, wie es in Kapitel 2.3 beschrieben wurde.

2.8.2 Überprüfung der Teile

- Kurbelwelle gründlich reinigen. Besonders auf die Sauberkeit der Ölbohrungen achten.
- Kurbelwelle sorgfältig auf Schäden kontrollieren und die Hauptlager- und Pleuellagerzapfen genau mit einem Mikrometer ausmessen. Die Kur-

belwellenhauptlagerzapfen und Kurbelzapfen können einmal nachgeschliffen werden, so dass die Welle mit Untergrösse-Lagerschalen eingebaut werden kann.

- Kurbelwelle zwischen die Spitzen einer Drehbank einspannen oder die beiden äusseren Lagerzapfen in Prismen einlegen, wie es in Bild 90 gezeigt ist, und mit einer Messuhr am mittleren Lagerzapfen auf Schlag kontrollieren. Der Schlag darf nicht grösser als 0,02 mm sein. Andernfalls die Welle erneuern.

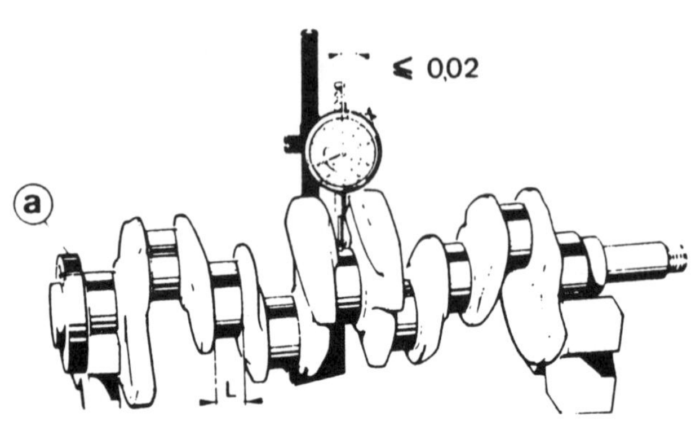

Bild 90
Kontrolle einer Kurbelwelle auf Schlag

- Kurbelzapfen und Hauptlagerzapfen genau mit einem Mikrometer an verschiedenen Stellen ausmessen. Diese Messung ebenfalls entlang des Lagerzapfens vornehmen. Der Unterschied zwischen einer Messung in Richtung der Kurbelwange und im 90°-Winkel zur Kurbelwange weist auf Unrundheiten hin; der Unterschied zwischen der Messung an einem Ende des Lagerzapfens und dem anderen Ende weist auf Verjüngung hin. Beide Unterschiede dürfen nicht mehr als 0,05 mm betragen.

2.8.3 Einbau der Kurbelwelle

Der Einbau der Kurbelwelle ist im Zusammenhang mit dem Zusammenbau des Motors in Kapitel 2.3 beschrieben.

2.8.4 Hinteren Kurbelwellendichtring erneuern

Der Öldichtring auf der Schwungradseite kann bei ausgebautem Schwungrad erneuert werden. Dies könnte erforderlich sein, wenn die Kupplung auf Grund von Öldurchlass aus dem Kurbelgehäuse zu rutschen beginnt.
Mit einem Schraubenzieher den Öldichtring aus dem Kurbelgehäuse herausdrücken, ohne dabei das Kurbelgehäuse oder den Kurbelwellenflansch zu beschädigen.
Die Lauffläche auf der Kurbelwelle kontrollieren. Falls die Lauffläche durch den alten Ring angegriffen ist, kann der neue Dichtring etwas tiefer in das Kurbelgehäuse eingeschlagen werden.
Neuen Dichtring vorsichtig mit einem passenden Dorn in das Kurbelgehäuse einschlagen, wie es in Bild 91 gezeigt ist. Den Dichtring aussen mit Öl und an der Dichtlippe mit Mehrzweckfett einschmieren. Falls die Kurbelwelle in Ordnung ist, Dichtring ein-

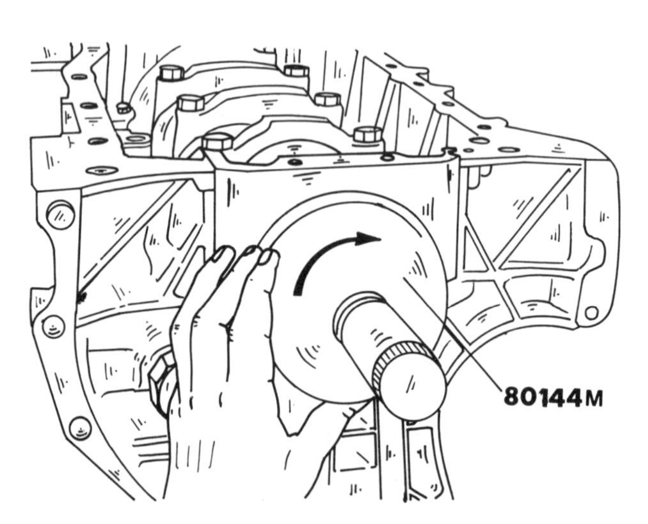

Bild 91
Einschlagen des Öldichtringes auf der Schwungradseite

schlagen, bis er bündig abschneidet; andernfalls Dichtring in das Kurbelgehäuse schlagen, bis die Aussenfläche etwas unterhalb der Kurbelgehäusefläche steht. Kontrollieren, ob der Ring ringsherum gleichmässig eingeschlagen ist.

2.8.5 Vorderen Kurbelwellendichtring erneuern

Der vordere Dichtring befindet sich im Kurbelgehäuse (Einspritzmotor) oder Steuerdeckel (Vergasermotor und Turbomotor) und kann bei eingebautem Motor erneuert werden, jedoch müssen bestimmte Spezialwerkzeuge zur Verfügung stehen, da man die komplette Steuerung ausbauen muss. Dies ist in ähnlicher Weise durchzuführen, wie es beim Ausbau des Zylinderkopfes beschrieben wurde.
Zum Erneuern des Dichtringes bei ausgebautem Motor den Dichtring mit einem Schraubenzieher aus dem Steuerdeckel herausdrücken und einen neuen Dichtring einschlagen. Die Kurbelwellenriemenscheibe kann benutzt werden, um den Dichtring zu zentrieren.

2.8.6 Dichtring der Zwischenwelle

Der Dichtring der Zwischenwelle eines Einspritzmotors kann nach Ausbau der Steuerungsteile erneuert werden. Zum Ausbau des Ringes, nach Abschrauben des Steuerrades der Welle, das Gehäuse abschrauben und den Dichtring von innen nach aussen ausschlagen.

Beim Einbau des Dichtringes folgendermassen vorgehen:

- Eine neue Papierdichtung für das Gehäuse auflegen.
- Das Gehäuse anschrauben, ohne die Schrauben festzuziehen.
- Den neuen Dichtring an der Aussenseite und an den Lippen mit Öl einschmieren und wie in Bild 92 gezeigt einschlagen.
- Die Gehäuseschrauben gleichmässig ringsherum anziehen.
- Das Steuerrad der Welle montieren, mit dem Steuerzeichen nach aussen, und die Schraube mit 50 Nm anziehen. Das Steuerrad muss dabei gegengehalten werden (siehe Bild 93).

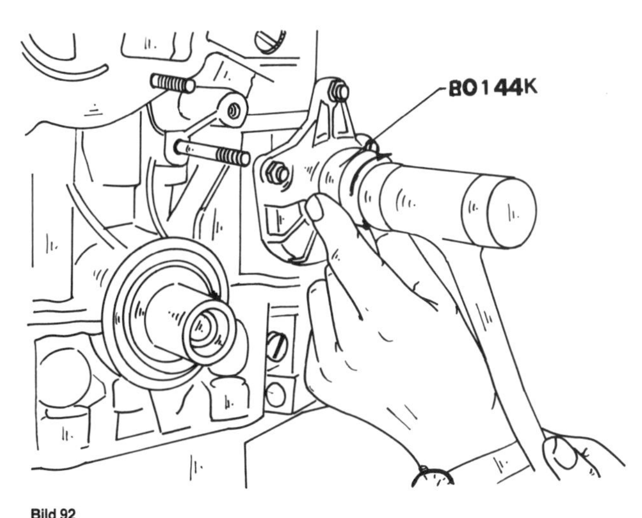

Bild 92
Einschlagen des Dichtringes für die Zwischenwelle

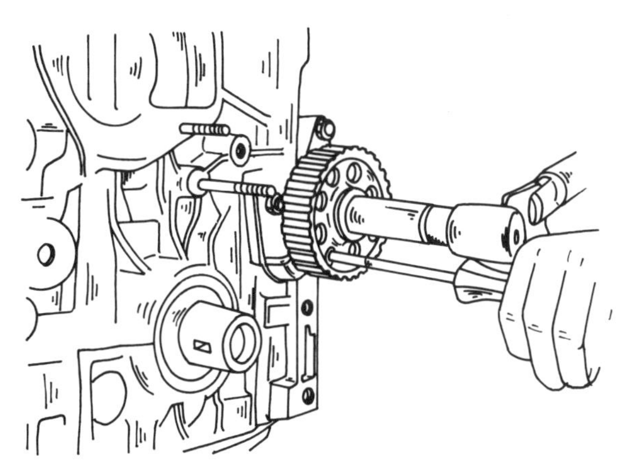

Bild 93
Gegenhalten des Steuerrades der Zwischenwelle beim Anziehen der Schraube

2.8.7 Schwungrad

Falls der Zahnkranz des Schwungrades beschädigt ist, muss man ebenfalls das Ritzel des Anlassers kontrollieren, da die Teile zusammen verschleissen.

Die Schrauben des Schwungrades sind versetzt angeordnet, so dass man dieses nur in einer Stellung montieren kann. Beim Einbau des Schwungrades die Schraubengewinde mit «Loctite»-Gewindesicherungsmittel einschmieren. Die Schrauben gleichmässig über Kreuz anziehen.

2.9 Steuerantrieb

Der Steuerantrieb kann bei eingebautem Motor ausgebaut werden, falls entweder die Steuerkette, die Kettenräder oder der Kettenspanner beim Vergaser- und Turbomotor oder der Zahnriemen beim Einspritzmotor erneuert werden sollen. Die Arbeiten beim Einspritzmotor und beim Turbomotor wurden bereits beim Einbau des Zylinderkopfes beschrieben und den betreffenden Anweisungen ist zu folgen. Beim Vergasermotor folgendermassen vorgehen:

- Die Kurbelwelle verdrehen, bis die Keilnut waagerecht steht, damit beim Durchdrehen der Nockenwelle die Ventile nicht an die Kolben stossen können.

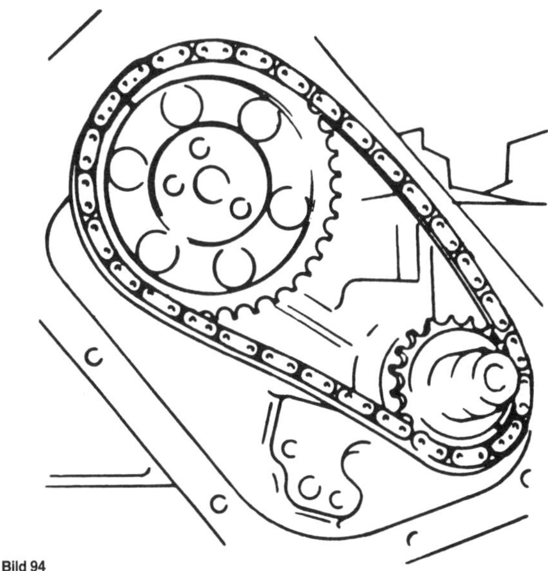

Bild 94
Einstellen der Ventilsteuerung. Am Nockenwellenrad sitzen beide kadmierte Kettenräder beidseits der Markierungen, am Kurbelwellenrad sitzt das kadmierte Kettenschloss über der Markierung. Beide Markierungen liegen mit beiden Achsen in einer Geraden.

- Das Kurbelwellensteuerrad zusammen mit der Unterlagscheibe und dem Keil einbauen.
- Die Nockenwelle in die in Bild 94 gezeigte Stellung bringen.
- Das Kurbelwellenrad in die gezeigte Stellung bringen.
- Die Steuerkette so auf das Nockenwellenrad auflegen, dass die beiden kadmierten Kettenschlösser beiderseits der Einstellmarke kommen.
- Die Steuerkette auf dem Nockenwellenrad festhalten und so über das Kurbelwellenrad legen, dass das kadmierte Kettenschloss über der Einstellmarke zu liegen kommt. Die Einstellmarken beider Zahnräder müssen in der Ebene von Nockenwellen- und Kurbelwellenachse liegen.
- Das Nockenwellenrad an der Nockenwelle ansetzen, ein neues Sicherungsblech auflegen und die Befestigungsschrauben mit 22,5 Nm anziehen. Die Schrauben durch Umschlagen des Sicherungsbleches sichern.
- Das Filtersieb sowie die Ölkanäle im Motorblock, im Kettenspannergehäuse und im Gleitschuh auf Sauberkeit kontrollieren.
- Stössel und Feder mit dem Gleitschuh zusammenbauen und den Stössel durch Drehen des Innensechskantschlüssels nach rechts verriegeln.
- Den zusammengebauten Gleitschuh in das Kettenspannergehäuse einführen und auf leichte Bewegung überprüfen.
- Das Filtersieb («8» in Bild 95) in den Ölkanal des Kettenspanners einführen.
- Den kompletten Kettenspanner am Zylinderblock befestigen und die Schrauben mit 7,5 Nm anziehen.
- Den Kettenspanner durch Drehen des Innensechskantschlüssels nach rechts spannen. Der Kettenspanner stellt sich von selbst ein. Der Einstellung darf nie von Hand nachgeholfen werden.
- Die Verschlussschraube einsetzen, festziehen und sichern.
- Den Steuergehäusedeckel mittig aufsetzen und die Schrauben mit 10 Nm anziehen.
- Die Kurbelwellenriemenscheibe montieren und mit einem neuen Sicherungsblech und der Mutter befestigen. Die Mutter mit 170 Nm anziehen. Zum Festziehen der Mutter einen Gang einlegen, um die Kurbelwelle zu blockieren.
- Alle anderen Arbeiten in umgekehrter Reihenfolge als beim Ausbau durchführen.

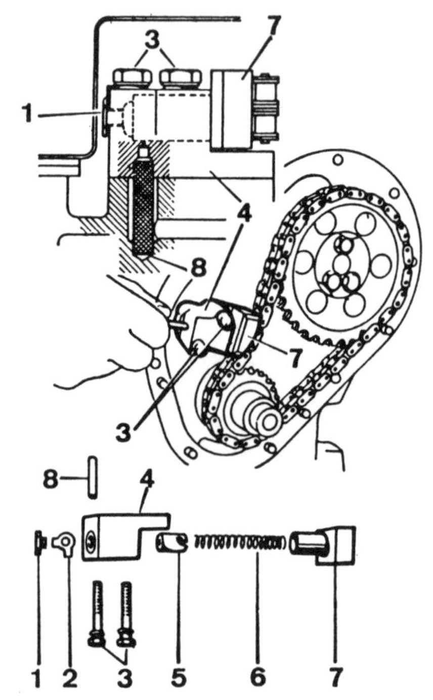

Bild 95
Der Kettenspanner des Vergasermotors

1 Verschlussschraube
2 Sicherungsblech
3 Befestigungsschrauben
4 Kettenspannergehäuse
5 Stössel
6 Feder
7 Gleitschuh
8 Siebfilter

3 Die Motorschmierung

Der Motor wird mit einer Druckumlaufschmierung durch eine Zahnradpumpe, die entweder über die Nockenwelle oder die Zwischenwelle (Einspritzmotor) angetrieben wird.

3.1 Die Ölpumpe

3.1.1 Aus- und Einbau

Der Ausbau der Ölpumpe kann bei eingebautem Motor durchgeführt werden, nachdem man die Ölwanne abgeschraubt hat. Das treibende Zahnrad der Ölpumpe wird durch einen Mitnehmer von der Antriebswelle angetrieben. Die Ölpumpe kann ausgebaut werden, ohne die Antriebswelle herauszunehmen. Die Welle muss nach oben herausgezogen werden, nachdem man den Zündverteiler ausgebaut hat.

3.2 Der Ölfilter

Der Ölfilter befindet sich am Zylinderblock. Der Filter ist mit einem Ventil versehen und nur ein Filter mit einem solchen Ventil darf verwendet werden. Zum Ausbau des Filters die Batterie abklemmen.
Zum Ausbau des Filters ein Filterspannband verwenden. Andernfalls ein Stück Schmirgelleinwand um den Filter legen, mit der Schmirgelseite gegen den Filter, den Filter mit beiden Händen erfassen und abschrauben.
Den Dichtring eines neuen Filters einölen und den Filter anziehen bis er soeben gegen den Zylinderblock ansitzt. Aus dieser Stellung den Filter mit den Händen um eine weitere Viertelumdrehung anziehen.
Filter nochmals lösen und erneut anziehen, bis der Gummidichtring den Zylinderblock berührt. Aus dieser Stellung die Filterpatrone um eine halbe bis eine dreiviertel Umdrehung anziehen. Diesen Anweisungen ist unbedingt zu folgen.

3.3 Öldruck überprüfen

Falls ein geeignetes Anschlussstück zur Verfügung steht, welches man mit einem Manometer in die Bohrung für den Öldruckschalter einschrauben kann, lässt sich der Öldruck bei laufendem Motor kontrollieren. In diesem Fall folgendermassen vorgehen:

- Motor laufen lassen, bis eine Temperatur von 90°C erhalten wird, d. h. das Fernthermometer zeigt einen betriebswarmen Motor an.
- Motor 5 Minuten lang im Leerlauf laufen lassen, bis der Kühlungsventilator ausgeschaltet hat.
- Motor abstellen und den in Bild 96 gezeigten Stopfen herausdrehen.

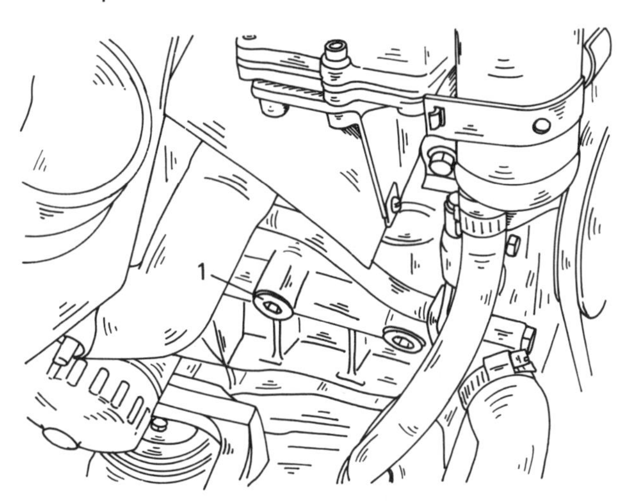

Bild 96
Verschlussstopfen (1) für die Montage des Manometers

- Anschlussstück mit einer Kupferscheibe einschrauben und den Manometer anschliessen.
- Motor anlassen und im Leerlauf laufen lassen. Die Anzeige am Manometer sollte 1,0 kp/cm^2 betragen.
- Drehzahl auf 3000/min erhöhen und kontrollieren, ob der Öldruck auf 3,0 kp/cm^2 ansteigt.
- Den Motor erneut beschleunigen, dieses Mal auf 4000/min und kontrollieren, ob der Öldruck jetzt weiter ansteigt, jedoch nicht auf mehr als 5,2 kp/cm^2. Die oben angegebenen Werte beziehen sich auf einen neuen Motor. Falls der Motor längere Zeit in Betrieb war, ist es möglich, dass der Öldruck im Leerlauf bis auf 0,4 kp/cm^2 abfällt.
- Manometer abschliessen und den Öldruckschalter mit der Kupferscheibe einschrauben. Den Schalter mit 25 Nm anziehen.
- Falls erforderlich, den Ölstand im Motor berichtigen.

4 Die Kühlanlage

Das Kühlsystem führt die Wärme des Motors mittels Kühlflüssigkeit über einen Kühler und gegebenenfalls die Innenraumheizung ab. Zur Kühlung wird eine Kühlflüssigkeit mit Korrosionsschutz- bzw. Frostschutzmittel (handelsübliche Fabrikate) verwendet. Eine vom Keilriemen über die Kurbelwelle angetriebene Wasserpumpe führt das Kühlwasser über die verschiedenen Schläuche und Kanäle. Zur Entgasung der Kühlflüssigkeit wird ein Entgasungsbehälter, der gleichzeitig einen Einfüllstutzen besitzt, verwendet. Der grossflächige Wasserkühler wird im Normalzustand vom Fahrtwind gekühlt und bei grösserer thermischer Belastung zusätzlich durch einen elektrisch betriebenen Ventilator belüftet. Der Ventilator befindet sich an der Stirnseite des Kühlers.

Der Ventilator wird durch einen Thermoschalter in der Unterseite des Kühlers aus- und eingeschaltet. Um rasch eine Betriebstemperatur von ca. 80° C zu erreichen, wird der Kühlkreislauf über einen Thermostaten in einen kleineren und grösseren Kühlkreis aufgeteilt. Bild 97 zeigt die Teile der Kühlanlage beim Vergasermotor.

4.1 Ablassen und auffüllen der Kühlanlage

- Ablassstopfen im Zylinderblock herausdrehen und den Stopfen aus der Unterseite des Kühlers herausschrauben. Das Frostschutzmittel in der Anlage kann durch Unterstellen eines Behälters aufgefangen werden. Falls das Frostschutzmittel erneuert werden soll, den unteren Wasser-

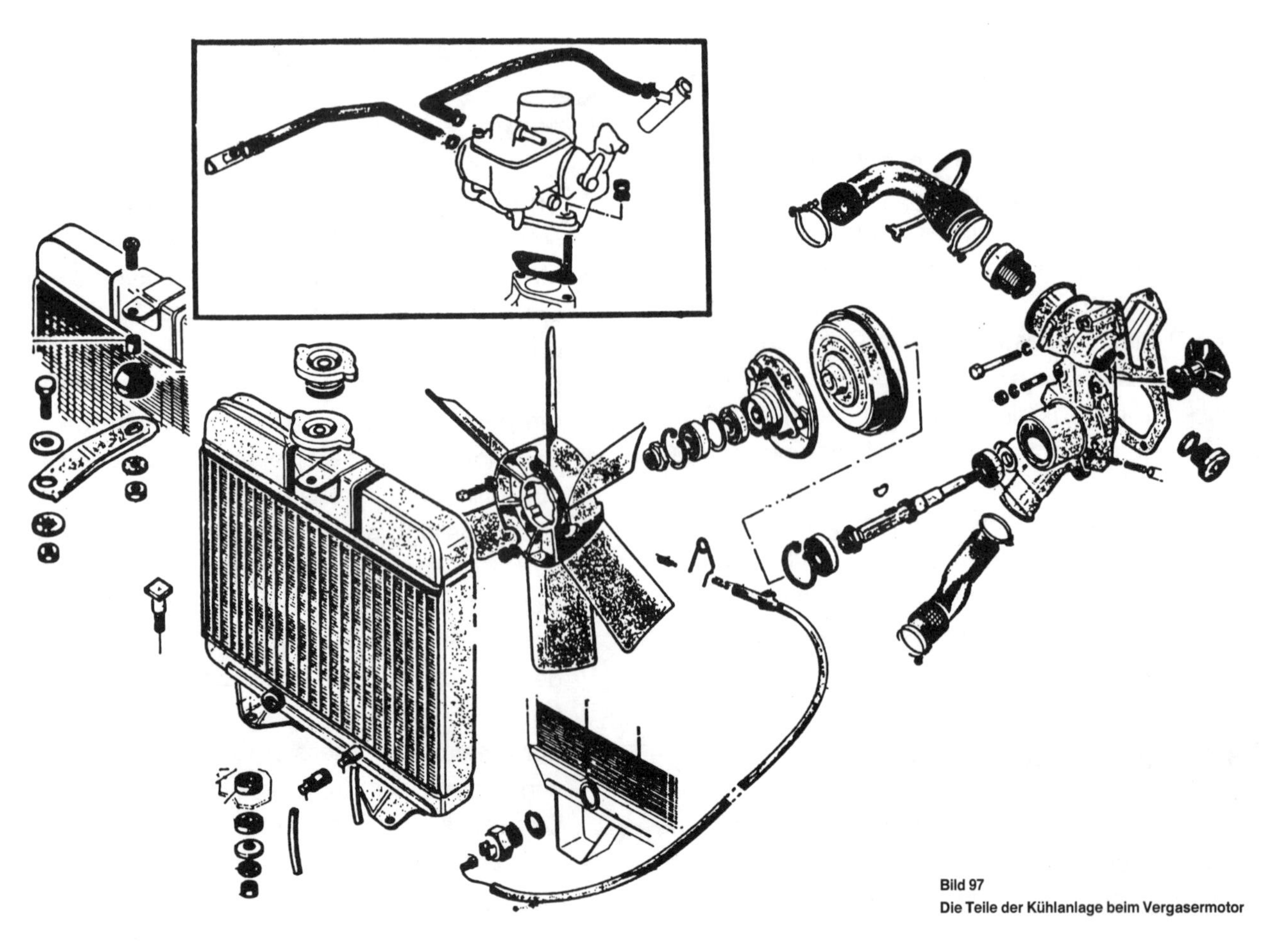

Bild 97
Die Teile der Kühlanlage beim Vergasermotor

schlauch vom Motor abschliessen. Die Arbeiten jedoch im Freien durchführen.

- Falls das Frostschutzmittel lange in der Anlage war, diese durchspülen. Dazu den Verschluss des Kühlwasserbehälters abschrauben und einen Wasserschlauch in die Öffnung einhängen. Das Wasser durchlaufen lassen, bis es klar aus den Öffnungen für die Stopfen oder aus dem unteren Kühlerstutzen herausläuft.
- Frostschutzmittel entsprechend der zu erwartenden Temperatur zusammenmischen. Eine Mischung von 35 % Frostschutz und 65 % Wasser eignet sich für normale Temperaturen unter Null (bis ca. – 15° C). 50 % Frostschutz und 50 % Wasser schützt die Kühlanlage bis auf – 35° C. Beim Kauf des Frostschutzmittels muss man angeben, dass es sich um einen Motor mit Aluminiumzylinderblock und -zylinderkopf handelt.
- Die beiden Ablassstopfen wieder einschrauben oder den Kühlerschlauch anschliessen. Unbedingt eine gute Abdichtung herstellen.
- Hebel für die Heizungsbetätigung nach oben schieben.
- Einen Liter Kühlmittel durch die Öffnung im Kühlmitteldehngefäss (die Glasflasche) einfüllen und den Verschluss aufdrehen.
- Die Kühlanlage durch den Einfüllstutzen des Kühlers auffüllen und den Kühlerdeckel aufschrauben.
- Motor anlassen und laufen lassen, bis sich der Thermostat geöffnet hat. Den Motor danach abstellen.
- Die Verschlusskappe (1) in Bild 98 langsam öffnen, bis der Druck entlastet ist und wieder fest aufschrauben.

Bild 98
Kappe leicht öffnen und wieder festschrauben, nachdem der Motor sich erwärmt hat

- Kühlanlage wieder durch den Kühlereinfüllverschluss füllen, bis das Kühlmittel soeben herausläuft.
- Kühlerverschlussdeckel aufschrauben.
- Abwarten, bis der Motor abgekühlt ist, und kontrollieren, ob das Kühlmittel bis zur «Min.»Marke am Dehngefäss steht.

4.2 Aus- und Einbau des Kühlers

- Minuskabel der Batterie abklemmen.
- Luftfilter ausbauen, um besser an die Anschlüsse heranzukommen.
- Kühlanlage ablassen, wie es in Kapitel 4.1 beschrieben ist.
- Die Befestigungsschrauben des Kühlers an der Traverse abschrauben.
- Das Dehngefäss (die Glasflasche) ausbauen.
- Den Kühlungsventilator mit dem kompletten Rahmen vom Kühler abmontieren und den Kühlungsventilatorträger nach vorn abnehmen.
- Den oberen und unteren Kühlerschlauch abschliessen und vom Kühler abziehen. Ebenfalls die Entlüftungsleitung vom Kühleranschluss abziehen.
- Das elektrische Kabel vom Temperaturschalter an der Unterseite des Kühlers abklemmen und den Schalter herausdrehen, da es sein kann, dass er beim Herausheben des Kühlers im Wege ist.
- Den Kühler vorsichtig aus dem Motorraum herausheben, ohne dabei mit den Waben gegen andere Teile im Motorraum anzustossen.

Der Einbau des Kühlers geschieht in umgekehrter Reihenfolge als der Ausbau. Den Ablassstopfen wieder einschrauben. Die Gewinde des Temperaturschalters mit Dichtungsmasse einschmieren und den Schalter in die Seite des Kühlers schrauben. Falls der Kühler erneuert wurde, müssen die Aufhängungsteile auf den neuen Kühler umgerüstet werden. Abschliessend die Kühlanlage auffüllen, wie es in Kapitel 4.1 beschrieben wurde. Den Motor anlassen und die Anlage auf Leckstellen kontrollieren. Dazu das Fahrzeug auf eine trockene Fläche fahren, so dass man irgendwelche vorhandenen Leckstellen durch Tropfen des Kühlmittels sofort feststellen kann.

4.3 Aus- und Einbau der Wasserpumpe

Die Wasserpumpe kann nicht repariert werden. Falls die Pumpe Leckstellen aufweist oder die Lager ausgeschlagen sind, muss man eine neue Pumpe einbauen. Beim Erneuern der Pumpe folgendermassen vorgehen:

4.3.1 Vergasermotor

- Den Kühler, den oberen Wasserschlauch und den Ventilatorriemen ausbauen.
- Den Heizungsschlauch von der Wasserpumpe abklemmen.
- Kohlebürstenhalter des Ventilators abschrauben.
- Die vier Befestigungsmuttern des Ventilators und die Befestigungsschrauben der Pumpe lösen und die Pumpe herausheben.
- Die Auflageflächen der Pumpe und des Zylinderblocks sorgfältig reinigen.

Die Pumpe in der umgekehrten Reihenfolge wieder einbauen und den Keilriemen spannen.

4.3.2 Einspritzmotor (mit Zahnriemensteuerung)

- Batterie abklemmen und den Ventilator zusammen mit dem Motor vom Kühler abschrauben und auf eine Seite legen.
- Kühlanlage ablassen (Kapitel 4.1).
- Kühler ausbauen.
- Spannstrebe der Drehstromlichtmaschine lokkern, die Lichtmaschine nach innen drücken und den Keilriemen abnehmen. In ähnlicher Weise den Antriebsriemen der Servolenkung ausbauen.
- Riemenschutzdeckel abschrauben.
- Einen grossen Schlauchbinder um die Wasserpumpe legen, um den Stössel des Zahnriemenspanners in der Pumpe zu halten. Den Schlauchbinder anziehen, bis der Stössel in die Pumpe gedrückt ist.
- Pumpe vom Zylinderblock abschrauben und herausheben.
- Dichtflächen einwandfrei reinigen.

Der Einbau geschieht in umgekehrter Reihenfolge. Falls die Pumpe erneuert wird, den Stössel für die Zahnriemenspannung in die Pumpe einsetzen und wieder mit einem Schlauchbinder festspannen. Bild 99 zeigt, wie die Pumpe eingebaut wird. Nach Einbau die Keilriemenspannung einstellen.

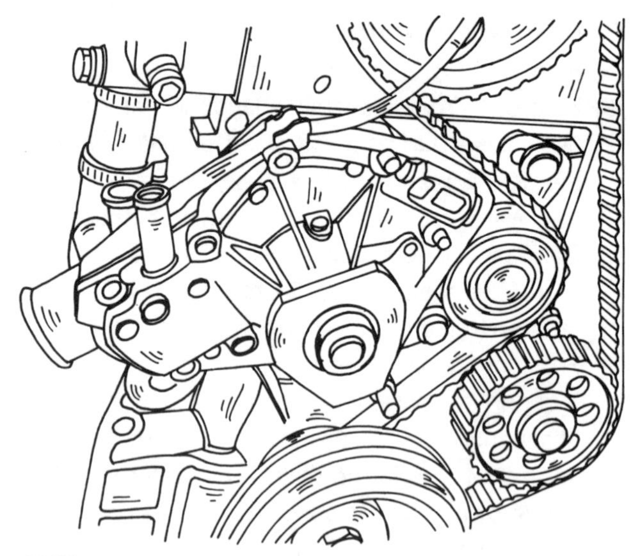

Bild 99
Vor Einbau der Pumpe des Einspritzmotors einen Schlauchbinder wie gezeigt um die Pumpe spannen

4.4 Keilriemen spannen

- Die Befestigungsschrauben der Drehstromlichtmaschine lockern. Manchmal reicht es auch, wenn man nur die Schraube und Mutter der Stellschiene lockert.
- Einen kräftigen Schraubenzieher hinter die Lichtmaschine einsetzen und die Maschine mit normalem Handdruck nach aussen drücken. Die Muttern in dieser Stellung der Lichtmaschine wieder anziehen.
- Mit einem Messband genau ein Mass von 100 mm auf der Keilriemenlaufstrecke zwischen der Riemenscheibe, der Wasserpumpe und der Lichtmaschine abmessen und mit einem Blei- oder Farbstrich eine Linie einzeichnen.
- Lichtmaschinenbefestigung wieder etwas lokkern und mit dem Schraubenzieher die Lichtmaschine nach aussen drücken, bis sich das eingezeichnete Mass zwischen den Strichen auf 102 – 103 mm ausgedehnt hat. Die Schrauben der Lichtmaschine festziehen.

4.5 Der Kühlungsventilator

Zur Prüfung des Kühlungsventilators ist die elektrische Zuleitung vom Thermoschalter abzuklemmen und mittels Überbrückungsschalter an das Bordnetz zu verbinden. Der Lüfter muss kräftig und ruhig laufen.
Die Kühlerverkleidung muss ausgebaut werden, um die Ventilatorflügel oder den Motor zu erneuern.

4.6 Der Thermostat

Der Thermostat befindet sich am Ausgang der Wasserpumpe zum Kühler. Zum Ausbau die Kühlanlage ablassen (Kapitel 4.1) und den Schlauch vom Anschluss am Stutzen nach Lockern der Schlauchschelle abziehen. Den Thermostaten herausnehmen.

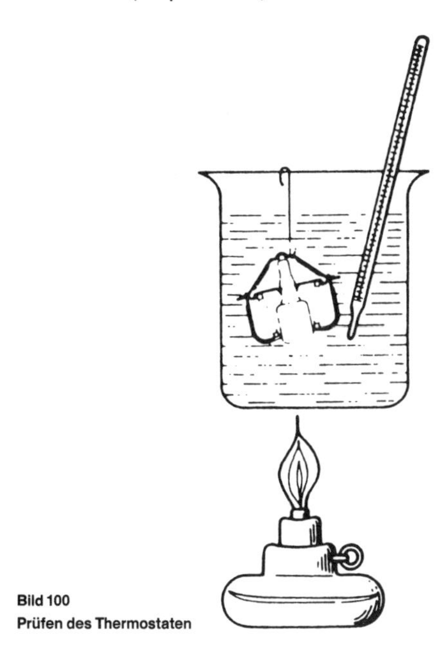

Bild 100
Prüfen des Thermostaten

Ein Thermostat kann nicht repariert werden und ist im Schadensfalle zu erneuern. Eine einfache Prüfung lässt sich folgendermassen durchführen:

- Thermostat an einem Stück Draht in einen Behälter mit kaltem Wasser einhängen (siehe Bild 100).
- Ein Thermometer in ähnlicher Weise einhängen.
- Wasser allmählich erhitzen und kontrollieren, ob sich der Thermostat bei der eingeschlagenen Temperatur zu öffnen beginnt (83° C). Bei 105° C muss der Thermostat vollkommen geöffnet sein.
- Der Thermostatstift muss bei dieser Kontrolle mindestens 7,5 mm aus dem Thermostat heraustreten. Falls der Thermostat diese Prüfungen nicht besteht, muss er erneuert werden.

Beim Einbau des Thermostaten eine neue Abdichtung verwenden. Die Schlauchschellen kontrollieren, ehe sie wieder am Schlauch festgezogen werden. Die Kühlanlage auffüllen (Kapitel 4.1).

5 Vergaser-Kraftstoffanlage und Auspuffanlage

Je nach Baujahr werden ein Zenith 35/40 INAT, ein Solex 32/35 TMIMA, ein Solex 32/35 MIMSA oder ein Solex 32–34 oder 34–34 CISAC-Vergaser eingebaut.
Der Kraftstoff wird durch eine Membrankraftstoffpumpe gefördert.

5.1 Der Vergaser

5.1.1 Aus- und Einbau

Der folgende Text beschreibt die allgemeinen Arbeiten zum Aus- und Einbau des Vergasers.

- Batterie abklemmen.
- Den Verbindungsschlauch für den Luftfilter vom Ansauganschluss des Vergasers befreien.
- Drosselklappenzug am Vergaser abschliessen.
- Starterklappenzug nach Lockern der beiden Klemmschrauben vom Vergaser abschliessen.
- Unterdruckleitung vom Vergaser abziehen.
- Kraftstoffleitung vom Vergaser abschliessen. Das Leitungsende in geeigneter Weise verschliessen, um Eindringen von Schmutz oder anderen Fremdkörpern zu vermeiden.
- Vergaser vom Ansaugkrümmer abschrauben. Sofort einen sauberen Lappen über die Öffnung des Ansaugkrümmers legen, damit keine Fremdkörper in den Motor fallen können.

Der Einbau des Vergasers geschieht in umgekehrter Reihenfolge als der Ausbau.

5.1.2 Vergaser reinigen und überholen

Falls der Vergaser zum Reinigen oder Überholen zerlegt wird, ist es wesentlich, dass alle Dichtungen erneuert werden. Die Innenseite der Schwimmerkammer mit sauberem Kraftstoff reinigen und nur flusenfreie Lappen zum Auswischen verwenden. Die folgenden Vorsichtsmassnahmen müssen beim Überholen eines Vergasers beachtet werden:

- Niemals mit Nadeln, Drähten usw. durch die Düsenbohrungen, Kanäle oder andere Öffnungen stossen, da dadurch die Kalibrierung verändert werden könnte.
- Beim Erneuern von Düsen immer eine der ursprünglichen Düse entsprechende Grösse einschrauben. Die Düsen sind auf den Motor eingestellt worden, der Einbau einer grösseren Düse bringt keine Erfolge in Leistung, Beschleunigung usw., falls nicht bestimmte andere Düsen ebenfalls gewechselt werden. Nur Prüfungen auf einem Motorenprüfstand können die gewünschten Erfolge erzielen.
- Nur von Peugeot oder Zenith/Solex gelieferte Vergaserteile oder vom Hersteller genehmigte Teile bei Erneuerung einbauen.
- Die Aluminiumteile nicht mit scharfen Gegenständen bearbeiten. Beim Anziehen der Schrauben nicht zu viel Kraft aufwenden und vor allem darauf achten, dass die Schrauben einwandfrei in das Gewinde eingegriffen haben, ehe man sie anzieht. Die Aluminiumgewinde lassen sich gern überziehen und eine nicht vollkommen geschlossene Dichtfläche führt zum Eindringen von falscher Luft, die sich besonders auf den Leerlauf auswirkt.
- Bei Verwendung von Schraubenziehern zum Herausdrehen von Düsen nur Schraubenzieher mit einer scharfen Klinge verwenden. Die Schraubenzieherschlitze der Düsen dürfen auf keinen Fall beschädigt werden, da es sein könnte, dass sich dadurch die Düsenbohrungen verstopfen.
- Beim Ausbau des Schwimmers die Schwimmerzunge nicht verbiegen, da dadurch der Schwimmerstand verändert wird. Den Schwimmer an sicherer Stelle aufbewahren. Zur Kontrolle des Schwimmernadelventils das Ventil in den Sitz drücken und durch die Kraftstoffeinlassbohrung blasen. Keine Luft sollte durchgelassen werden. Wird die Nadel losgelassen, sollte die Luft ungehindert durchströmen.

Beim allgemeinen Zerlegen des Vergasers in folgender Reihenfolge vorgehen:

- Die Schrauben des Vergaserdeckels entfernen

und den Deckel mit der Dichtung abnehmen. Die Dichtung muss erneuert werden.

- Schwimmernadelventil aus dem Deckel schrauben.
- Alle Düsen ausschrauben.
- Gestänge der Beschleunigungspumpe aushängen, den Deckel der Beschleunigungspumpe von der Seite des Vergasers abschrauben und den Deckel mit der Membrane und der Feder abnehmen.
- Schwimmerwelle mit Schwimmer aus dem Vergasergehäuse nehmen. Die Schwimmerwelle wird von innen nach aussen ausgeschlagen.
- Leerlaufeinstellschraube und CO-Einstellschraube ausschrauben.

Der Zusammenbau des Vergasers geschieht in umgekehrter Reihenfolge. Bestimmte Einstellungen sind während des Zusammenbaus durchzuführen, die in Kapitel 5.1.3 beschrieben sind.

5.1.3 Leerlaufeinstellung

5.1.3.1 Zenith-Vergaser

- Vor der Einstellung des Leerlaufs das Ventilspiel, den Zündzeitpunkt und den Zustand der Zündkerzen überprüfen.
- Den Motor warmlaufen lassen. Der Kühlerventilator muss sich einschalten, die Öltemperatur muss mindestens 70° C betragen und die Starterklappe muss vollkommen geöffnet sein.
- Bei der Einstellung muss der Luftfilter eingebaut sein. Normalerweise wird die Leerlaufdrehzahl nur mit der Mengenregulierschraube (1) in Bild 101 eingestellt. Nach Arbeiten am Vergaser, nach Austausch des Vergasers oder wenn der CO-Anteil der Abgase ausserhalb des zulässigen Bereichs liegt, muss die Gemischzusammensetzung mit der Schraube (2) eingestellt werden. Diese Schraube ist durch eine Kappe gegen Verstellung geschützt.

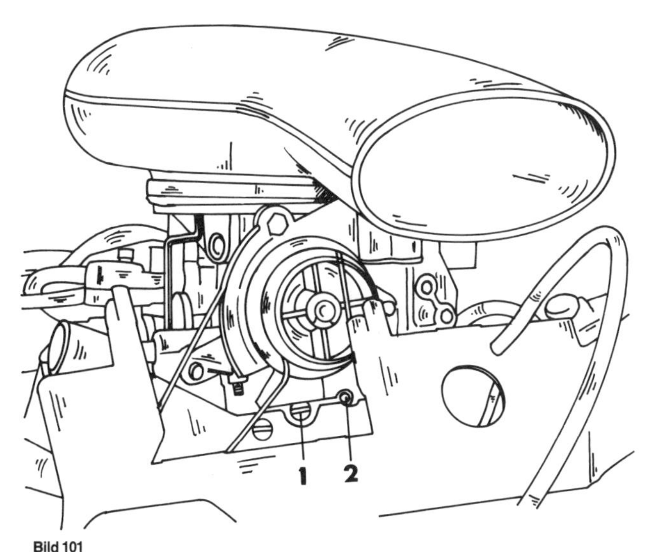

Bild 101
Die Lage der Mengenregulierschraube (1) und der Gemischregulierschraube (2) beim Zenith-Vergaser

Normale Einstellung des Leerlaufs:

- Mit der Mengenregulierschraube (1) in Bild 101 die Drehzahl auf 900/min einstellen.
- Den CO-Anteil messen. Er soll 1,5 – 3,5 % betragen. Andernfalls muss die Gemischanreicherung eingestellt werden.

Einstellen der Gemischanreicherung:

- Die Kappe der Gemischanreicherungsschraube (2) in Bild 101 entfernen.
- Die Mengenregulierschraube (1) so einstellen, dass die Drehzahl 950/min beträgt.
- Die Schraube (2) verstellen, bis die höchstmögliche Drehzahl erhalten wird.
- Beide Arbeitsgänge wiederholen, bis die mit der Schraube (2) eingestellte Drehzahl 950/min beträgt.
- Die Gemischregulierschraube hineinschrauben, bis die Drehzahl auf 900/min abfällt.

Einstellung des Gemischs mit CO-Prüfgerät:

- Mit der Mengenregulierschraube die Drehzahl auf 900/min einstellen.
- Die Gemischregulierschraube (2) verstellen, bis der CO-Anteil der Abgase bei 1,5 bis 2,5 % liegt.
- Mit der Schraube (1) die Drehzahl wieder auf 900/min einstellen.
- Den CO-Anteil nachprüfen und, falls erforderlich, die beiden obigen Arbeitsgänge wiederholen.
- Die Gemischregulierschraube mit einer neuen Kappe sichern.

5.1.3.2 Solex-Vergaser

Leerlaufeinstellung ohne Verstellen der Gemischanreicherung:

Die Bilder 102 und 103 zeigen die Lage der beiden in Frage kommenden Schrauben bei den Vergasern TMIMA und MIMSA. Die Schrauben des CISAC-Vergasers sind in den Bildern 104 und 105 gezeigt:

- Beim Nachregulieren der Leerlaufdrehzahl soll normalerweise die Gemischzusammensetzung nicht verändert werden. Der Leerlauf wird deshalb nur mit der Luftschraube (13) in Bild 103 oder mit der Schraube in Bild 104 eingestellt. Die Schraube verstellen, bis der Motor mit 900 ± 50/min läuft.
- Mit einem CO-Prüfmesser den CO-Anteil kontrollieren (entsprechend den Anweisungen des

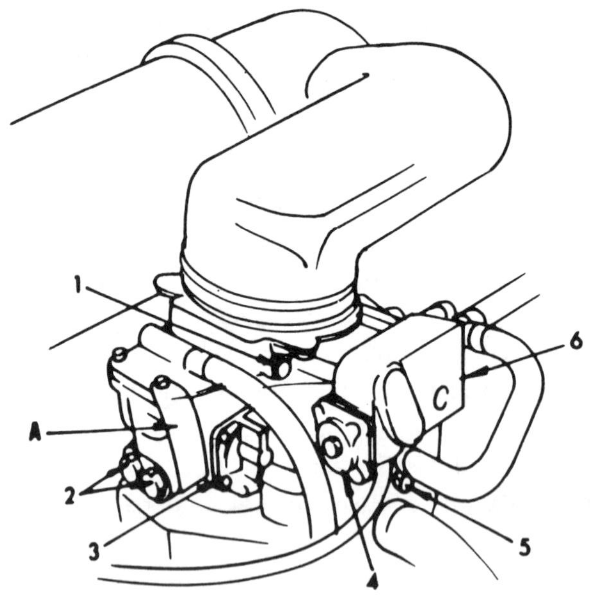

Bild 102
Vergaser Solex TMIMA. Der MIMSA-Vergaser ist gleicherweise aufgebaut. Die Blechzunge (A) gibt die Vergasernummer an.

1 Leerlaufdüse, 1. Stufe
2 Schwimmergehäusestopfen (Hauptdüsen darunter)
3 Beschleunigungspumpe
4 Pneumatische Betätigung der Starterklappenöffnung
5 Gemischregulierschraube
6 Kaltstartgehäuse

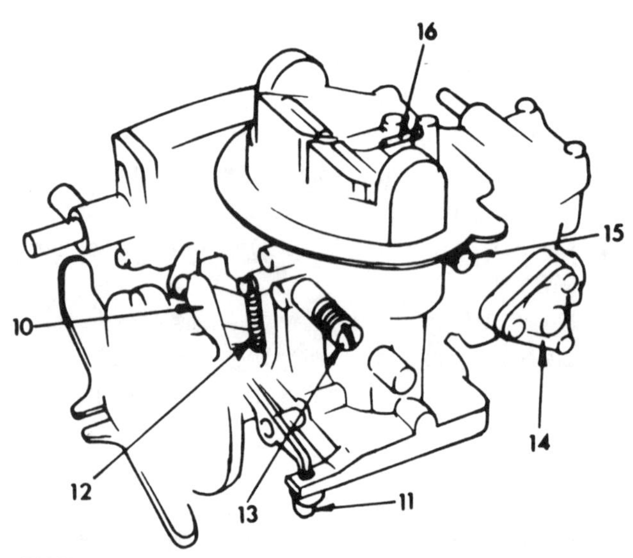

Bild 103
Vergaser Solex TMIMA

10 Verbindungsstange zwischen Gasbetätigung und Kaltstartvorrichtung
11 Anschlagschraube, Mindestöffnung der Drosselklappe
12 Rückholfeder der Drosselklappe, 2. Stufe
13 Luftschraube des Leerlaufsystems (Mengenregulierschraube)
14 Vollast-Gemischanreicherungsdüse, 1. Stufe
15 Leerlaufdüse, 2. Stufe
16 Econostat, 2. Stufe

Herstellers) und, falls erforderlich, die unten beschriebene Einstellung durchführen.

Einstellen der Gemischanreicherung:

- Die Schutzkappe der Gemischanreicherungsschraube (5) in Bild 102 oder der Schraube in Bild 105 entfernen.

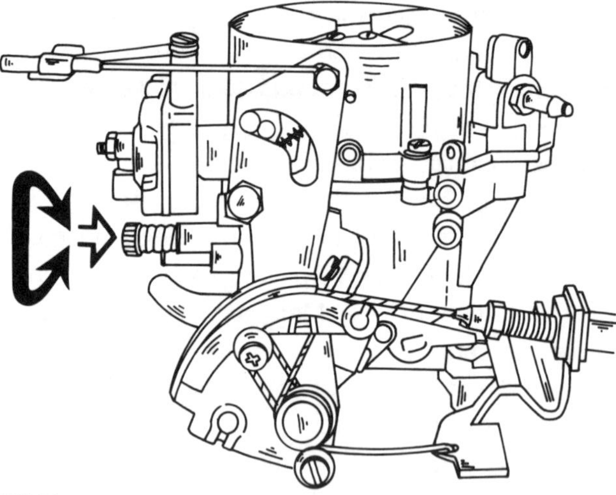

Bild 104
Die Lage der Leerlaufeinstellschraube am Solex CISAC-Vergaser

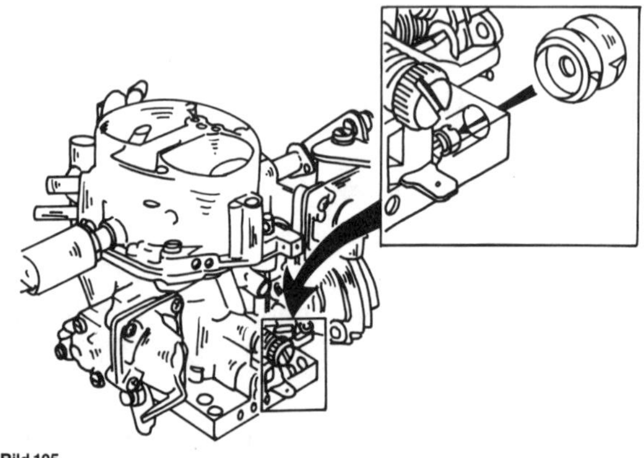

Bild 105
Die Lage der CO-Anteilschraube am Solex CISAC-Vergaser

- Falls kein CO-Prüfgerät zur Verfügung steht, die Luftschraube (13) in Bild 103 oder die Schraube in Bild 104 verstellen, bis der Motor mit 950/min läuft.
- Mit der Gemischregulierschraube die höchste Drehzahl einstellen.
- Beide obigen Arbeitsgänge wiederholen, bis die mit der Gemischregulierschraube eingestellte Drehzahl 950/min beträgt.
- Die Gemischregulierschraube so weit einschrauben, bis die Drehzahl auf 900/min abfällt.

Falls ein CO-Prüfgerät vorhanden ist:

- Mit der Mengenregulierschraube die Drehzahl auf 900/min einstellen.
- Die Gemischregulierschraube verstellen, bis der CO-Anteil der Abgase bei 1,5 bis 2,5 % liegt.
- Mit der Luftschraube die Drehzahl wieder auf 900/min einstellen.
- Den CO-Anteil nachprüfen und, falls erforderlich, die beiden obigen Arbeitsgänge wiederholen.
- Die Gemischregulierschraube mit einer neuen Kappe sichern.

5.1.4 Schwimmerstandeinstellung

Eine Speziallehre ist zum Einstellen des Vergasers erforderlich. Den Schwimmerstand folgendermassen kontrollieren:

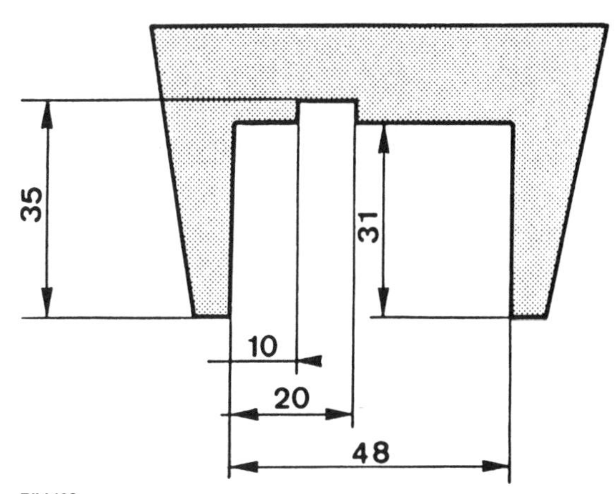

Bild 106
Prüflehre zur Kontrolle des Schwimmerstandes

- Vergaser ausbauen.
- Vergaserdeckel abschrauben und verkehrt herum auf eine Werkbank auflegen.
- Eine Lehre entsprechend der Bemassung von Bild 106 herstellen.
- Die Schwimmerstandlehre über den Vergaser setzen.
- Kontrollieren, ob der Schwimmer mit der Lehre in Berührung kommt, wenn die Kugel des Schwimmernadelventils nach innen gedrückt ist. Falls man keine Lehre zur Messung hat, kann man das Mass von der Unterseite des Schwimmers bis zur Fläche des Vergaserdeckels (mit aufgelegter Dichtung) ausmessen. Das vorgeschriebene Mass beträgt 31 mm.
- Falls Einstellungen erforderlich sind, kann man das Schwimmernadelventil etwas fester einschrauben oder die Dichtscheibe unter dem Schwimmernadelventil wird erneuert.

6 Kraftstoffeinspritzung

Die Gemischaufbereitung erfolgt mittels der K-Jetronic-Einspritzanlage. Bei dieser mechanisch gesteuerten Anlage wird der Kraftstoff laufend eingespritzt, während der Motor läuft. Die Anlage reguliert das Kraftstoff-/Luftgemisch unter allen Bedingungen.

6.1 Funktionsbeschreibung

Bild 107 zeigt ein Diagramm der K-Jetronic-Anlage und daraus kann ersehen werden, in welchem Verhältnis die einzelnen Teile zueinander angeordnet sind.

Der Kraftstoff wird durch eine elektrisch betätigte Pumpe (1) aus dem Tank abgesaugt und über den Kraftstoffsammler (3) und den Kraftstoffilter (4) in den Kraftstoffverteiler (5) geleitet. Die zur Verbrennung erforderliche Luft gelangt durch den Lufteinlass (6) in den Motor. Die erforderliche Luftmenge wird durch den Luftströmungsmesser (7) gesteuert. Der Kraftstoffverteiler dosiert den Kraftstoff zu den Einspritzventilen (8) jedes Zylinders im Einklang mit der zugesteuerten Luftmenge. Dadurch wird erreicht, dass die vorschriftsmässige Kraftstoffmenge entsprechend der durch den Lufteinlass eingeströmten Luftmenge gefördert wird.
Der Verteiler besitzt ein getrenntes Druckregelventil

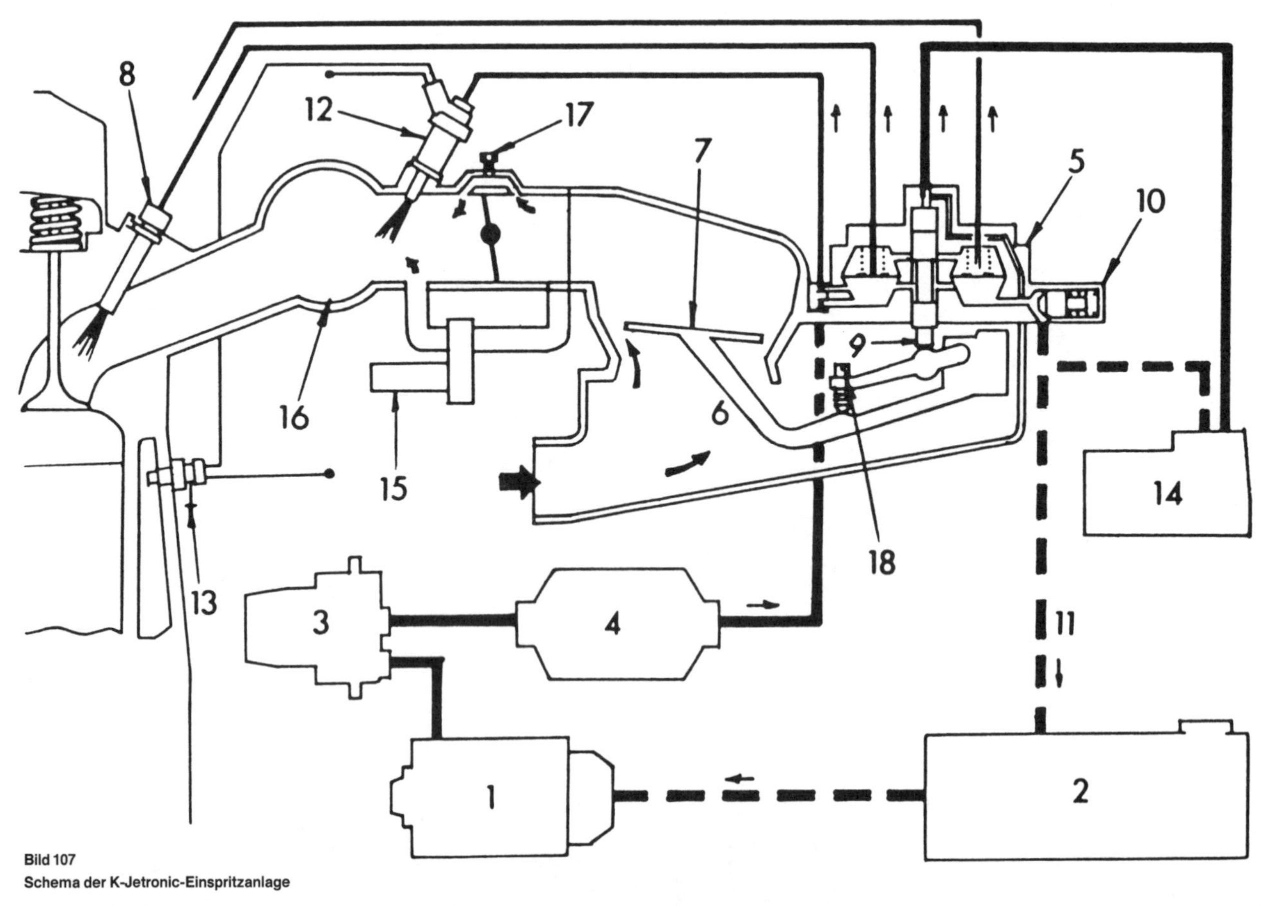

Bild 107
Schema der K-Jetronic-Einspritzanlage

1 Elektrische Kraftstoffpumpe
2 Kraftstofftank
3 Kraftstoffsammler
4 Kraftstoffilter
5 Kraftstoffverteiler
6 Lufteinlassstelle
7 Staudruckplatte
8 Einspritzventil
9 Regelkolben
10 Überdruckventil
11 Rücklaufleitung
12 Kaltstartventil
13 Thermo-Zeitschalter
14 Steuerdruckregler
15 Zusatzluftregler
16 Ansaugkrümmer
17 Leerlaufeinstellschraube
18 CO-Einstellschraube

für jedes Einspritzventil, wodurch gewährleistet wird, dass der Kraftstoff gleichmässig in alle Zylinder eingespritzt wird. Der in der Mitte befindliche Steuerkolben (9) bestimmt die Kraftstoffmenge. In diesem Zusammenhang wäre auf die Stauscheibe hinzuweisen, welche sich vor der Drosselklappe befindet. Diese Stauscheibe wird durch die Ansaugluft des Motors angehoben und bewegt dabei den Steuerkolben, der die Kraftstoffeinspritzmenge bestimmt.
Wenn sich die Staudruckscheibe anhebt, kann der Kraftstoff durch die Förderkanäle oberhalb der Membrane im Verteiler gelangen. Der Druck des Kraftstoffs und der Feder oberhalb der Membrane ist jetzt grösser als unterhalb, so dass die Membrane nach unten gedrückt und der Kraftstoff den Einspritzventilen zugeführt wird.
Ein Überdruckventil (10) in der Seite des Verteilers begrenzt den Druck auf den voreingestellten Wert und übermässiger Kraftstoff wird durch die Rücklaufleitung (11) wieder dem Tank zugeführt.
Das Kaltstartventil (12), welches von einem Thermo-Zeitschalter (13) gesteuert wird, spritzt zusätzlichen Kraftstoff in den Ansaugkrümmer ein, wenn der Motor im kalten Zustand angelassen wird. Der Zeitschalter bestimmt, wie lange der Strom an das Kaltstartventil fliessen kann. Je kälter der Motor ist, umso länger arbeitet das Kaltstartventil, schaltet aber sofort aus, sobald der Anlassschalter freigegeben wird. Aus diesem Grund ist der Thermo-Zeitschalter an der Klemme des Anlassers angeschlossen.
Der Steuerdruckregler (14, Warmlaufregler) stabilisiert die Kraftstoffströmung bei Betriebstemperatur des Motors und fördert zusätzlich Kraftstoff während der Warmlaufzeit des Motors, d. h. ermöglicht eine Anreicherung. Dieser Regler ist mit einer Bimetallfeder versehen, die bei kaltem Motor auf die Ventilfeder drückt, so dass die Rücklaufleitung geöffnet und der Druck auf den Steuerkolben verringert wird. Dies ermöglicht der Staudruckscheibe, den Steuerkolben ein wenig höher anzuheben, so dass mehr Kraftstoff zur Anreicherung des Gemischs einströmen kann. Wird der Bimetallstreifen wärmer, wird die Belastung auf die Feder verringert und die Rücklaufleitung schliesst sich langsam, bis die Anreicherung vollständig eingestellt wird, wenn der Motor seine Betriebstemperatur erreicht hat.
Der Zusatzluftregler (15) führt dem Motor während der Warmlaufzeit zusätzliche Luft zu, um ein Abstellen des Motors zu vermeiden. Diese zusätzliche Luft strömt an der Staudruckscheibe vorbei, so dass sich diese anhebt, welche wiederum den Steuerkolben anhebt, so dass extra Kraftstoff einfliessen kann, um das richtige Kraftstoff-/Luftgemisch wieder herzustellen. Die Motordrehzahl wird dadurch erhöht, auch wenn die Drosselklappe geschlossen bleibt.
Der Kraftstoffsammler (3) ist zwischen der Kraftstoffpumpe und dem Kraftstoffilter eingesetzt. Der Sammler erleichtert das Anlassen eines heissen Motors, indem er einen bestimmten Kraftstoffdruck aufrecht erhält, wenn der Motor abgeschaltet wird. Wenn die Kraftstoffpumpe arbeitet, wird der Sammler schnell durch ein Rückschlagventil gefüllt und die Membrane in der Innenseite des Sammlers wird nach innen gedrückt. Das Rückschlagventil besitzt eine kleine Öffnung, so dass nach Abschalten des Motors der Kraftstoff sehr langsam ablaufen kann und somit für längere Zeit im Sammler verbleibt. Die Einspritzventile öffnen bei einem voreingestellten Leitungsdruck und sprühen einen Kraftstoffnebel in den Ansaugkrümmer (16) vor die Einlassventile.

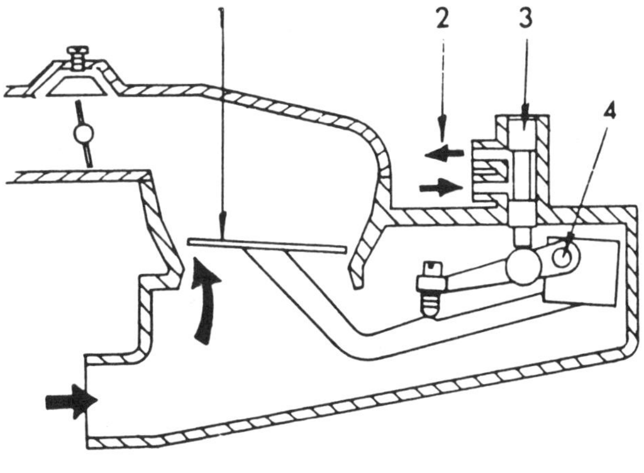

Bild 108
Luftmengenmesser und Kraftstoffmengenteiler

1 Staudruckplatte
2 Zu den Einspritzventilen
3 Regelkolben
4 Gelenkstelle

6.2 Staudruckscheibe einstellen

Eine von der Staudruckscheibe unkontrollierte Luftzufuhr hat ein abgemagertes Gemisch und damit Funktionsstörungen des Motors zur Folge. Die Stauscheibe muss deshalb einwandfrei eingestellt sein und der Motor darf keine Nebenluft bekommen. Aus diesem Grund zuerst an den in Bild 109 mit den Pfeilen gezeigten Stellen kontrollieren, ob die Anschlüsse luftdicht sind.
Die Zentrierung der Stauscheibe mit einer Fühlerlehre von 0,10 mm Stärke an den in Bild 110 gezeigten vier Stellen überprüfen. Im Bedarfsfall die

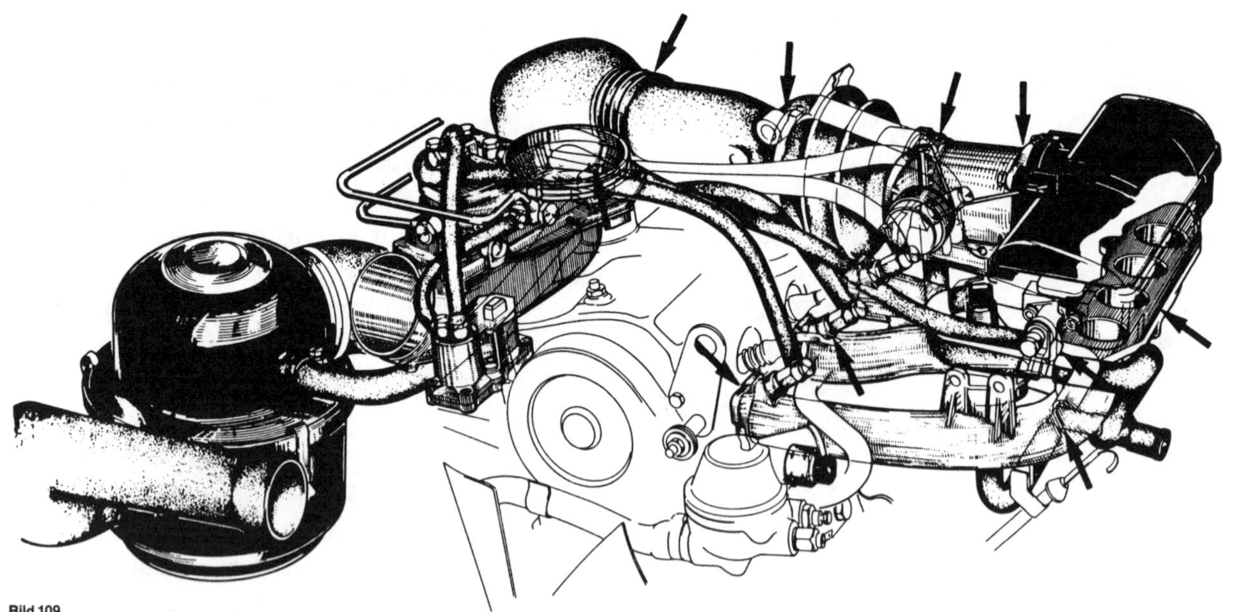

Bild 109
Die Pfeile weisen auf die Stellen, an denen keine Zusatzluft in die Anlage gelangen darf

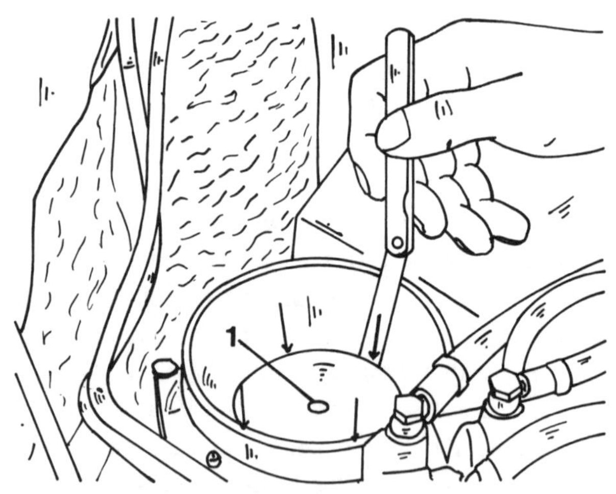

Bild 110
Zentrierung der Stauscheibe

Schraube (1) lösen und die Stauscheibe zentrieren. Die Schraube wieder mit 5 Nm anziehen.

Die Oberkante der Stauscheibe muss mit dem Trichteransatz (1) in Bild 111 auf gleicher Höhe sein. Im Bedarfsfall die Lage des Anschlages durch Verbiegen der Profilfeder (2) korrigieren. Auf der Oberseite der Stauscheibe befinden sich fünf eingestanzte Markierungen bzw. die Aufschrift «TOP» (oben).

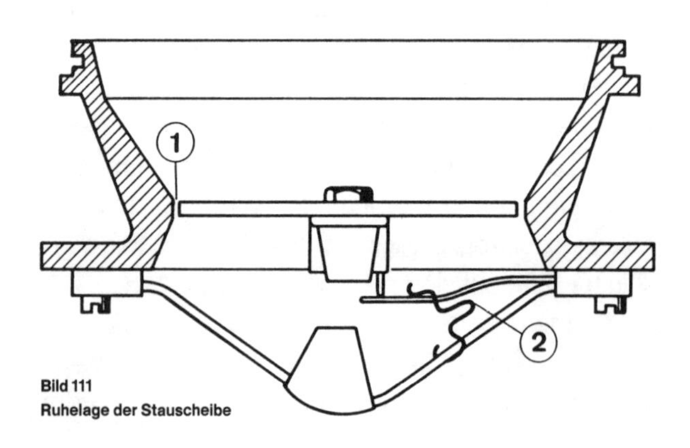

Bild 111
Ruhelage der Stauscheibe

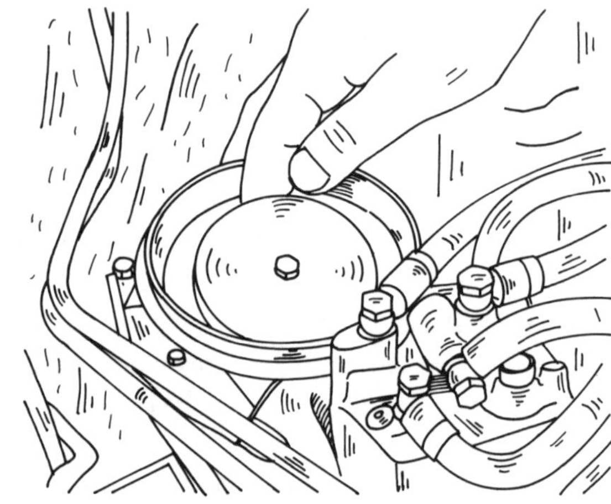

Bild 112
Anheben der Stauscheibe

Die Leichtgängigkeit des Gemischreglers bzw. der Stauscheibe folgendermassen prüfen:

- Kraftstoffpumpe ca. 10 Sekunden lang laufen lassen.
- Stauscheibe behutsam anheben, wie in Bild 112 gezeigt. Der Widerstand muss während der gesamten Hubbewegung gleich sein.
- Stauscheibe langsam loslassen. Der Kolben muss der Bewegung folgen.
- Stauscheibe anheben und schnell wieder in die Ruhelage zurücklassen. Der sich langsamer bewegende Steuerkolben muss fühlbar am Hebel der Stauscheibe zur Anlage kommen.
- Stauscheibe anheben und loslassen. Die Stauscheibe kehrt in ihre Ausgangslage zurück und federt ca. zweimal auf ihrem Federanschlag.

Wird während der Kontrolle eine Funktionsstörung festgestellt, ist der Kraftstoffmengenteiler auszubauen (Schrauben in Bild 113 lösen). Falls feststeht, dass die Stauscheibe klemmt, muss diese erneuert werden.

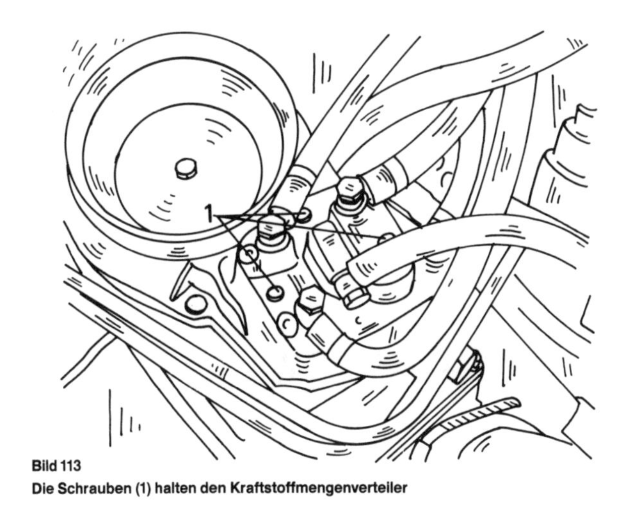

Bild 113
Die Schrauben (1) halten den Kraftstoffmengenverteiler

6.3 Leerlauf und CO-Anteil einstellen

Die Leerlaufeinstellschraube befindet sich in der Nähe des Ansaugkrümmers, die CO-Einstellschraube liegt unter einem Gummistopfen im Kraftstoffverteiler.
Zur Einstellung des Leerlaufs ist die Luftschraube zu verdrehen, bis der Motor mit 750 – 800/min läuft. Bei Fahrzeugen mit Getriebeautomatik beträgt der Leerlauf 900 – 950/min.
Falls der CO-Anteil eingestellt werden muss, ist ein Spezialschlüssel zum Verstellen der Schraube erforderlich. Da dieser in den meisten Fällen nicht zur Verfügung steht, sollte man den Leerlauf in einer Peugeot-Werkstatt einstellen lassen.

6.4 Kraftstoffilter

Wenn die Leitungsverlegung vom Tank zur Pumpe verfolgt wird, können der Vorfilter, die Pumpe, der Kraftstoffspeicher und der Filter gefunden werden (siehe Bilder 114 und 115). Letzterer wird durch eine

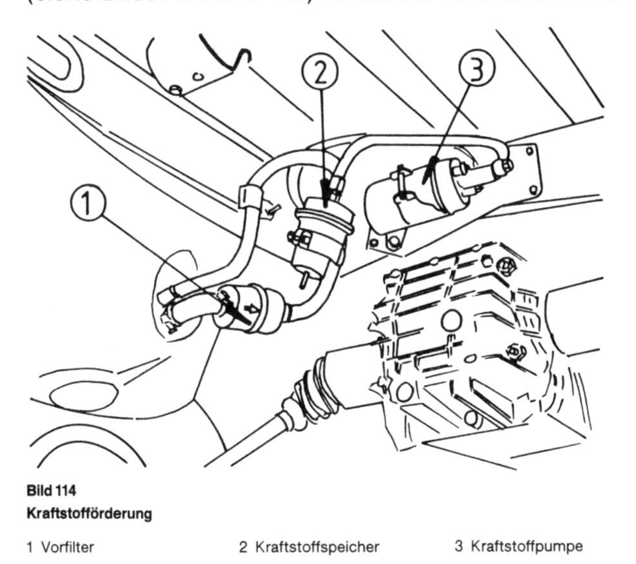

Bild 114
Kraftstofförderung

1 Vorfilter 2 Kraftstoffspeicher 3 Kraftstoffpumpe

Klemmschelle gehalten und besitzt beiderseitig einen Schraubanschluss (einmal zum Kraftstoffspeicher und zum anderen zum Kraftstoffverteiler). Der Filter ist in der Aussenseite mit Pfeilen gezeichnet, die bei eingebautem Filter zum Motor weisen müssen. Die Schraubanschlüsse mit 40 Nm anziehen.

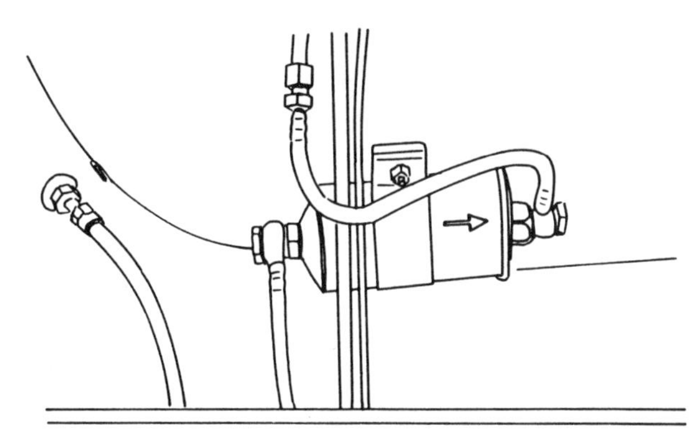

Bild 115
Der eingebaute Kraftstoffilter

6.5 Auspuffanlage

Die Auspuffanlage hat die Aufgabe, die vom Motor in den Auspuffkrümmer abströmenden Gase zu sammeln, abzukühlen und über Schalldämpfer und Endrohr hinter das Wagenheck abzuführen. Es ist wichtig, dass die Anlage dicht ist und keine in der Nähe befindlichen Fahrzeugteile überhitzt werden können. Besonders bei Rissen und kleinen Löchern, die durch Spannung und Korrosion entstehen, ist die Gefahr der Überhitzung von benachbarten Teilen bei warmer Witterung und längeren Fahrten möglich. Deshalb sind bei Auspuffgeräuschveränderungen die Ursachen festzustellen und Abhilfe zu schaffen.
Zur Überprüfung ist das Fahrzeug über eine Hebebühne zu fahren oder auf geeignete Böcke zu setzen, um alle Verbindungen zu kontrollieren. Sind Risse, Roststellen oder Löcher vorhanden, so sind die Stellen vorsichtig mit einem Schraubenzieher abzuklopfen, um den Umfang der schadhaften Fläche festzustellen. Bei kleineren Schäden kann man die Anlage vielleicht durch autogenes Schweissen reparieren lassen. Kleinere Löcher können auch behelfsmässig mit Auspuffreparaturband geflickt werden. Dieses Band wird feucht um die defekte Stelle gewickelt und mit Draht fixiert. Sofort danach einige Kilometer mit dem Auto fahren. Das Band verhärtet sich durch den heissen Auspuff und der Draht kann abschliessend entfernt werden.
Eingerostete Schrauben vor dem Lösen mit einem rostlösenden Mittel behandeln und einige Minuten warten. Wenn sich die Auspuffteile schlecht vonein-

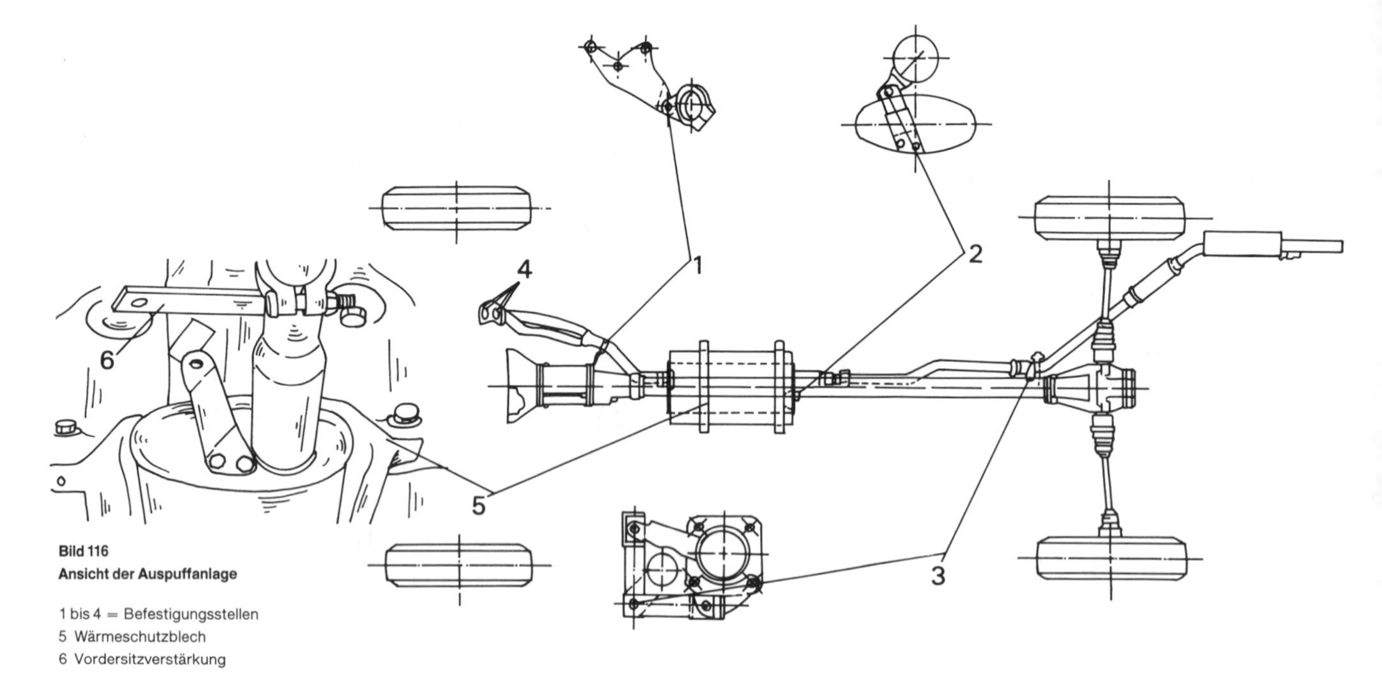

Bild 116
Ansicht der Auspuffanlage

1 bis 4 = Befestigungsstellen
5 Wärmeschutzblech
6 Vordersitzverstärkung

ander trennen lassen, so ist die Verbindungsstelle mit dem Schweissbrenner oder einer einfachen Lötlampe stark zu erhitzen (Achtung – Feuergefahr), bis sich die Rohre trennen lassen. Vor der Montage sind die Schrauben gründlich mit Graphitspray zu behandeln, da sie sonst rosten und sich später trotz rostlösender Mittel nur sehr schwer lösen lassen.

Bild 116 zeigt die Anordnung der Auspuffanlage. Beim Zusammenbau der Anlage folgendermassen vorgehen:

- Die verschiedenen Teile der Auspuffanlage einbauen, ohne die Befestigungsmuttern anzuziehen.
- Die drei Befestigungsmuttern des vorderen Auspuffrohres am Auspuffkrümmer festziehen.
- Von vorn beginnend, die einzelnen Teile in die richtige Stellung bringen und die Befestigungen anziehen.

6.6 Aus- und Einbau des Turboladers

- Fahrzeug hoch aufbocken.
- Batterie abklemmen.
- Ansaugluftkanal zwischen Turbolader und Luftverteiler und Filter und Turbolader ausbauen. Die Öffnungen in geeigneter Weise verschliessen.
- Wärmeschutzblech ausbauen.
- Von der Unterseite des Fahrzeuges die Schrauben und die vier Muttern der Befestigung des Krümmers am Zylinderkopf lösen.
- Den Anschluss des Schmierschlauches des Turboladers vom Zylinderblock abschrauben.
- Die drei Muttern des Krümmerflansches lösen und einen Stehbolzen mit Hilfe von zwei gegeneinander gekonterten Muttern herausdrehen.
- Unter der Motorhaube die vier Muttern der oberen Befestigung des Krümmers am Zylinderkopf lösen.
- Turbolader und Krümmer von oben herausheben.
- Turbolader vom Krümmer abschrauben (4 Muttern).

Der Einbau geschieht in umgekehrter Reihenfolge als der Ausbau, jedoch sind die folgenden Punkte zu beachten:

- Den Turbolader mit einer neuen Dichtung am Krümmer anschrauben. Die Muttern mit 64 Nm anziehen.
- Kontrollieren, ob die vier Rohre in den Auslasskanälen des Zylinderkopfes sitzen und ob der «O»-Dichtring an der Konsole des Turboladers sitzt. Danach den Turbolader einbauen und die Befestigungsmuttern mit 25 Nm anziehen.
- Die beiden Schrauben von der Unterseite zuerst mit 5 Nm und danach mit 35 Nm anziehen.
- Den Anschluss der Ölschmierleitung mit 25 Nm anziehen.
- Den Flansch des Ölrohres abschrauben und Motoröl in die Öffnung füllen. Den Flansch wieder mit einer neuen Dichtung anschrauben.
- Das Kabel aus der Mitte des Zündverteilers herausziehen und den Motor 30 Sekunden lang mit dem Anlasser durchdrehen. Dadurch wird der Turbolader vorgeschmiert.
- Motor anlassen und 30 Sekunden im Leerlauf laufen lassen, ehe er beschleunigt wird.

7 Die Zündanlage

Bei allen in dieser Ausgabe behandelten Peugeot 505-Modellen ist eine elektronische Zündanlage mit elektro-magnetischer Impulsauslösung eingebaut. Der Zündverteiler besitzt keine Unterbrecherkontakte.

Ein Schema der Zündung ist in Bild 117 gezeigt. Bei dieser Anlage werden die Unterbrecherkontakte des Zündverteilers (c) durch einen magnetischen Fühler ersetzt, welcher die Zündimpulse an das transistorisierte Schaltgerät (f) weiterleitet. Die Impulse werden durch das Drehen eines mit vier Ekken versehenen Sternrades im Impulsgeber (d) hergestellt, d. h. eine Ecke für jeden Zylinder. Die verbleibenden Teile der Zündanlage sind gleich wie bei einer konventionellen Zündung.

Der Primärstrom fliesst durch einen Schalttransistor, welcher sich in dem Schaltgerät (f) befindet. Wenn ein Impuls durch den Generator im Zündverteiler hergestellt wird, schaltet sich der Transistor aus und schneidet damit den Stromlauf in der Primärwicklung der Spule ab.

Die Zündspule ist speziell für dieses System entwikkelt worden und formt die Primärspannung in den zum Betrieb der Zündung erforderlichen Sekundärstrom um.

Die folgenden Vorsichtsmassnahmen müssen bei Arbeiten an der Zündanlage beachtet werden:

- Bei der Einstellung des Leerlaufs oder des Zündzeitpunkts nur einen Drehzahlmesser benutzen, welcher sich für die elektronische Anlage eignet. Vor dem Anschliessen darüber erkundigen.
- Beim Anlassen des Motors keine Starthilfe oder Schnelladegerät benutzen.
- Bei Durchführungen von elektrischen Schweissungen die Batterie abklemmen. Dies muss sowieso wegen der Drehstromlichtmaschine durchgeführt werden.

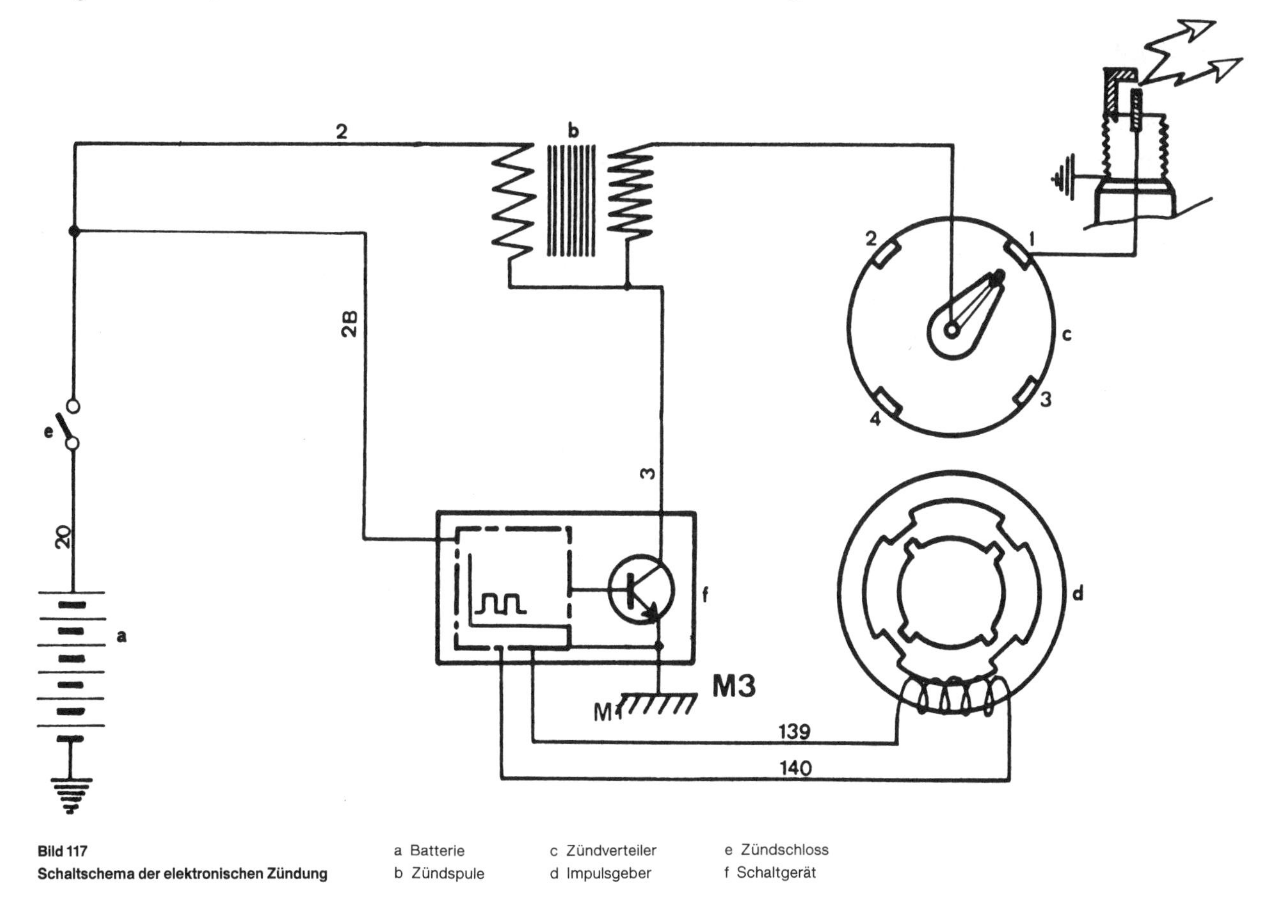

Bild 117
Schaltschema der elektronischen Zündung

a Batterie
b Zündspule
c Zündverteiler
d Impulsgeber
e Zündschloss
f Schaltgerät

7.1 Zündspule

Die Zündspule ist von Bosch hergestellt. Sie besteht aus einem Eisenkern mit der Primärwicklung (weniger Wicklungen – starker Draht) und der Sekundärwicklung (viele Wicklungen – dünner Draht). Der Eisenkern ist von Vergussmasse umhüllt. Das Gehäuse besteht aus Stahlblech. Die Zündspule kann nicht zerlegt oder repariert werden, jedoch ist Ihr Händler oder eine Elektro-Werkstatt in der Lage, den Widerstand der Primär- und Sekundärspannung der Spule mit Spezialgeräten zu kontrollieren. Falls angenommen wird, dass ein Fehler in der Spule vorliegt, kann eine Zündspule ausgeliehen werden (vielleicht von einem Freund) und anstelle der alten Spule in den Stromkreis eingeschlossen werden (die Spule muss sich jedoch für die elektronische Zündung eignen). Liegt der Fehler in der Spule, wird sich dies jetzt schnell zeigen. Es sollte daran gedacht werden, dass Zündspulen manchmal keine Fehler aufweisen, bis ihre Betriebstemperatur erreicht ist. Eine Kontrolle in kaltem Zustand bringt deshalb nicht immer das gewünschte Ergebnis.
Ausser Sauber- und Trockenhaltung der Isolierkappe, um Überschläge und Kriechströme zu vermeiden, bedarf die Zündspule keinerlei Wartung.

7.2 Der Zündverteiler

Der Zündverteiler hat dafür zu sorgen, dass der Zündstrom in der richtigen Folge, d. h. 1–3–4–2 und im richtigen Augenblick (Zündzeitpunkt) an die richtige Zündkerze geleitet wird. Der Verteiler wird entweder von der Nockenwelle oder der Zwischenwelle angetrieben, je nach eingebautem Motor.
Der Zündverteiler übernimmt die folgenden Funktionen:

- Er erzeugt mit Hilfe des Impulsgenerators ein Signal, welches durch ein Verstärkermodul verstärkt wird.
- Er verändert den Zündzeitpunkt, um sich der Motordrehzahl anzupassen (Fliehkraftverstellung).
- Er verändert den Zündzeitpunkt, um sich der Motorbelastung anzupassen (Unterdruckverstellung).
- Er verteilt die Sekundärspannung (Hochspannung) zu den Zylindern.

Das oben erwähnte Verstärkermodul besteht aus den folgenden Bauteilen:

- Eine Stufe nimmt das vom Impulsgenerator erzeugte Signal auf und verstärkt es.
- Die Leistungsstufe, welche von der ersten Stufe gesteuert wird, unterbricht den Primärstrom, und bringt den Sekundärstrom in Betrieb.

Bild 118 zeigt, wo sich das Verstärkermodul neben der Zündspule befindet.

Bild 118
Die Anordnung der Zündspule und des Verstärkermoduls beim Einspritzmotor

7.2.1 Wartung des Zündverteilers

Der Verteilerdeckel ist innen und aussen in regelmässigen Abständen zu reinigen, um Kohlereste, Staub oder Feuchtigkeit zu entfernen. Verteilerläufer ebenfalls reinigen. Zum Reinigen einen in Benzin angefeuchteten Lappen verwenden; dabei gleichzeitig den Verteilerdeckel auf Rissstellen hin kontrollieren.
Verteilerläufer erneuern, wenn die Kontakte sehr abgeschliffen sind. Die Messingkontakte dürfen auf keinen Fall nachgefeilt oder nachgeschliffen werden.
Bei abgenommenem Verteilerdeckel zwei oder drei Tropfen Öl in die Innenseite der Verteilerwelle träufeln, um die Verteilerlager zu schmieren.
Die Aussenflächen aller Hochspannungskabel sauber und frei von Feuchtigkeit halten, um eine einwandfreie Stromführung durch die Zündanlage zu garantieren. Gelegentlich alle Leitungen aus dem Zündverteiler ziehen, die Anschlussenden reinigen und kontrollieren. Die Leitungen dürfen nicht verkürzt werden, um schlechte Anschlussenden zu berichtigen. Leitungen immer erneuern.

7.2.2 Aus- und Einbau des Zündverteilers

Wenn der Verteiler aus dem Motor ausgebaut wird, muss er wieder in der gleichen Stellung eingebaut werden, um die Zündeinstellung beizubehalten. Alle

Teile aus diesem Grund in geeigneter Weise kennzeichnen und, ohne den Motor durchzudrehen, den Zündverteiler wieder so einsetzen, dass der Mitnehmer in der gleichen Stellung in Eingriff kommt. Der Verteiler braucht eigentlich nur ausgebaut werden, wenn man ihn erneuern will.

- Batterie abklemmen.
- Die Zündkabel vom Verteilerdeckel abziehen, oder den Verteilerdeckel durch Zurückdrücken der Federspangen vom Verteiler abnehmen.
- Das Kabel an der Seite des Verteilers lösen und die Leitung von der Unterdruckdose abziehen.
- Motor durchdrehen, bis der Kolben des ersten Zylinders auf dem oberen Totpunkt des Verdichtungshubes steht und die Stellung der Läuferspitze mit einer Reissnadel in der Aussenkante des Verteilergehäuses anzeichnen. Vor dem Durchdrehen kann man die Zündkerzen ausschrauben, damit die Kolben nicht unter Kompression stehen.
- Die Befestigung des Verteilers lösen und den Verteiler aus dem Motor herausziehen.

Falls der Motor nicht durchgedreht oder keine Reparaturen am Verteiler durchgeführt wurden, den Verteiler wieder in der ursprünglichen Lage einbauen. Falls der Verteiler zerlegt wurde, oder wenn er nach einer Überholung des Motors eingebaut werden soll, ist folgendermassen vorzugehen:

- Kolben des ersten Zylinders auf den oberen Totpunkt im Verdichtungshub bringen, d. h. beide Ventile müssen geschlossen sein (falls die Zylinderkopfhaube abgenommen ist), oder den Motor durchdrehen, bis die Zündzeitpunktanzeige anzeigt, dass der Motor in dieser Stellung steht (siehe Kapitel 7.3). Der Verteilerantrieb muss in der in Bild 119 gezeigten Lage stehen. Andernfalls stimmt die Motorstellung nicht.

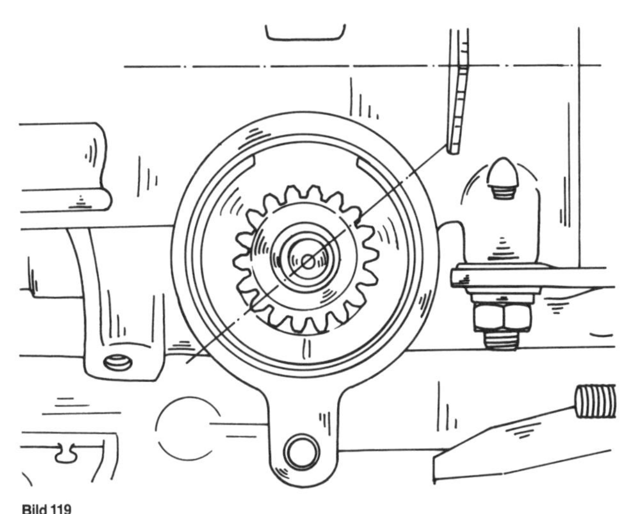

Bild 119
Vorschriftsmässige Stellung des Verteilerantriebs vor Einbau des Verteilers

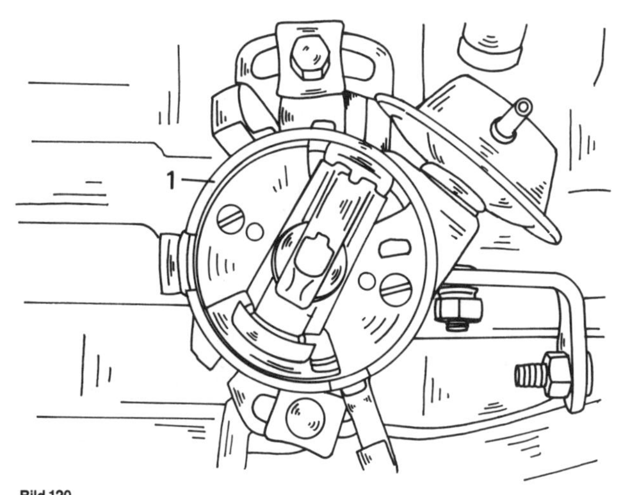

Bild 120
Die Spitze des Verteilerläufers muss auf die Kerbe (1) in der Aussenkante des Verteilergehäuses weisen, wenn der Verteiler vorschriftsmässig eingebaut ist.

- Verteilerläufer so verdrehen, dass er auf die eingezeichnete Marke im Rand des Verteilergehäuses weist, wie es in Bild 120 gezeigt ist.
- Einen neuen Dichtring auf den Verteiler auflegen, den Verteiler einsetzen und festziehen. Alle Kabel wieder anschliessen und die Unterdruckleitung am Verteiler aufstecken.
- Um den Verteiler in die Grundstellung zu bringen, die beiden Schrauben (3) in Bild 121 lockern und das Verteilergehäuse verdrehen, bis das Sternrädchen (1) mit der Markierung (2) an der gezeigten Stelle ausgefluchtet ist. Die beiden Schrauben (3) danach wieder anziehen.
- Abschliessend Zündzeitpunkt kontrollieren (Kapitel 7.3).

Bild 121
Richtige Voreinstellung des Zündverteilers beim Einspritzmotor (siehe Text)

7.3 Zündzeitpunkt einstellen

Der Zündzeitpunkt sollte nur mit Hilfe einer Lichtblitzlampe kontrolliert und/oder eingestellt werden. In das Fahrzeug ist eine Diagnosesteckdose eingebaut, mit deren Hilfe Ihre Peugeot-Werkstatt den Zündstromkreis, die Zündungseinstellung, die Zündverteilung und den Leerlauf mit entsprechenden Geräten einstellen kann.

Ehe der Zündzeitpunkt bei einem Einspritzmotor kontrolliert wird, kontrolliert man das Zündeinstellblech auf dem Schwungradgehäuse. Falls dieses abgeschraubt wurde (z. B. nach einer Motorüberholung) oder die Farbmarkierung nicht mehr sichtbar ist, muss man das Blech neu einstellen, wozu jedoch Spezialwerkzeuge erforderlich sind. Falls die im folgenden Text genannten Werkzeuge nicht vorhanden sind, muss man die Arbeiten in einer Werkstatt durchführen lassen.

Das Spezialwerkzeug 8.0135 A wird gebraucht. Dies ist ein Führungsbolzen, welchen man nach Herausschrauben des Stopfens neben dem Zündverteiler einsetzt.

- Den Stopfen (1) in Bild 122 herausschrauben.

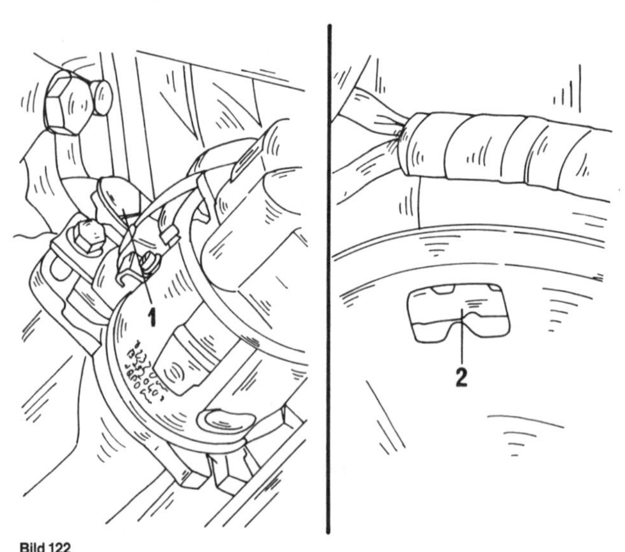

Bild 122
Lage des Stopfens (1) und Ausrichtung der OT-Markierung des Nockenwellenrades (2).

- Den Motor durchdrehen, bis die Steuermarkierung (2) des Nockenwellenrades sich auf der linken Seite der Öffnung befindet. Der Verschlussstopfen muss vorher entfernt werden.
- Den genannten Führungsdorn in die Öffnung einschieben. Die Kurbelwelle dann durchdrehen, bis der Dorn in die Aussparung der Kurbelwellenwange eingreift, wenn der Motor genau auf dem oberen Totpunkt steht.
- Kontrollieren, ob die «0»-Marke genau gegenüber der Marke am Einstellblech steht.
- Falls dies nicht der Fall ist, die Mutter des Blechs lockern und das Blech entsprechend verschieben, bis die «0»-Marke genau stimmt. Die Schraube wieder festziehen, ohne dass sich das Blech verschieben kann.
- Mit einem Farbtupfen das Blech und die Umgebung anzeichnen, damit man später, sollte man das Blech einmal abschrauben, einen Bezug zum Anschrauben hat.
- Den Führungsdorn herausziehen und den Stopfen mit 20 anziehen.

Beim Einstellen des Zündzeitpunktes folgendermassen vorgehen:

- Eine Lichtblitz- oder Stroboskoplampe entsprechend den Anweisungen des Herstellers anschliessen.
- Motor anlassen und im Leerlauf laufen lassen. Falls der Motor unruhig laufen sollte, stellt man ihn vorher ein, da ein guter Zündzeitpunkt nicht mit einem schlechten Leerlauf erhalten werden kann.
- Die Befestigung des Zündverteilers lockern, ohne sie loszuschrauben.
- Den Strahl der Lichtblitzlampe auf die Kurbelwellenriemenscheibe richten. Der Motor zündet vorschriftsmässig, wenn die Kerbe in der Kurbelwelle, die durch die Wirkung der Lampe «stillsteht», gegenüber der Markierung in Bild 123 steht, oder beim Vergasermotor gegenüber der Marke «X». Die Zündzeiteinstellung liegt dann bei 8° (Vergasermotor) oder 10° (Einspritzmotor) vor dem oberen Totpunkt.

Bild 123
Ausrichtung der Spitze am Zündeinstellblech (1) mit der Kerbe in der Riemenscheibe (2).

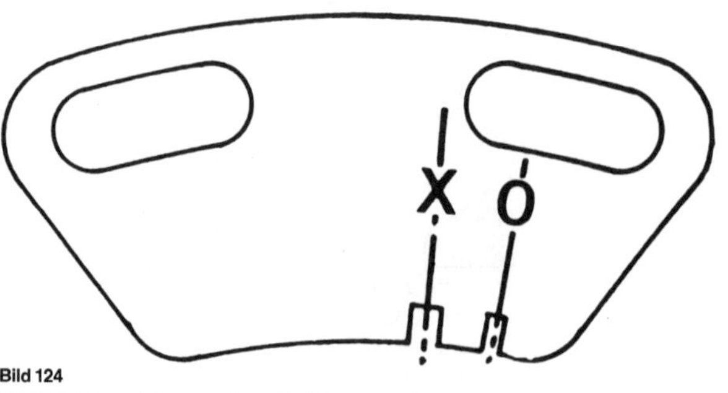

Bild 124
Einstellskala am Steuergehäuse des Vergasermotors

- Den Zündverteiler unter gleichzeitiger Beobachtung der Kerbe verdrehen, bis diese gegenüber der Markierung für den betreffenden Motor steht.
- Motor abstellen, die Befestigung anziehen und den Zündzeitpunkt nochmals kontrollieren, wie es oben beschrieben wurde.

7.4 Zündverstellung des Verteilers überprüfen

Wie bereits erwähnt, kann der Zündverteiler nur mit Hilfe von Prüfständen auf die genaue Arbeitsweise der Fliehkraft- und Unterdruckverstellung überprüft werden. Um jedoch einen allgemeinen Überblick über die Arbeitsweise der beiden Verstellungssysteme zu erhalten, kann man die folgenden Arbeiten durchführen:

7.4.1 Fliehkraftmechanismus prüfen

Die Funktion des Fliehkraftmechanismus im Verteiler kann kontrolliert werden, indem der Verteilerläufer von Hand in die Richtung gedreht wird, in welcher Spannung vorliegt. Beim Loslassen des Läufers muss dieser automatisch in die Ausgangsstellung zurückkehren. Falls dies nicht der Fall ist, sind die Fliehgewichte verschmutzt oder die Rückholfeder zu schwach. Falls die erforderlichen Geräte zur Verfügung stehen, kann die Verstellung folgendermassen gemessen werden:

- Eine Lichtblitzlampe am Motor anschliessen.
- Unterdruckschlauch vom Verteiler abziehen.
- Motor anlassen und im Leerlauf drehen lassen.
- Lichtstrahl der Lampe gegen die Riemenscheibe richten. Falls weisse Farbe zur Verfügung steht, kann man die Kerbe in der Riemenscheibe mit einem Klecks Farbe kennzeichnen, so dass man sie besser mit der Lichtblitzlampe erkennen kann.
- Motordrehzahl erhöhen und kontrollieren, ob die Kerbe in der Riemenscheibe sichtbar im Verhältnis zur Zunge am Blechwinkel «wandert», wodurch die Wirkungsweise der Fliehkraftverstellung angezeigt wird, nicht jedoch die genaue Verstellung bei bestimmten Drehzahlen.

7.4.2 Unterdruckverstellung prüfen

Die allgemeine Arbeitsweise der Unterdruckverstellung kann man ebenfalls mit der Lichtblitzlampe überprüfen. Zur Kontrolle den Motor mit 2000 U/min laufen lassen. Den Unterdruckschlauch auf dem Verteiler aufgesteckt lassen.

- Unterdruckschlauch abziehen, während die Lichtblitzlampe gegen die Riemenscheibe gerichtet wird. Dabei kontrollieren, ob sich der Zündzeitpunkt verändert, d. h. die Kerbe in der Riemenscheibe muss «wandern».
- Unterdruckschlauch erneut aufstecken und kontrollieren, ob die Kerbe in der Riemenscheibe wieder in die alte Lage zurückkehrt, die sie vor Abziehen des Unterdruckschlauches hatte.
- Falls sich der Zündzeitpunkt nicht verändert, könnte es sein, dass die Unterbrecherplatte festhängt oder eine Leckstelle in der Unterdruckleitung oder der Unterdruckdose vorliegt.

7.5 Zündkerzen

Die Zündkerzen haben einen konischen Sitz und einen Gewindedurchmesser von 14 m. Keine Scheiben werden unter den Kerzen eingelegt. Zu beachten ist jedoch das Anzugsdrehmoment, welches 17,5 Nm nicht überschreiten darf.
Vom Hersteller werden die Kerzentypen bestimmter Kerzen empfohlen, jedoch können geeignete Kerzen mit dem entsprechenden Wärmewert anderer Hersteller verwendet werden.
Der Elektrodenabstand der Kerzen beträgt 0,6 – 0,7 mm.
Zündkerzen sollten mindestens alle 10 000 km mit einem Sandstrahlgebläse gereinigt werden. Dabei den Elektrodenabstand auf den entsprechenden Wert stellen. Beim Einstellen des Abstandes niemals die mittlere Elektrode verbiegen, da dadurch der Porzellanisolator platzen kann.
Vor dem Ausschrauben der Kerzen kontrollieren, ob sich keine Fremdkörper in den Kerzenaufnahmevertiefungen befinden. Eine beim Ausschrauben der Kerze in die Kerzenbohrung fallende Scheibe, Schraube, ein Stein oder ähnliches kann Ventile, Ventilsitze oder den Zylinderkopf beim ersten Lauf des Motors zerstören.
Aus dem Kerzengesicht lassen sich Schlüsse auf Eignung und einwandfreies Arbeiten der Kerzen, auf die Vergasereinstellung, den Gemischzustand und den Zustand des Motors (Kolben, Kolbenringe, etc.) ziehen.
Allgemein gilt dafür:

Isolator Elektroden Betriebs- zustand	Mittelbraun Schwarz oder verrusst Kerze, Vergaser, Motor in Ordnung	Isolator Elektroden Betriebs- zustand	Hellgrau, weiss Grau, feine Schmelzperlen Gemisch zu mager, Kerzen undicht oder lose, Ventile schliessen nicht einwandfrei
Isolator Elektroden Betriebs- zustand	Schwarz oder verrusst Schwarz oder verrusst Gemisch zu fett, zu grosser Elektrodenabstand	Isolator Elektroden Betriebs- zustand	Verölt Verölt Undichter Kolben, undichte Kolbenringe, Kerze setzt aus

Da die Lebensdauer der Kerzen normalerweise bei mindestens 15 000 km liegt, reicht eine Reinigung alle 8000 km aus. Beim Einschrauben der Kerzen darauf achten, dass diese nicht zu übermässig angezogen werden, um die Gewinde nicht zu überziehen.

8 Die Kupplung

Die Kupplung ist eine Einscheibentrockenkupplung mit einer Tellerfederdruckplatte. Die Betätigung der Kupplung erfolgt über eine hydraulische Anlage. Druckplatte und Tellerfeder können nicht zerlegt werden und sind bei Beschädigung zusammen zu erneuern. Zu beachten ist, dass nicht alle in dieser Ausgabe behandelten Modelle die gleiche Kupplung haben.

8.1 Kupplung im eingebauten Zustand überprüfen

Ehe man eine Kupplung zwecks Erneuerung ausbaut, kann man die folgenden Arbeiten durchführen, um festzustellen, wo der Fehler liegen könnte:

- Motor anlassen und im Leerlauf laufen lassen.
- Kupplungspedal durchtreten und ca. 3 Sekunden warten.
- Den Rückwärtsgang einlegen. Falls Kratzgeräusche vom Getriebe hörbar sind, kann man annehmen, dass die Kupplung oder die Mitnehmerscheibe erneuert werden müssen, da die Verbindung zwischen der Kupplung und dem Schwungrad unterbrochen ist.

Um eine Kupplung auf Durchrutschen zu kontrollieren:

- Das Fahrzeug fahren, bis Getriebe und Kupplung ihre Betriebstemperatur erhalten haben.
- Fahrzeug anhalten und die Handbremse fest anziehen.
- Dritten Gang einschalten.

- Kupplungspedal durchtreten, den Motor auf 3000 – 4000/min beschleunigen und das Kupplungspedal plötzlich zurücklassen. Die Kupplung arbeitet einwandfrei, wenn der Motor sofort abstellt.

8.2 Kupplung ausbauen

Die Kupplung kann nach Ausbau des Motors oder Getriebes ausgebaut werden.

- Einbaulage der Kupplung im Verhältnis zum Schwungrad kennzeichnen. Dazu verwendet man einen Körner, mit welchem man in das Schwungrad und die Kupplung schlägt.
- Die sechs Schrauben der Kupplung gleichmässig über Kreuz lösen, bis der Federdruck entlastet ist. Das Schwungrad muss dazu in geeigneter Weise gegengehalten werden.
- Kupplung abnehmen und die Mitnehmerscheibe herausnehmen. Falls die Kupplung auf den Passstiften des Schwungrades hängt, kann man einen Schraubenzieher zum vorsichtigen Abdrücken benutzen. Sofort beachten, dass die längere Seite der Mitnehmerscheibennabe zur Getriebeseite, d. h. nach aussen weist. Wenn man sich dies bereits jetzt einprägt, hat man später keine Schwierigkeiten.
- Mit einem Lappen sofort die Innenseite des Schwungrades auswischen und die Reibfläche des Schwungrades überprüfen. Falls die Mitnehmerscheibe bis auf die Nietenköpfe abgenutzt ist, könnte es sein, dass sich die Niete in die Schwungradfläche oder die Kupplungsdruckplatte eingearbeitet haben.

Falls der Motor und das Getriebe getrennt werden müssen, sollte die Kupplung immer abgeschraubt werden, so dass man sie kontrollieren kann.

8.3 Kupplung überholen

Druckplatte und Deckel auf Beschädigung oder Verzug kontrollieren. Bei Schäden beide Teile im Satz erneuern.

Kontrollieren, ob die Federn der Mitnehmerscheibe noch einwandfrei sind und die Keilverzahnungen der Scheibe nicht übermässig angeschlagen sind. Da verölte Kupplungsbeläge nicht gereinigt werden können, ist die Mitnehmerscheibe in derartigen Fällen zu erneuern. Die Dämpferfedern der Mitnehmerscheiben haben nicht bei allen Motoren die gleiche Kennfarbe.

Kupplungsbeläge auf Wiederverwendbarkeit kontrollieren, indem man mit einer Tiefenlehre von der Oberfläche der Beläge bis auf die Oberseite der Nietenköpfe ausmisst. Falls das Mass weniger als 0,30 mm beträgt, muss die Scheibe erneuert werden. Die Scheibe ebenfalls erneuern, falls das Mass bald erreicht ist.

Um Mitnehmerscheiben auf Schlag zu kontrollieren, spannt man sie auf einem passenden Dorn oder einer Kupplungswelle zwischen die Spitzen einer Drehbank. Eine Messuhr mit einem geeigneten Halter neben der Scheibe so aufsetzen, dass der Messfinger gegen den Rand der Scheibe anliegt, und zwar an der Aussenkante der Scheibe (Bild 125). Die Scheibe langsam durchdrehen und die Anzeige der Messuhr ablesen. Falls die Anzeige grösser als 0,4 mm ist, kann man die Scheibe, falls erwünscht, vorsichtig mit einer Zange richten. Andernfalls die Scheibe erneuern.

Bild 125
Kontrolle einer Mitnehmerscheibe auf Schlag

Die Gleitpassung der Mitnehmerscheibennabe auf den Keilverzahnungen der Kupplungswelle kontrollieren. Dazu die Scheibe aufstecken und an der Aussenkante zwischen Daumen und Zeigefinger erfassen. Die Scheibe im Drehsinn hin- und herbewegen. Falls ein Spiel von mehr als 0,4 mm festgestellt werden kann, liegt Verschleiss in den Keilverzahnungen vor. Die Ursache dafür ist meistens bei der Mitnehmerscheibe zu finden.

Die inneren Enden der Tellerfeder auf Abnutzung hin kontrollieren. Falls tiefe Einlaufstellen festgestellt werden, muss man die komplette Kupplung erneuern.

Die Spitzen der Tellerfeder müssen alle innerhalb 0,5 mm auf der gleichen Höhe liegen. Verbogene

Spitzen können wieder geradegebogen werden. Dazu wird normalerweise ein Spezialwerkzeug verwendet, jedoch kann man einen Stahlstreifen mit einem Schlitz versehen und die Enden biegen. Falls man Verschleissabnutzungen an den Spitzen feststellen kann, die bereits eine Tiefe von 0,3 mm erreicht haben, muss die Kupplung ebenfalls erneuert werden.

Ein Messlineal über die Reibfläche der Druckplatte auflegen, wie es in Bild 126 gezeigt ist, und mit Fühlerlehren den Spalt ausmessen. Falls der Spalt innen mehr als 0,3 mm beträgt, muss die Kupplung erneuert werden.

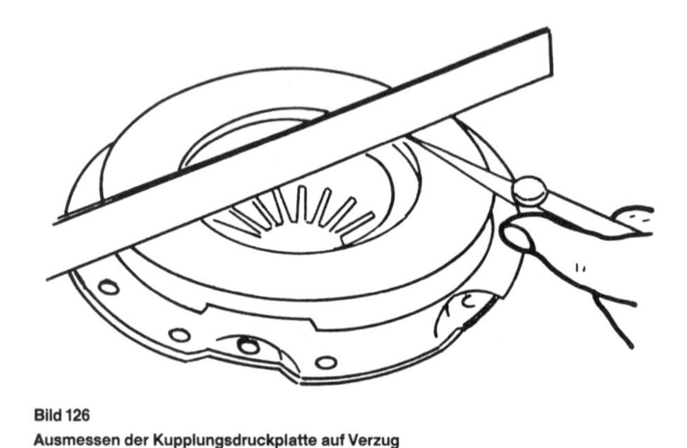

Bild 126
Ausmessen der Kupplungsdruckplatte auf Verzug

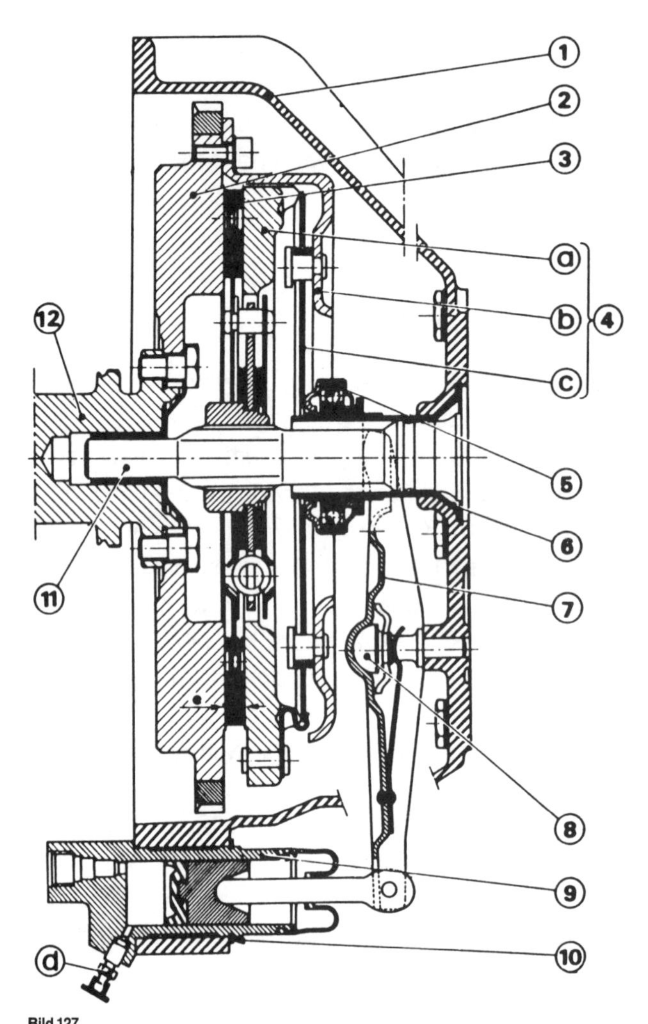

Bild 127
Querschnitt durch die Kupplung

1 Kupplungsgehäuse
2 Schwungrad
3 Mitnehmerscheibe
4 Druckplatte komplett
a Druckplatte
b Deckel
c Federscheibe
5 Kugel-Ausrücklager
6 Führungsmuffe des Ausrücklagers
7 Ausrückgabel
8 Kugelbolzen
9 Nehmerzylinder mit Entlüftungsschraube (d)
10 Sicherungsring des Nehmerzylinders
11 Getriebeantriebswelle
12 Kurbelwelle

8.4 Kupplung einbauen

Der Einbau der Kupplung geschieht in umgekehrter Reihenfolge des Ausbaus. Die folgenden Punkte sollten besonders beachtet werden:

- Falls die alte Kupplung wieder verwendet wird, die beim Ausbau eingezeichnete Markierung wieder ausfluchten. Eine neue Kupplung kann in beliebiger Weise angeschraubt werden.
- Ein Zentrierdorn wird zum Zentrieren der Mitnehmerscheibe verwendet. Dieser Dorn muss in die Verzahnung der Mitnehmerscheibe passen und einen Zapfen haben, der in die Führung der Kurbelwelle passt. Eine alte Kupplungswelle des Getriebes kann auch verwendet werden. Erfahrene Mechaniker sind auch in der Lage, die Mitnehmerscheibe nach Augenmass auszurichten.
- Die Kupplungsschrauben gleichmässig über Kreuz auf ein Anzugsdrehmoment von 20 Nm (Einspritzmotor) oder 15 Nm (Vergasermotor) anziehen. Das Schwungrad muss dabei wieder gegengehalten werden.
- Motor oder Getriebe wieder in das Fahrzeug einbauen.

8.5 Erneuerung des Kupplungsausrücklagers

Ein herkömmliches Ausrücklager, d. h. ein Kugellager, wird zum Aus- und Einrücken der Kupplung verwendet, welches nicht mit fettlösenden Flüssigkeiten ausgewaschen werden darf. Das Ausrücklager liegt ständig auf der Tellerfeder der Kupplung auf und dreht sich mit.

Zum Ausbau des Lagers muss das Getriebe oder der Motor aus dem Fahrzeug ausgebaut werden.

Zum Ausbau das Führungslager nach links drehen und abziehen. Die Führungsmuffe mit Molykote einschmieren und das Lager so einsetzen, dass die Halteklaue (1) in Bild 128 gegen den Anlassersitz zeigt. Das Ausrücklager durch Drehen nach rechts in die Ausrückgabel einklinken.

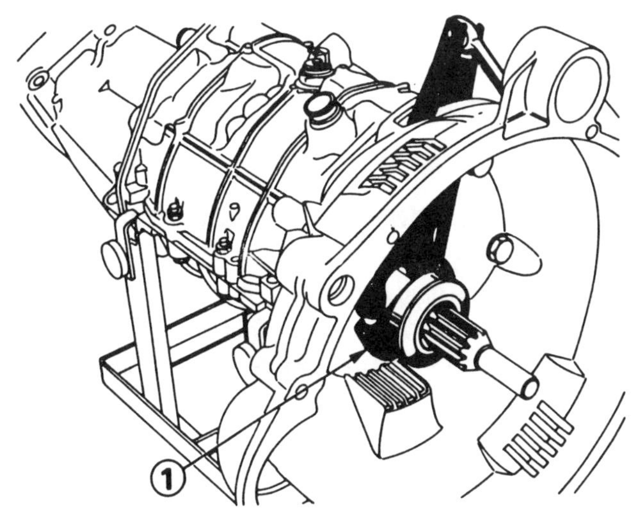

Bild 128
Befestigung des Kupplungsausrückhebels

1 Halteklaue

8.6 Aus- und Einbau des Kupplungsausrückhebels

- Das Ausrücklager wie in Kapitel 8.5 beschrieben ausbauen und die Gabel von innen aus dem Kupplungsgehäuse herausziehen.
- Falls erforderlich, die Gummikappe (1) und den Kugelbolzen (2) in Bild 129 ersetzen. Der Kugelbolzen sitzt in einem Sackloch. Von der Rückseite her ein 6 mm Loch bohren (nicht in den Bolzen bohren) und den Bolzen mit einem Dorn austreiben. Einen neuen Kugelbolzen einschlagen.

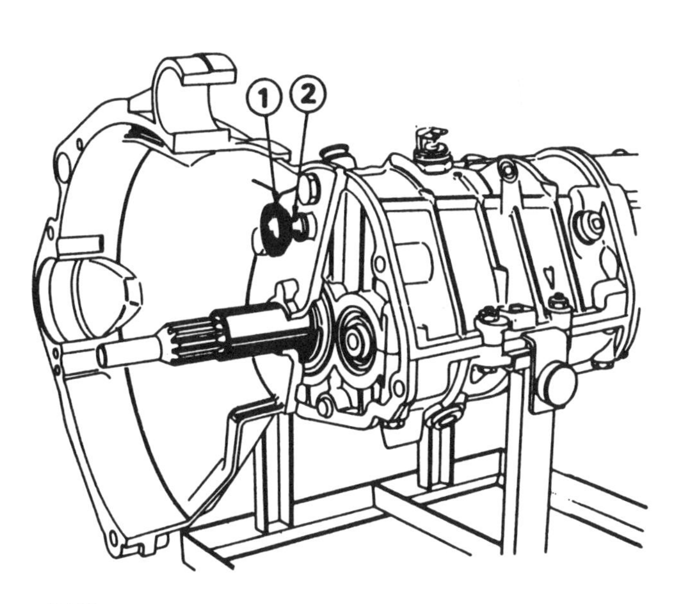

Bild 129
Lagerung des Kupplungsausrückhebels

1 Gummikappe
2 Kugelbolzen

- Vor dem Einbau des Ausrückhebels die Gummikappe mit Fett füllen.
- Die Ausrückgabel von der Innenseite des Kupplungsgehäuses her einführen.
- Die Haltefeder der Gabel mit Hilfe eines Schraubenziehers anheben.
- Die Ausrückgabel auf den Kugelbolzen aufsetzen, so dass die Feder auf die Gummikappe drückt.
- Das Ausrücklager wieder einbauen.

8.7 Austausch der Führungsmuffe des Ausrücklagers

Die Führungsmuffe ist mit einem Entlüftungsschlitz (a) in Bild 130 versehen und bei Erneuerung darf nur eine solche Muffe eingebaut werden. Das Kupplungsgehäuse muss vom Getriebe abgeschraubt werden, um die Muffe zu erneuern.

- Den Sicherungsring der Muffe mit Hilfe eines Schraubenziehers abhebeln.
- Die alte Muffe nach hinten aus dem Kupplungsgehäuse auspressen. Dazu das Gehäuse genügend hoch unterbauen.
- Bohrung und Auflagefläche der Muffe am Kupplungsgehäuse reinigen und prüfen.
- Die Auflagefläche von Muffe und Gehäuse (b) mit Dichtungsmasse einstreichen.
- Die Muffe mit dem Schlitz auf der Seite der Entlüftungsöffnungen (c) des Kupplungsgehäuses anordnen.

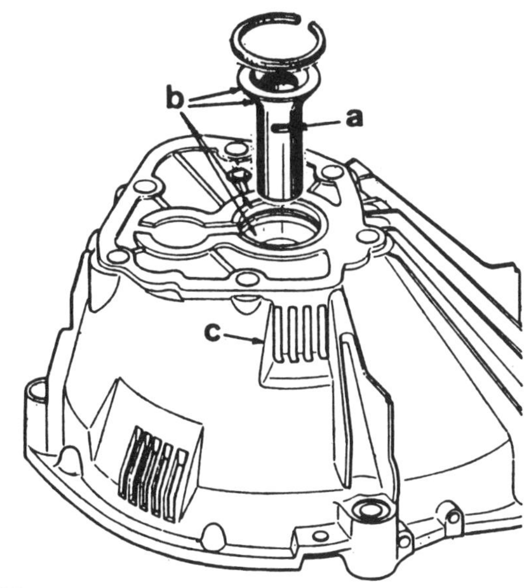

Bild 130
Führungsmuffe des Ausrücklagers

a Entlüftungsschlitz der Muffe
b Auflageflächen von Muffe und Kupplungsgehäuse
c Entlüftungsöffnungen des Kupplungsgehäuses

- Die Muffe mit Hilfe eines geeigneten Dornes einpressen oder einschlagen.
- Einen neuen Sicherungsring anbringen.

Der Geberzylinder weist keine Besonderheiten auf. Beim Zerlegen beider Zylinder ist auf grösste Sauberkeit zu achten.

8.8 Hydraulische Kupplungsbetätigung

Das Kupplungspedal ist mit dem Geberzylinder, dem Kupplungsausrückhebel und dem Nehmerzylinder hydraulisch verbunden. Der Nehmerzylinder ist mit einer Feder versehen, die einen ständigen leichten Druck auf den Ausrückhebel ausübt. Aus diesem Grund ist kein Kupplungsspiel vorhanden, so dass eine Einstellung nicht länger erforderlich ist.

- Zum Ausbauen des Nehmerzylinders den Sicherungsring an der Rückseite des Zylinders abnehmen und den Zylinder nach vorn aus dem Kupplungsgehäuse herausziehen. Die Kolbenstange verbleibt am Ausrückhebel.
- Der Einbau erfolgt in umgekehrter Reihenfolge als der Ausbau. Die Entlüftungsschraube des Nehmerzylinders muss nach unten gerichtet sein.
- Die Kupplungshydraulik entlüften (Kapitel 8.9).

8.9 Entlüften der Kupplungshydraulik

Zwei Personen sind zum Entlüften erforderlich.

- Einen Schlauch auf das Entlüftungsventil aufstecken und das freie Ende in ein Gefäss einhängen, in welches etwas Bremsflüssigkeit gefüllt wurde.
- Die Entlüftungsschraube um eine halbe Umdrehung öffnen.
- Das Kupplungspedal von der zweiten Person durchpumpen und in der unteren Lage festhalten lassen.
- Die Entlüftungsschraube anziehen und das Kupplungspedal zurückkehren lassen.
- Den Vorgang wiederholen, bis nur noch blasenfreie Flüssigkeit aus dem Schlauch austritt.
- Den Vorratsbehälter bis zum vorgeschriebenen Stand mit Bremsflüssigkeit füllen. «Lockheed 55» wird von Peugeot empfohlen.

9 Das Vierganggetriebe

Das Getriebe BA 7/4 wird nur bis Baujahr 1985 eingebaut. Ab Baujahr 1986 sind alle Modelle nur noch mit dem Fünfganggetriebe lieferbar. Dieses wird in Kapitel 10 behandelt.

9.1 Aus- und Einbau des Getriebes

Die folgende Beschreibung bezieht sich ebenfalls auf das Fünfganggetriebe, d. h. sie wird in Kapitel 10 nicht noch einmal wiederholt. Zum Ausbau des Getriebes ist das in Bild 134 gezeigte und im Text erwähnte Werkzeug erforderlich.

- Das Fahrzeug über eine Arbeitsgrube oder auf eine Hebebühne fahren oder auf Böcke setzen.
- Die Batterie abklemmen.
- Beim Vergasermotor den Luftfilter und den Luftansaugstutzen zum Vergaser ausbauen; beim Einspritzmotor den Luftstutzen zwischen Luftmengenmesser und Drosselklappe sowie die Befestigungsschrauben des Steuerdruckreglers lösen.
- Die oberen Befestigungen des Kühlers ausbauen und diesen von seinen unteren Gummilagern lösen. Ein Stück Pappe zwischen Ventilator und Kühlerblock schieben.
- Auspuffbefestigungen, Wärmeschutzblech über dem vorderen Auspufftopf sowie die Vordersitzverstärkung ausbauen und die Auspuffanlage senken. Bild 116 zeigt die Befestigung der Teile.
- Beim Einspritzmotor den Schwingungsdämpfer, sowie die vier Befestigungsschrauben des Begrenzungsgehäuses und das Gehäuse selbst vom Verbindungsrohr ausbauen (Bild 131). Falls erforderlich die Stiftschraube (4) wie in der rechten Ansicht gezeigt, herausdrehen.
- Beim Vergasermotor die zwei Schrauben des seitlichen Trägers des Achsantriebs ausbauen; beim Einspritzmotor unter Bezug auf Bild 132 den Bolzen (1), das Plättchen (2) und die Unterlegscheiben (3) und (4) ausbauen.
- Verbindungsrohr auf den hinteren Querträger auflegen.

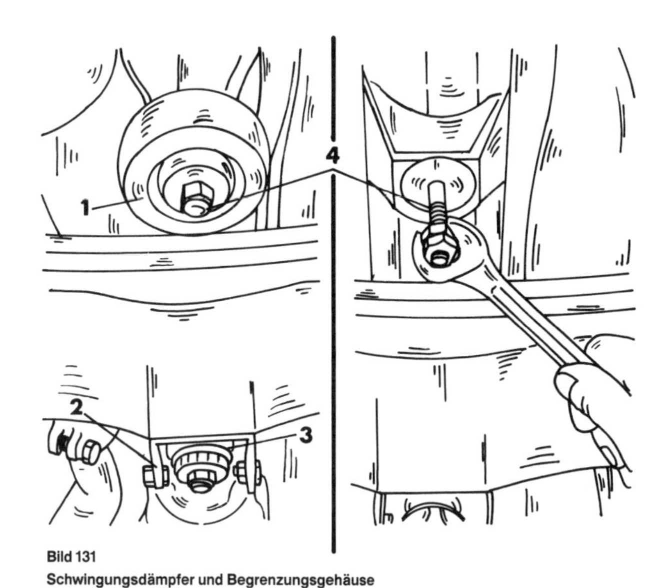

Bild 131
Schwingungsdämpfer und Begrenzungsgehäuse

1 Schwingungsdämpfer
2 Befestigungsschrauben
3 Begrenzungsgehäuse
4 Stiftschraube

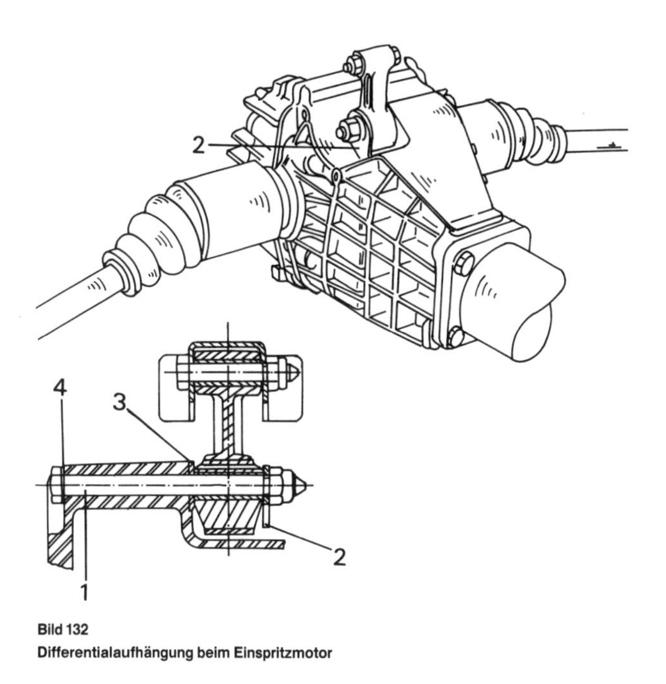

Bild 132
Differentialaufhängung beim Einspritzmotor

1 Lagerbolzen 2 Platte 3 Scheibe 4 Scheibe

- Die Stellung des Flansches der Lenkungskupplung am Flansch und an der Kupplung kennzeichnen und die beiden Schrauben aus dem Flansch herausdrehen.

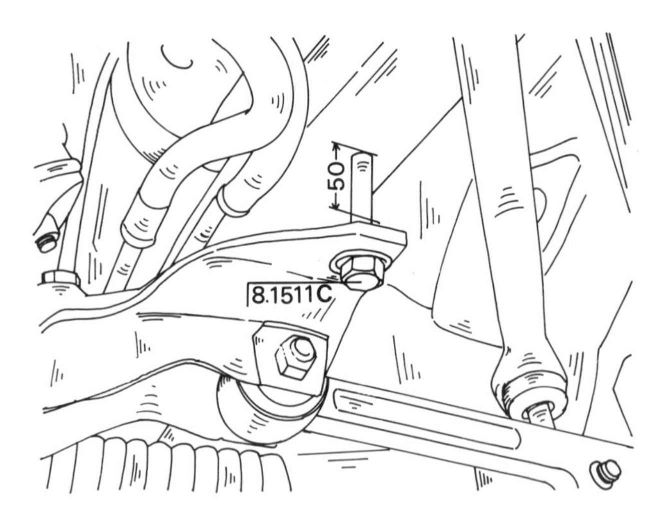

Bild 133
Querträger um das gezeigte Mass ablassen (bei eingebauter Servolenkung).

- Bei mechanischer Lenkung die zwei Befestigungsschrauben des Lenkgetriebes ausbauen und die Lenkung ohne Abschliessen der Spurstangen nach unten senken.
- Bei eingebauter Servolenkung folgendermassen vorgehen:
  - Beiderseits eine Querträgerschraube durch eine Spezialschraube ersetzen (siehe Bild 133). Beide Schrauben vollkommen hineindrehen.
  - Die verbleibenden Schrauben aus dem Querlenker herausdrehen.
  - Den Querträger durch wechselweises Lösen der Spezialschrauben um ca. 50 mm senken.
- Einen Wagenheber unter das Getriebe untersetzen.
- Die vier Montageschrauben des Verbindungsrohres am Getriebe lösen.
- Das Rohr um ca. 20 mm nach hinten ziehen, um die Halteplatte 8.0403 SZ (Bild 134) einzuschieben. Die Platte mit zwei Schrauben befestigen.
- Die Kardanwelle vom Getriebe lösen.

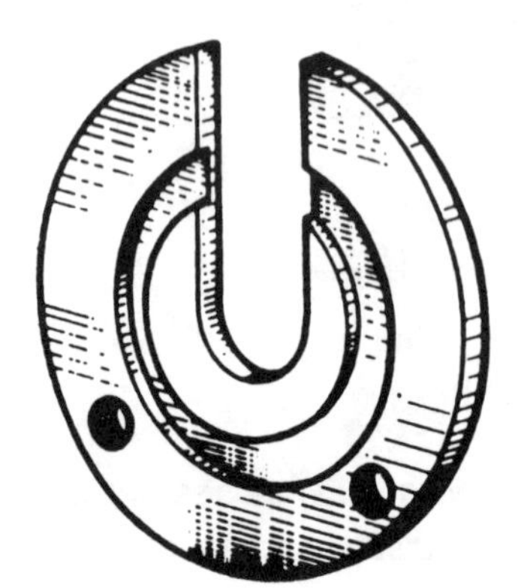
Bild 134
Halteplatte 8.0403SZ für die Kardanwelle

- Befestigungsschrauben des Anlassers am Kupplungsgehäuse ausbauen.
- Impulsgeber mit Halter ausbauen. Dieser wurde bereits in Bild 6 gezeigt.
- Verschlussblech des Kupplungsgehäuses abschrauben (Bild 6).
- Die diversen Schaltstangen abschliessen.
- Kabel des Schalters der Rückfahrleuchten, die Tachometerspirale und die Kupplungsbetätigung abschliessen.
- Wagenheber ablassen, um das Getriebe so weit wie möglich zu neigen.
- Motor mit einer geeigneten Seilschlinge aus den Aufhängungen heben.
- Motoraufhängungen lösen.
- Motor so weit wie möglich auf den Gummilagern drehen, bis das Getriebe unter dem Tunnel freizulegen ist.
- Lage des Seils und Wagenhebers entsprechend abstimmen und die Befestigungsschrauben des Getriebes vom Motor lösen. Drei Schrauben werden beim Vergasermotor verwendet, sechs beim Einspritzmotor.
- Getriebe nach links drehen und vorsichtig herausheben.

Der Einbau des Getriebes erfolgt in umgekehrter Reihenfolge zum Ausbau. Auf folgende Punkte ist dabei besonders zu achten:

- Anzugsdrehmomente beachten (Kapitel 21).
- Keilnuten der Antriebswelle, sowie die Führungsmuffe des Kupplungsausrücklagers mit einer dünnen Schicht Schmierfett bestreichen.
- Auf korrekte Lage des Ausrücklagers achten.
- Neue selbstsichernde Muttern, Unterlegscheiben und Sicherungsbleche verwenden.
- Begrenzungsgehäuse und Schwingungsdämpfer gemäss Bild 135 und 136 montieren.

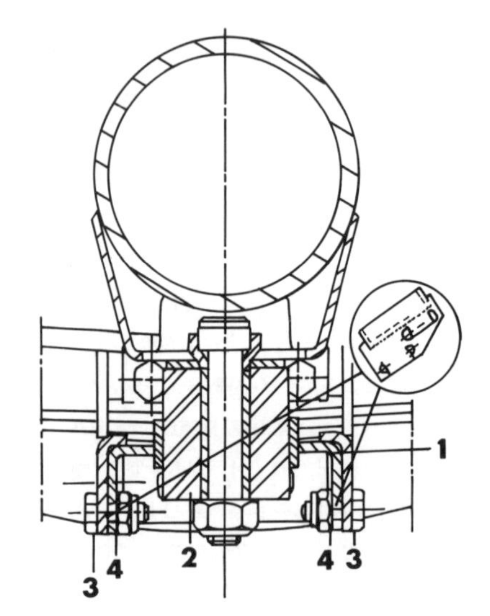

Bild 135
Montage des Begrenzungsgehäuses

1 Begrenzungsgehäuse
2 Anschlag
3 Schrauben
4 Unterlegscheibe

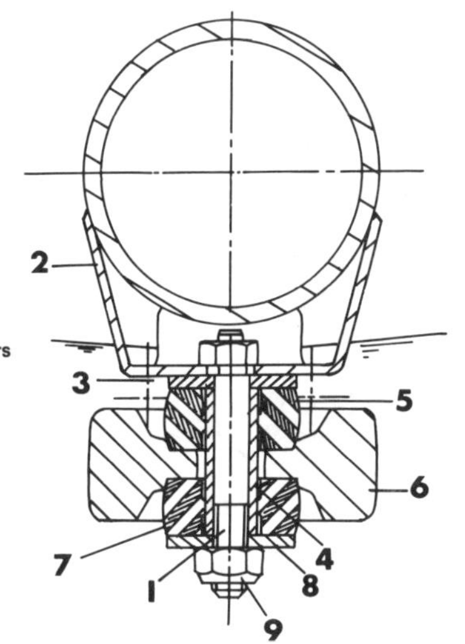

Bild 136
Montage des Schwingungsdämpfers

1 Stiftschraube
2 Halterung
3 Unterlegscheibe
4 Distanzrohr
5 Gummipuffer
6 Schwungmasse
7 Gummipuffer
8 Unterlegscheibe
9 Selbstsichernde Mutter

- Gegebenenfalls das Schaltgestänge einstellen.
- Getriebeöl auffüllen, falls es abgelassen wurde.
- Getriebe und Kühlanlage auf Dichtheit überprüfen.

9.2 Zerlegung des Getriebes

Für das Zerlegen des Getriebes empfiehlt sich der Gebrauch des Spezialwerkzeugsatzes 8.0310 Z (Bild 138), eventuell auch des Montagebockes 8.0311. Einen passenden Montagebock kann man sich auch selbst anfertigen. Die Teile des Getriebes sind in Bild 139 gezeigt.

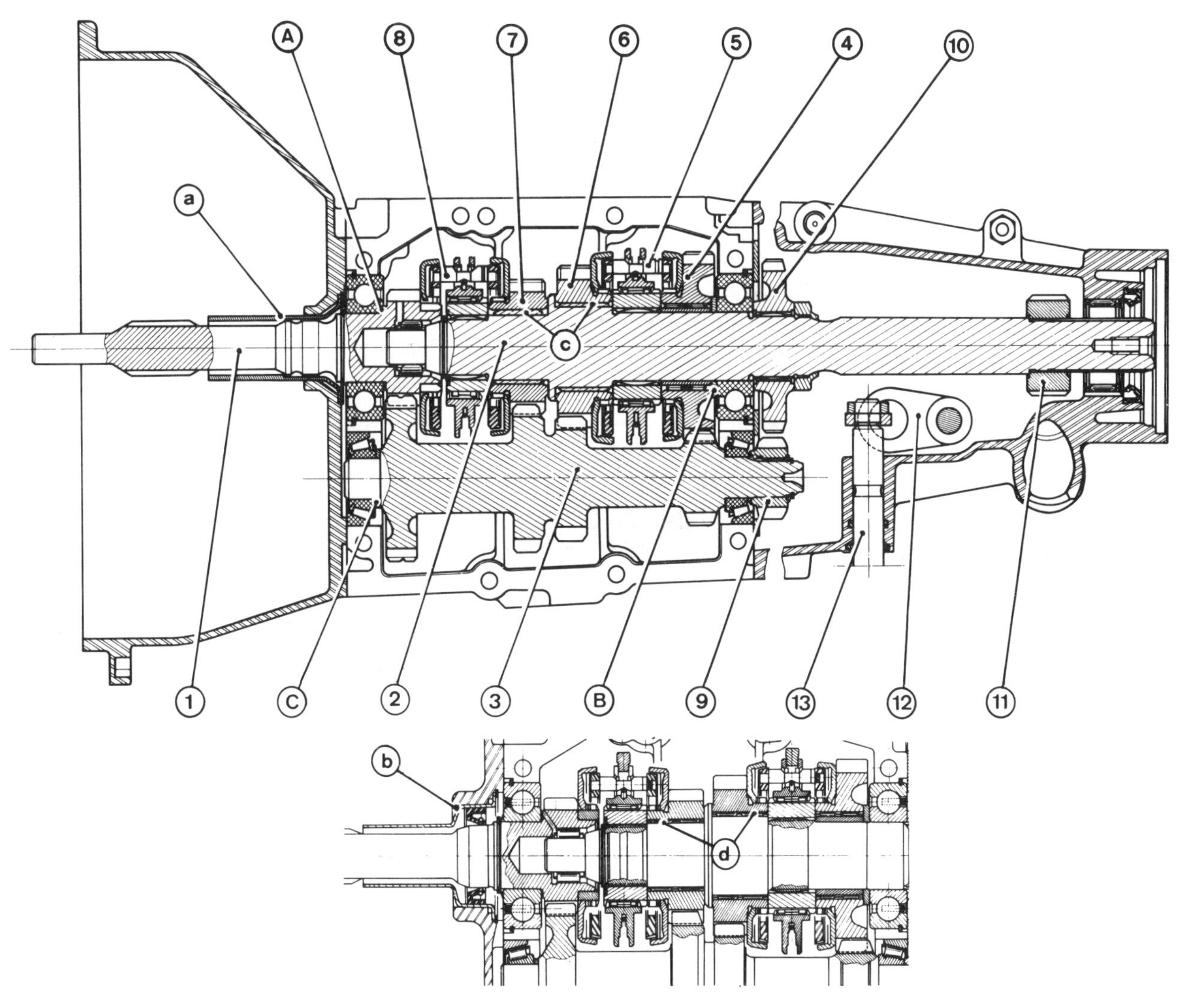

Bild 137
Schnitt durch das Vierganggetriebe

1 Antriebswelle
2 Hauptwelle
3 Vorgelegewelle
4 Gangrad, 1. Gang
5 Synchronkörper, 1./2 Gang
6 Gangrad, 2. Gang
7 Gangrad, 3. Gang
8 Synchronkörper, 3./4. Gang
9 Antriebsrad des Rückwärtsganges
10 Rückwärtsgangrad
11 Tachometerschnecke
12 Gangwählbetätigung
13 Gangschaltbetätigung

Varianten:
– Abdichtung der Antriebswelle:
a mit Ölschleuderscheibe
b mit Lippendichtring
– Montage des 2./3. Gangrades:
c mit dem Gangrad gespannte, selbstschmierende Lagerbüchse
d mit Nadelkäfig

Bild 138
Spezialwerkzeugsatz zum Zerlegen des Vierganggetriebes (Nr. 8.0310Z)

A1 Dorn zum Aus- und Einbau des Nadellagers im hinteren Getriebedeckel
A2 Ring zum Einbauen des Dichtringes im hinteren Getriebedeckel
B Einstellehre für Gangrad des 2. Ganges
C Einstellehre für Synchronkörper des 4. Ganges
D Montagering
E Montagebüchse für Hauptwellen-Sicherungsring
F Messuhrhalter
G Distanzbüchse
H Zange zum Ausbau der Tachoantriebsbüchse und für Einbau der Sicherungsringe
J Verlängerung für Messuhr
K Sicherheitsplatte
L Körner für Mutternverstemmung
M Treibdorn
Nz Auflageplatte für Presse
P Schlüssel für Hauptwellenmutter
R Schale zum Abziehen der Vorgelegewellenlager
S Montagebüchse für Vorgelegewellenlager
T Distanzbüchse für Sicherungsringe der Vorgelegewelle
U Montagebüchse für Lager und Sicherungsring der Antriebswelle

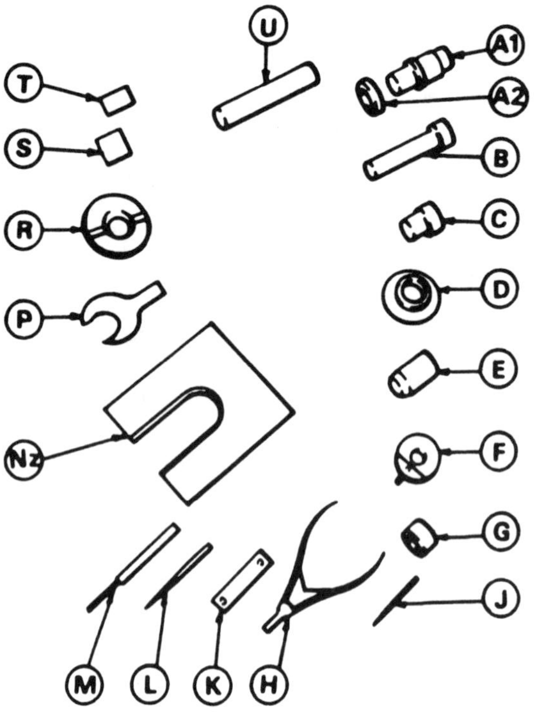

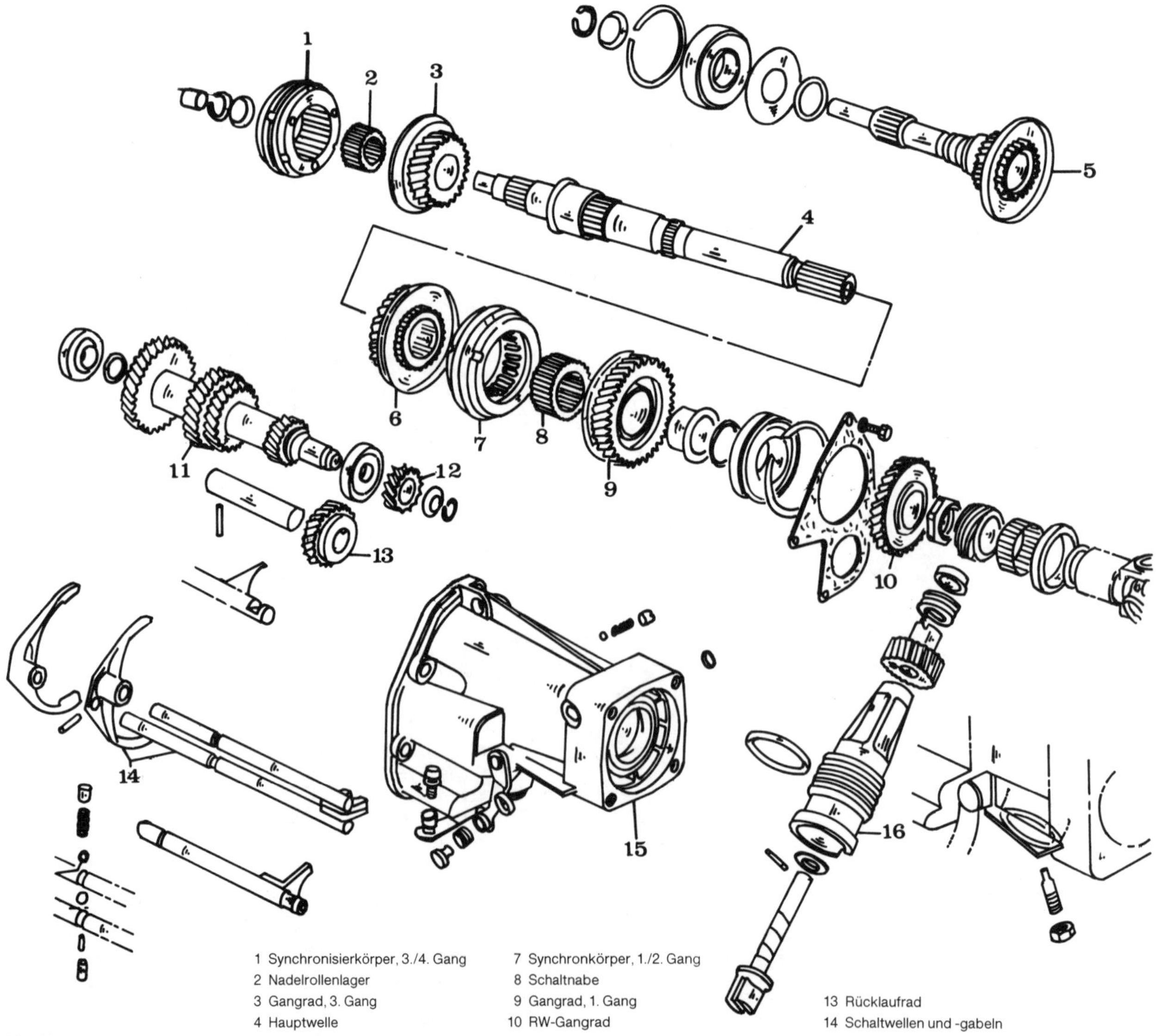

Bild 139
Montagebild der Getriebewellen

1 Synchronisierkörper, 3./4. Gang
2 Nadelrollenlager
3 Gangrad, 3. Gang
4 Hauptwelle
5 Antriebswelle
6 Gangrad, 2. Gang
7 Synchronkörper, 1./2. Gang
8 Schaltnabe
9 Gangrad, 1. Gang
10 RW-Gangrad
11 Vorgelegerad
12 Vorgelegerad des RW-Ganges
13 Rücklaufrad
14 Schaltwellen und -gabeln
15 Hinterer Getriebedeckel
16 Tachoantriebsbüchse

9.2.1 Grundzerlegung

- Die Kupplungsausrückgabel nach innen ausbauen, das Kupplungsgehäuse und den Rückfahrschalter ausbauen.
- Die Befestigungsschraube der Tachometerbüchse ausbauen und die Büchse mit der Zange «H» des Spezialwerkzeuges oder einer anderen passenden Zange ausbauen.
- Das Getriebe auf dem Montagebock umdrehen und so anbringen, wie Bild 140 zeigt.

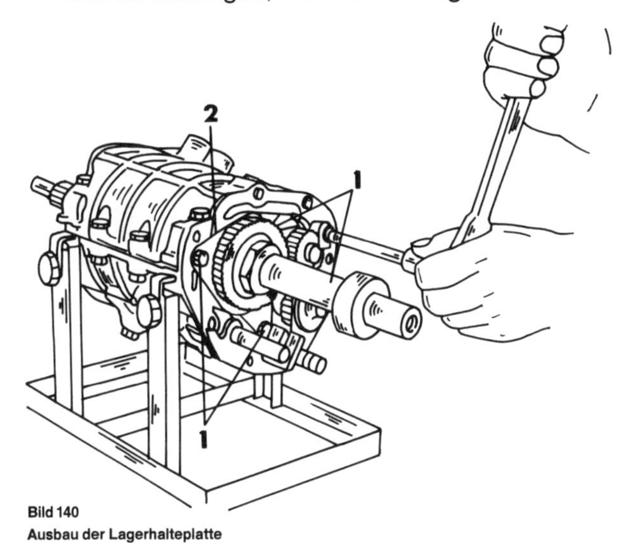

Bild 140
Ausbau der Lagerhalteplatte

1 Befestigungsschrauben der Halteplatte
2 Halteplatte

- Den Gangschalthebel (das ist der längere, wenig gebogene Hebel) in die Leerlaufstellung drehen und den Gangwählhebel (kürzerer, etwa rechtwinklig umgebogener Hebel) nach hinten bis zum Anschlag ziehen.
- Die sieben Befestigungsschrauben des hinteren Getriebedeckels mit Hilfe eines langen 13-mm-Steckschlüssels entfernen.
- Den hinteren Getriebedeckel abnehmen. Nötigenfalls kann er mit einem Holzhammer gelöst werden.
- Die vier Inbusschrauben («3» in Bild 140) der Lagerhalteplatte (4) mit einem 6-mm-Inbusschlüssel lösen.
- Die acht Verbindungsschrauben der beiden Gehäusehälften entfernen.
- Die obere Gehäusehälfte abheben.
- Die kompletten Zahnradblöcke aus dem Getriebegehäuse herausheben.

9.2.2 Vorgelegewelle zerlegen

- Die Vorgelegewelle zwischen weichen Backen in einen Schraubstock einspannen.
- Den Sicherungsring des Vorgelegerades für den Rückwärtsgang ausbauen, dann die darunter liegende elastische Beilegescheibe, das Vorgelegerad des Rückwärtsganges und den Aussenring des Kegelrollenlagers.
- Das vordere Kegelrollenlager mit Hilfe der Abziehplatte «NZ» und der Halbschalen «R» aus dem Spezialwerkzeugsatz unter der Presse abziehen, wie Bild 141 zeigt.
- Das Kegelrollenlager und die dazugehörende kalibrierte Einstellscheibe aufbewahren.

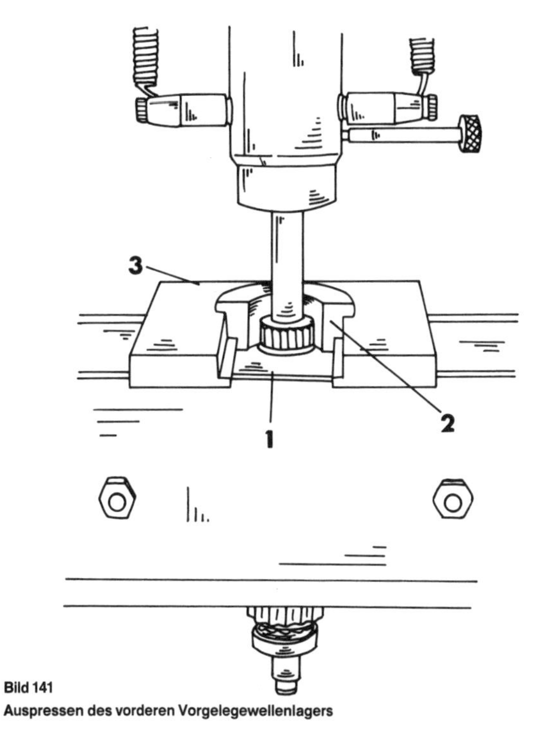

Bild 141
Auspressen des vorderen Vorgelegewellenlagers

1 Einstellscheibe
2 Werkzeug «R» in Bild 138
3 Werkzeug «Nz» in Bild 138

- Das hintere Kegelrollenlager in gleicher Weise abziehen.

9.2.3 Hauptwelle zerlegen

- Die Schiebemuffe (1) des 3./4. Ganges (Bild 142) in den Synchronring des 3. Ganges drücken und in dieser Stellung festhalten.

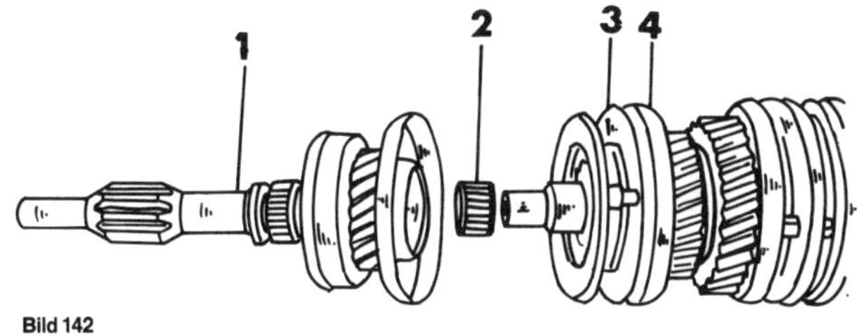

Bild 142
Antriebswelle und Hauptwelle

1 Schiebemuffe und Synchronkörper, 3./4. Gang
2 Synchronkegel
3 Kupplungswelle (Antriebswelle)
4 Nadelrollenlager

- Die Antriebswelle (Kupplungswelle, 3) von der Getriebehauptwelle trennen.
- Das Nadellager (4) aus der Antriebswelle herausnehmen.
- Alle Teile des Synchronkörpers des 3./4. Ganges reinigen, ohne die Schiebemuffe abzunehmen.
- Die Hauptwelle in einen Schraubstock spannen.
- Die Stellung der Synchronnabe gegenüber der Schiebemuffe kennzeichnen.
- Die Schiebemuffe ausbauen.
- Den Sicherungsring und die elastische Scheibe über der Synchronnabe des 3./4. Ganges abnehmen.
- Am anderen Hauptwellenende die Befestigungsmutter des Rückwärtsgangrades mit einem passenden Schlüssel abschrauben.
- Die Synchronnabe des 3./4. Ganges und das 3. Gangrad unter der Presse abziehen. Dazu benützt man die Auflageplatte «NZ» mit der breiteren Öffnung nach oben.
- Die Auflageplatte mit der schmäleren Öffnung nach oben drehen.
- Die Sicherheitsplatte «K» aus dem Spezialwerkzeugsatz mit einer Befestigungsschraube des hinteren Getriebedeckels an der Mittelbohrung des hinteren Wellenendes befestigen (Bild 143).
- Die Hauptwelle mit dem 2. Gangrad auf der Auflageplatte abstützen.
- Die Welle mit der Presse niederdrücken, um das hintere Kugellager zu lösen.
- Die Welle weiter eindrücken, um die Tacho-Antriebsschnecke abzuziehen.

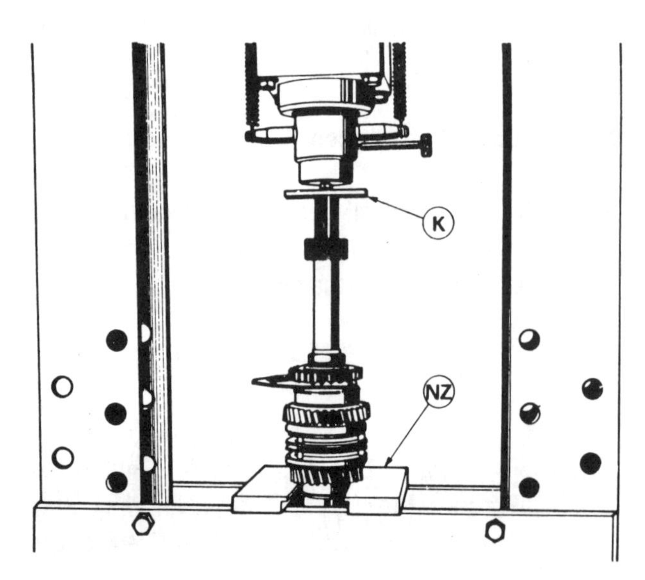

Bild 143
Abpressen des hinteren Kugellagers der Hauptwelle. Die Befestigungsmutter des Rückwärtsgangrades muss abgeschraubt sein. Die Buchstaben weisen auf die Werkzeuge in Bild 138 hin.

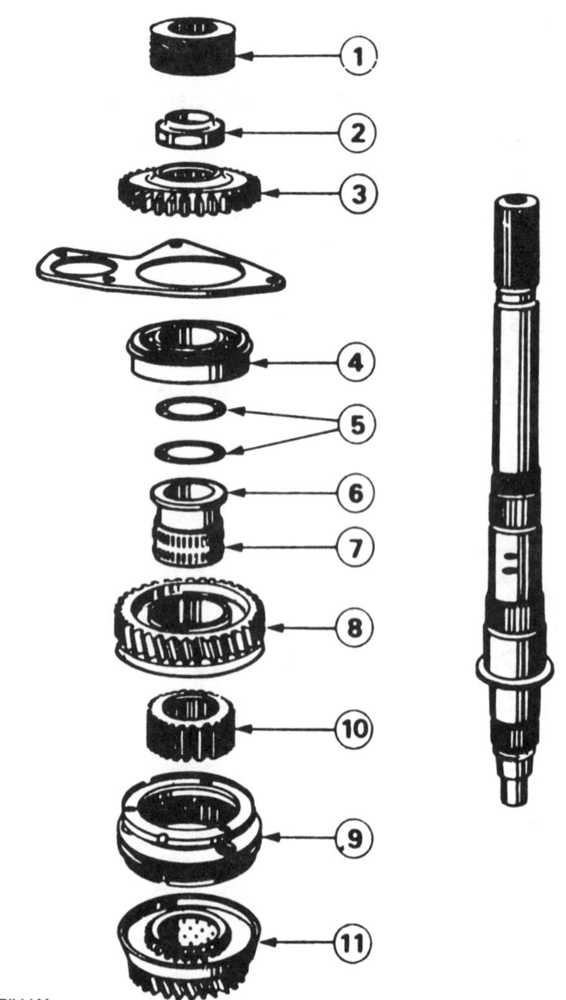

Bild 144
Montagebild der Hauptwelle

1 Tachometerantriebsschnecke
2 Mutter
3 Rückwärtsgangrad
4 Hinteres Lager
5 Einstellscheiben
6 Distanzring, 1. Gang
7 Nadelrollenlager
8 Gangrad, 1. Gang
9 Schiebemuffe und Synchronkörper, 1./2. Gang
10 Synchronkörper
11 Gangrad, 2. Gang

- Die Sicherheitsplatte «K» von der Welle abnehmen.
- Die in Bild 144 gezeigten Teile in der Reihenfolge ihrer Numerierung von der Hauptwelle abnehmen. Dabei dürfen die Synchronnabe und die Schiebemuffe des 1./2. Ganges noch nicht getrennt werden.
- Synchronnabe und Schiebemuffe des 1./2. Ganges reinigen und ihre gegenseitige Lage kennzeichnen, dann können die Teile getrennt werden.
- Den Sicherungsring von der Antriebswelle abnehmen und die elastische Scheibe ausbauen.
- Das Kugellager der Antriebswelle unter der Presse abziehen. Dazu benützt man die Auflageplatte «NZ» mit der schmalen Öffnung nach oben.
- Das Kugellager, die Abweisscheibe und die Einstellscheiben abnehmen.

9.2.4 Schaltgabeln und Verriegelungen zerlegen

- Den 2. Gang einlegen.
- Den Spannstift mit einem Treibdorn aus der Schaltgabel des 1./2. Ganges austreiben.
- Die Schaltgabelwelle des 1./2. Ganges in Leerlaufstellung bringen.
- Den 4. Gang einlegen.
- Den Spannstift aus der Schaltgabel des 3./4. Ganges treiben.
- Die Schaltgabelwelle des 3./4. Ganges in Leerlaufstellung bringen.
- Die Verschlussschraube für die Verriegelung der Schaltgabelwelle mit einem 5-mm-Inbusschlüssel ausbauen.
- Beide Schaltgabelwellen ausbauen.
- Den Montagebock umlegen und die Verschlussschraube der Schaltgabel für den Rückwärtsgang ausbauen.
- Die Schaltgabel des Rückwärtsganges mit dem Vorgelegerad ausbauen.
- Die drei Druckfedern, vier Sperrkugeln und den Sperrfinger einsammeln. Falls die Sperrkugeln in ihren Führungen festsitzen, können sie mit einem 230 mm langen 7-mm-Stab gelöst werden.
- Die Sperrnadel aus der Schaltgabelwelle für den 3./4. Gang nehmen.
- Den Splint aus der Achse des Rückwärtsgangrades treiben und die Achse zum Gehäuseinnern hin austreiben.

9.3 Zusammenbau des Getriebes

9.3.1 Vorbereitende Arbeiten

- Alle Teile sorgfältig reinigen.
- Die mit «Perfect-Seal» bestrichenen Dichtflächen dürfen nur mit nicht fasernden Lappen, die mit denaturiertem Alkohol getränkt werden, gereinigt werden. Auf keinen Fall Schmirgeltuch oder scharfkantige Werkzeuge verwenden.
- Nach jedem Zerlegen alle Wellensicherungsringe, elastischen Beilegescheiben, Spannstifte und den Splint der Rückwärtsgangachse ersetzen, ebenso die Hauptwellenmutter, den Dichtring der Tacho-Antriebsbüchse, die Federringe und Fächerscheiben und die Abweisscheibe des Kugellagers der Eingangswelle.
- Die Getriebeteile werden erst unmittelbar vor dem Einbau mit Getriebeöl geschmiert.

9.3.2 Vorbereitung der Gehäuse

- Die Parallelität der vorderen und hinteren Dichtfläche des Kupplungsgehäuses auf einer Richtplatte mit einer Messuhr prüfen. Bei einer Abweichung von mehr als 0,10 mm ist das Gehäuse auszutauschen.
- Nötigenfalls ist die Führungsbüchse des Ausrücklagers auszutauschen (siehe Kapitel 7.4).
- Der Dichtring des hinteren Getriebedeckels wird mit einem Reifenhebel abgehebelt. Die Dichtfläche des Gehäuses muss mit der Sicherheitsplatte «K» geschützt werden (siehe Bild 145).

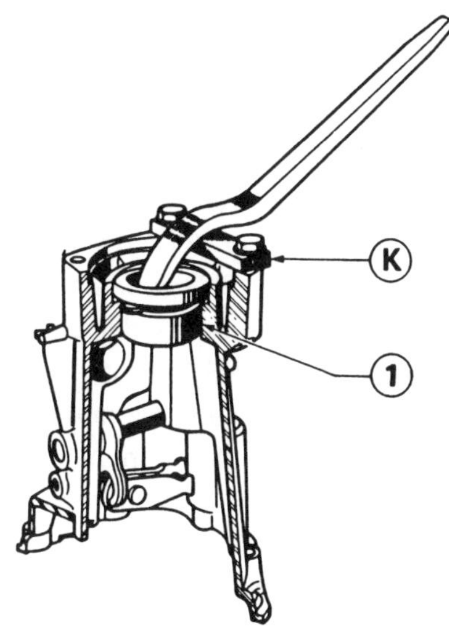

Bild 145
Ausheben des Dichtringes (1) aus dem hinteren Getriebedeckel

1 Dichtring
2 Werkzeug «K» in Bild 138

- Das Nadellager im hinteren Getriebedeckel mit dem Dorn «A 1» aus dem Spezialwerkzeugsatz nach innen auspressen. Die vordere Dichtfläche des hinteren Getriebedeckels auf eine Kartonzwischenlage abstützen, um sie vor Beschädigungen zu schützen.
- Falls der Schaltmechanismus beschädigt oder dessen Lagerung ausgeschlagen ist, muss der komplette hintere Lagerdeckel ersetzt werden, da die Teile nicht einzeln ersetzt werden können.
- Das hintere Nadellager mit der beschrifteten Fläche nach aussen mit Hilfe des Montagedornes «A 1» von aussen einpressen. Die Auflageplatte «A 1» muss wiederum mit einem Karton bedeckt werden.
- Den Dichtring mit dem Dorn «A 1» mit aufgeschobenem Ring «A 2» bis zum Anschlag einpressen.

Bemerkung: Dichtring und Nadellager sollten bei jedem Zerlegen des Getriebes ersetzt werden.

- Die Funktion der Leerlaufarretierung durch Bewegen des Wählhebels in beiden Richtungen prüfen. Falls sich die Schaltung nur hart bewegen lässt, ist zu prüfen, ob die Verschlussschraube der Druckfeder genau bündig mit der Gehäuseoberfläche eingeschraubt wurde. Nötigenfalls die Schraube bündig mit der Gehäuseoberfläche einschrauben und mit einem Körnerschlag sichern.
- Bei mangelhafter Verriegelung die Verschlussschraube abnehmen und Zustand von Feder und Kugel prüfen. Alle beschädigten Teile ersetzen, Schraube und Bohrung reinigen, das Gewinde mit Perfect-Seal bestreichen, die Schraube mit dem Gehäuse bündig einschrauben und mit einem Körnerschlag sichern.
- Bei jeder Getriebereparatur sollte die Verschlussschraube abgenommen und der Sitz gereinigt werden.

9.3.3 Schaltgabeln und Verriegelungen

- Die linke Gehäusehälfte am Montagebock befestigen.
- Die Achse des Rückwärtsgangrades mit einem Holzhammer eintreiben; dabei auf die Ausrichtung der Stiftbohrungen achten.
- Die Achse mit einem neuen, eingetalgten Spannstift sichern.
- Den Montagebock so ablegen, dass die Ölablassbohrung nach oben zeigt.
- Das Zahnrad des Rückwärtsganges und dessen Schaltgabel gleichzeitig einbauen. Die Nut für die Schaltgabel muss an der Aussenseite liegen.
- Kugel und Feder in die Verriegelungsbohrung neben der Ölablassbohrung einführen.
- Das Gewinde der Verschlussschraube mit Perfect-Seal Nr. 4 bestreichen.
- Die Verschlussschraube mit 10 MN festziehen.
- Die Schaltgabelwelle des Rückwärtsganges in Leerlaufstellung bringen.
- Das Gehäuse auf die andere Seite legen, so dass die Verriegelungsbohrung senkrecht steht und die eben eingesetzte Schraube unten liegt.
- Den Sperrfinger, der zwischen die Schaltgabelwellen des 3./4. und des Rückwärtsganges zu liegen kommt, einführen (Bild 146).

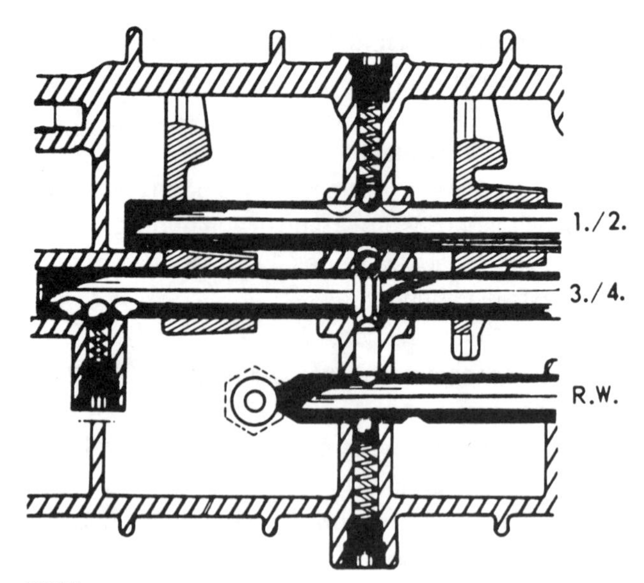

Bild 146
Schaltwellen und Verriegelungen

- Die Sperrnadel mit Talg bestreichen und in die Querbohrung der Schaltgabelwelle des 3./4. Ganges einsetzen.
- Das Getriebegehäuse mit der Öffnung nach oben aufstellen, wie Bild 147 zeigt.
- Die Schaltgabel (5) für den 1./2. Gang (die grössere Schaltgabel) und die Schaltgabel (6) für den 3./4. Gang in das Gehäuse einsetzen (Bild 147).
- Die Schaltgabelwelle (4) bis zum Rand der Verriegelungsbohrung (7) einführen.
- Eine Feder und eine Sperrkugel in die Verriegelungsbohrung (7) einführen.

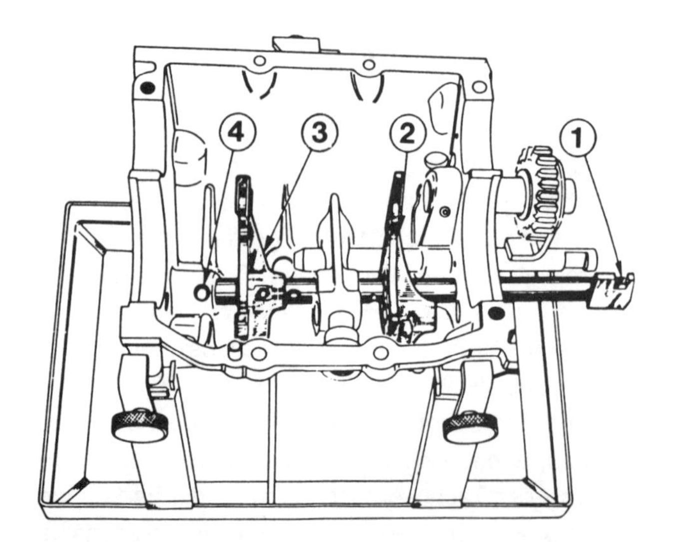

Bild 147
Einbau der Schaltwellen und Schaltgabeln

1 Schaltwelle
2 Schaltgabel, 1./2. Gang
3 Schaltgabel, 3./4. Gang
4 Bohrung für Sperrkugel

- Die Sperrkugel mit Hilfe eines Treibdornes gegen die Feder drücken.
- Die Schaltgabelwelle gegen den Treibdorn drükken und diesen so herausziehen, dass die Kugel unter die Schaltgabelwelle zu liegen kommt.
- Die Schaltgabelwelle (4) in Leerlaufstellung bringen.
- Die Schaltgabel des 3./4. Ganges mit einem neuen Spannstift sichern.
- Das Gehäuse auf die rechte Seite legen.
- Eine Sperrkugel in die Verriegelungsbohrung einführen. Diese Kugel muss zwischen die Schaltgabelwelle des 3./4. und 1./2. Ganges zu liegen kommen (Bild 146).
- Die Schaltgabelwelle des 1./2. Ganges bis in die Leerlaufstellung einführen.
- Die Sperrkugel für den 1./2. Gang und ihre Feder in die Verriegelungsbohrung einführen.
- Die Verschlussschraube der Verriegelungsbohrung mit «Perfect-Seal Nr. 4» bestreichen und die Schraube mit 10 Nm festziehen.
- Die Schaltgabel des 1./2. Ganges mit einem neuen Spannstift sichern.

9.3.4 Vorbereitung der Eingangswelle

- Der Reihe nach auf die Pressunterlage legen: die Zwischenbüchse «G» des Spezialwerkzeugsatzes, das Antriebszahnrad, das Kugellager mit neuer Dichtung nach oben, den Montagering «D» und die Montagehülse «U» des Werkzeugsatzes.
- Das Kugellager bis zum Anschlag einpressen.

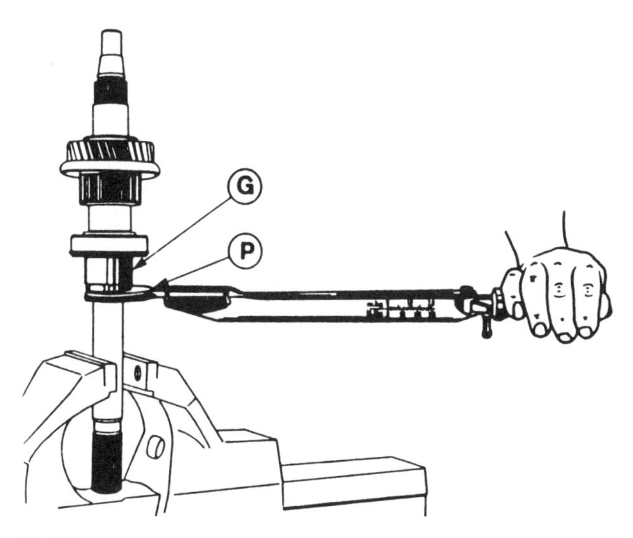

Bild 148
Vorbereitung der Hauptwelle. Die Buchstaben weisen auf die Spezialschlüssel in Bild 138.

9.3.5 Vorbereitung der Hauptwelle

- Der Reihe nach auf die Hauptwelle montieren: das 2. Gangrad, die Nabe des Synchronkörpers für den 1./2. Gang, die Distanzbüchse für das 1. Gangrad, das Kugellager mit neuer Dichtung nach hinten.
- Das Kugellager mit der Montageplatte «NZ» und dem Montagering «D» aufpressen. Dabei darf eine Kraft von 3 Tonnen (30 000 N) nicht überschritten werden.
- Die Zwischenbüchse «G» des Werkzeugsatzes montieren und mit einer neuen Mutter befestigen. Die Mutter mit 55 Nm festziehen (Bild 148).

9.3.6 Vorbereitung der Vorgelegewelle

- Das vordere und hintere Lager mit Hilfe der Montagebüchse «S» aufpressen.
- Auf dem hinteren Wellenende montieren: den Aussenlaufring des hinteren Lagers, das Vorgelegerad für den Rückwärtsgang, eine neue elastische Beilegescheibe und einen neuen Sicherungsring.
- Mit Hilfe des Montagedorns «T» aus dem Werkzeugsatz den Sicherungsring in seine Ringnut schieben.
- Den richtigen Sitz des Sicherungsringes sorgfältig prüfen.

9.3.7 Einstellung des Synchronkegels für den 4. Gang

- Das Kupplungsgehäuse mit dem motorseitigen Flansch auf den umgekehrten Montagebock legen.
- Die Antriebswelle («1» in Bild 149) in ihren Sitz einführen.
- Die rechte Getriebegehäusehälfte (2) am Kupplungsgehäuse befestigen. Die Schrauben mit 20 Nm festziehen.
- Anstelle des vorderen Lagers der Vorgelegewelle die Einstellehre (C) anbringen. Diese dient dem Mikrometer (F) als Auflage.
- Den Taststift der Messuhr auf die Oberkante des Synchronkegels (3) ansetzen.
- Die Eingangswelle drehen und die Messuhr so einstellen, dass der durchschnittliche Ausschlag 0 beträgt.
- Die Messuhr drehen, so dass der Taststift auf die Fläche der Einstellehre zu liegen kommt.
- Die Messuhr zeigt nun die Stärke der zwischen

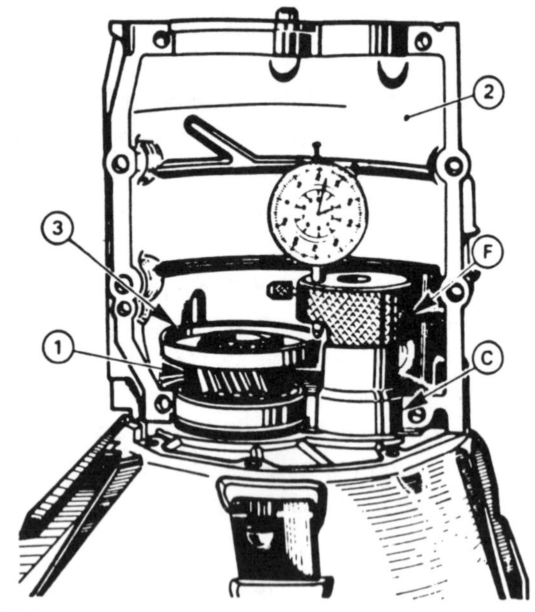

Bild 149
Einstellen des Synchronkegels für den 4. Gang

1 Antriebswelle
2 Rechte Gehäusehälfte
3 Synchronkegel
C Einstellehre in Bild 138
F Messlehre in Bild 138

dem Antriebszahnrad und der vorderen Lager einzusetzenden Einstellscheiben an. Die Dicke auf die nächsten 0,05 mm runden.

Beispiel:

Messuhrablesung	0,58 mm
Dicke Abweisscheibe (unveränderlich)	0,15 mm
Dicke Einstellscheibe	0,20 mm
Dicke Einstellscheibe	0,25 mm
Gesamtdicke aller Scheiben	0,60 mm

- Die benötigten Scheiben zusammenstellen und bereithalten.

9.3.8 Einstellung des Synchronkegels für den 2. Gang

- Den Nadelkäfig in die Getriebeeingangswelle einsetzen.
- Die Hauptwelle («2» in Bild 150) so einbauen, dass der Sicherungsring (3) des hinteren Kugellagers (4) in seine Ringnut im Gehäuse zu liegen kommt.
- Anstelle des vorderen Lagers der Vorgelegewelle die Einstellehre (B) einsetzen.
- Die Verlängerung (J) an der Messuhr anbringen und den Taststift an der Einstellehre (B) ansetzen.
- Den Zeiger der Messuhr auf 0 stellen.
- Die Messuhr so verschieben, dass der Taststift auf der Oberkante des Synchronkegels für den 2. Gang steht.
- Die Messuhr zeigt nun die Dicke der Einstellscheiben an, die zwischen dem Distanzring für das 1. Gangrad und dem hinteren Kugellager (4) einzusetzen sind.
- Die Ablesung ist auf die nächstliegenden 0,05 mm zu runden.

Beispiel: Wenn die Ablesung 0,47 mm beträgt, müssen Einstellscheiben in einer Gesamtdicke von 0,45 mm zusammengestellt und bereitgehalten werden.

- Die Hauptwelle und die Einstellehre B ausbauen.
- Die rechte Gehäusehälfte abnehmen.
- Die Eingangswelle ausbauen.

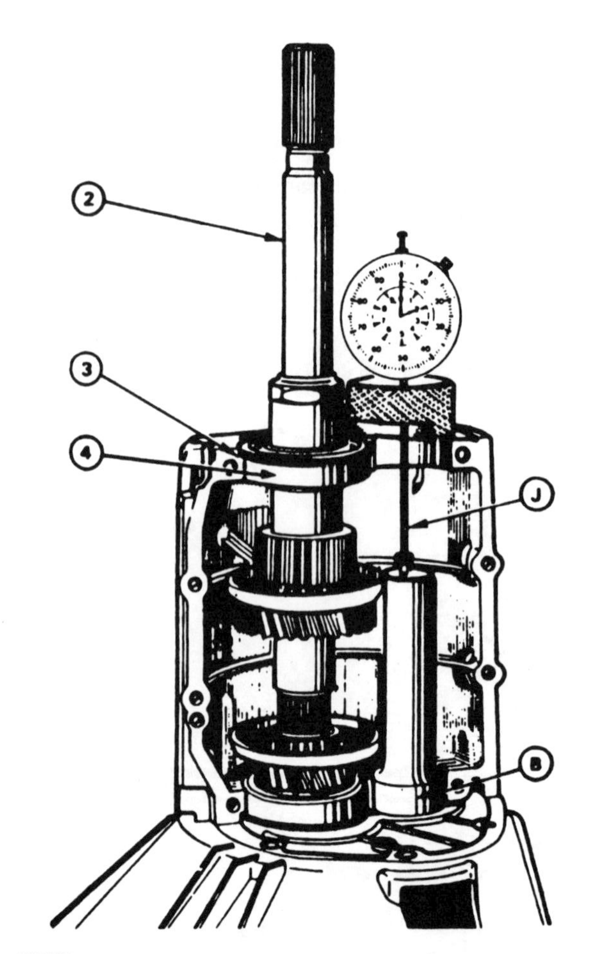

Bild 150
Einstellen des Synchronkegels für den 2. Gang

2 Hauptwelle
3 Sicherungsring
4 Hinteres Lager
B Einstellehre in Bild 138
J Messuhrverlängerung

9.3.9 Einstellung der Vorspannung der Kegelrollenlager der Vorgelegewelle

- Die linke Gehäusehälfte am Montagebock befestigen.
- Die Vorgelegewelle mit ihren Kegelrollenlagern und der hinteren Halteplatte in das Gehäuse einlegen.
- Die rechte Gehäusehälfte aufsetzen und mit den vier Lagerschrauben (den vier Schrauben neben den Lagersitzen, je zwei an jedem Gehäuseende) befestigen. Die Schrauben nur handfest anziehen.
- Die hintere Halteplatte mit den vier Inbusschrauben befestigen. Auch diese Schrauben nur handfest anziehen.
- Den festen Anzug der Rändelschrauben prüfen, mit denen das Getriebe am Montagebock befestigt wird. Den Montagebock so in einen Schraubstock spannen, dass das Getriebe mit der Vorderseite nach oben senkrecht steht.
- Die Büchse «S» aus dem Spezialwerkzeugsatz auf das vordere Lager aufsetzen und von Hand hinunterdrücken. Die Vorgelegewelle gleichzeitig drehen, damit sich die Lager setzen.
- Das Kupplungsgehäuse auf das Getriebe aufsetzen und mit den vier Schrauben an der Innenseite des Kupplungsgehäuses befestigen.
- Die Schrauben des Kupplungsgehäuses, die Lagerschrauben und die vier Befestigungsschrauben der hinteren Halteplatte in dieser Reihenfolge mit 10 Nm festziehen.
- Das Kupplungsgehäuse wieder vom Getriebe abnehmen.
- Mit der Messuhr prüfen, ob der gegenseitige Überstand beider Gehäusehälften 0,02 mm nicht übersteigt.
- Bei grösserem Überstand das Kupplungsgehäuse wieder anbauen, alle Schrauben lockern und in der oben erwähnten Reihenfolge wieder auf 10 Nm festziehen.
- Die Messuhr mit dem Messblock so am Ende der Vorgelegewelle anbringen, dass sie von der Bohrungswand geführt wird (Bild 151).
- Mit dem Mikrometer eine volle Drehung am Aussenring des vorderen Kegelrollenlagers ausführen.
- Die Abweichung der Parallelität zwischen dem äusseren Lagerring und der Anlagefläche der Gehäusehälften darf 0,02 mm nicht überschreiten.
- Bei grösserer Abweichung der Parallelität den Aussenlaufring mit Hilfe der Büchse S durch leichte Schläge mit einem Holzhammer ausrichten. Nach dem Richten darf sich die Vorgelegewelle nicht schwerer drehen, sonst müssen die beiden vorderen Lagerschrauben gelockert und wieder festgezogen werden.
- Die Parallelität von Aussenlaufring und Gehäuseanlagefläche nochmals prüfen.
- Den Taster der Messuhr am Aussenlaufring ansetzen und die Messuhr auf 2,00 mm stellen (kleiner Zeiger auf 2, grosser Zeiger auf 0).
- Die Messuhr nach aussen verschieben, so dass der Taster auf die vordere Gehäusefläche zu liegen kommt.
- Die Messuhr ablesen und zur Ablesung 0,10 mm für die Lagervorspannung hinzufügen. Die auf 0,05 mm gerundete Differenz ergibt die Dicke der Einstellscheiben.

Beispiel:

Ablesung am Getriebegehäuse	4,52 mm
Zuschlag für Vorspannung	+ 0,10 mm
Ablesung am Aussenlaufring	– 2,00 mm
Differenz	2,62 mm
Dicke der Einstellscheibe	2,60 mm

- Die benötigte Einstellscheibe bereitlegen.
- Die Vorgelegewelle ausbauen.
- Das vordere Kegelrollenlager mit der Presse abziehen.
- Die oben ermittelte Einstellscheibe mit der Abschrägung zum Zahnrad einbauen.

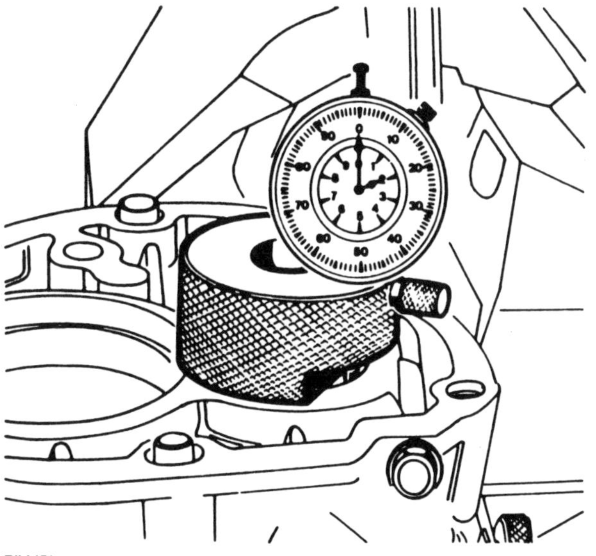

Bild 151
Messen des Höhenunterschieds zwischen vorderem Vorgelegewellenlager und Gehäusestirnfläche.

- Das Kegelrollenlager mit der Presse wieder aufziehen.

9.3.10 Zusammenbau der Hauptwelle

- Das hintere Kugellager und die Einstellscheiben abnehmen.
- In der aufgezählten Reihenfolge in der ursprünglichen Anordnung (beim Ausbau angebrachte Markierungen beachten) montieren:
  - das 2. Gangrad
  - die Synchronnabe und die Schiebemuffe des 1./2. Ganges
  - das 1. Gangrad
  - den Nadelkäfig
  - den Distanzring
  - Die Einstellscheiben in der ermittelten Gesamtdicke für den Synchronkegel des 2. Ganges
  - das hintere Kugellager mit dem Sicherheitsring nach hinten.
- Das hintere Kugellager wird unter der Presse mit Hilfe der Auflageplatte NZ aufgezogen. Dabei darf eine Kraft von 3 Tonnen (im Anschlag) nicht überschritten werden.
- Die Hauptwelle in die grössere Bohrung der Halteplatte einführen. Die geschliffene Fläche der Halteplatte muss am hinteren Kugellager anliegen.
- Das Rückwärtsgangrad mit der Abschrägung der Zähne nach hinten auf die Welle aufschieben.
- Eine neue Mutter aufschrauben und mit 55 Nm festziehen.
- Die Mutter sichern.
- Die Tachoantriebsschnecke mit Hilfe der Auflageplatte «NZ» und des Montageringes «D» aufziehen.
- Das 3. Gangrad und die Synchronnabe des 3./4. Ganges aufziehen, wenn nötig, unter der Presse mit der Montageplatte «NZ» und dem Montagering «D».
- Die so weit zusammengebaute Hauptwelle senkrecht in einen Schraubstock spannen.
- Eine neue elastische Beilegescheibe und einen neuen Sicherungsring anbringen. Der Sicherungsring wird mit der Montagebüchse «E» des Werkzeugsatzes aufgetrieben und mit einer Kombizange festgezogen.
- Die Schiebemuffe des 3./4. Ganges in der ursprünglichen Anordnung einbauen (die beim Ausbau angebrachten Markierungen beachten).
- Den 3. Gang einlegen.

9.3.11 Zusammenbau der Eingangswelle

- Das Kugellager unter der Presse ausbauen.
- Die bei der Einstellung des Synchronkegels für den 4. Gang bestimmten Einstellscheiben und darüber die Abweisscheibe auf die Welle aufschieben.
- Das Kugellager mit der Presse aufziehen.
- Die elastische Beilegescheibe und den Sicherungsring auflegen.
- Die Welle mit dem hinteren Ende auf die Büchse «G» stellen und die Montagehülse «U» mit der Ausnehmung nach unten über das hintere Wellenende stülpen.
- Mit der Presse einen leichten Druck ausüben, um die elastische Beilegescheibe zu komprimieren und den Sicherungsring in seine Nut zu schieben.
- Den Sicherungsring mit einer Zange festziehen, bis sein Aussendurchmesser dem der Montagehülse «U» entspricht.

9.3.12 Endgültiger Zusammenbau des Getriebes

- Den Gehäuseteil mit den Schaltgabeln auf dem Montagebock befestigen.
- Den Nadelkäfig in das Zahnrad der Eingangswelle einsetzen.
- Die Eingangswelle mit der Hauptwelle zusammensetzen.
- Die Schiebemuffe des 3./4. Ganges in die Leerlaufstellung bringen.
- Die Vorgelegewelle mit der Haupt- und Eingangswelle zusammensetzen, indem das Vorgelegerad für den Rückwärtsgang durch die Halteplatte eingeführt wird.
- Die Zahnräder aller drei Wellen in Eingriff bringen.
- Den kompletten Wellensatz in die linke Gehäusehälfte einsetzen und dabei die Schaltgabeln in die Nuten der Schiebemuffen einführen.
- Den Aussenlaufring des vorderen Kegelrollenlagers der Vorgelegewelle anbringen.
- Die Dichtflächen beider Getriebegehäusehälften mit einer dünnen Schicht «Perfect-Seal Nr. 4» bestreichen.
- Die rechte Gehäusehälfte aufsetzen.
- Die vier Lagerschrauben (das sind die Schrauben beidseits der Lager an beiden Gehäuseenden) anbringen und mit 5 Nm festziehen.
- Die hintere Anlagefläche des Kupplungsgehäu-

ses mit einer dünnen Schicht «Perfect Seal Nr. 4» bestreichen.

- Das Gehäuse mit sechs Schrauben befestigen. Die Schrauben mit 27,5 Nm festziehen.
- Die hintere Halteplatte mit vier Inbusschrauben befestigen. Anzugsmoment 10 Nm.
- Die vier Lagerschrauben lockern.
- Die Eingangswelle drehen und dabei mit einem Holzhammer leicht auf die Gehäusehälften schlagen, damit sich die Lager setzen.
- Die vier Lagerschrauben wieder mit 15 Nm festziehen.
- An der hinteren Dichthälfte den gegenseitigen Überstand beider Gehäusehälften mit der Messuhr prüfen.
- Der Überstand darf 0,02 mm nicht übersteigen, andernfalls müssen die Gehäuseschrauben gelockert und nochmals angezogen werden.
- Die acht Verbindungsschrauben beider Gehäusehälften anbringen.
- Diese Schrauben mit 10 Nm anziehen.
- Die Dichtfläche des hinteren Getriebedeckels mit «Perfect Seal Nr. 4» bestreichen.
- Den hinteren Getriebedeckel aufsetzen.
- Die drei Stiftschrauben («1» in Bild 152) und die vier Sechskantschrauben (2) einsetzen.
- Den Gangwählhebel (3) ganz nach hinten ziehen.
- Die drei Stiftschrauben und die vier Sechskantschrauben mit 15 Nm festziehen.

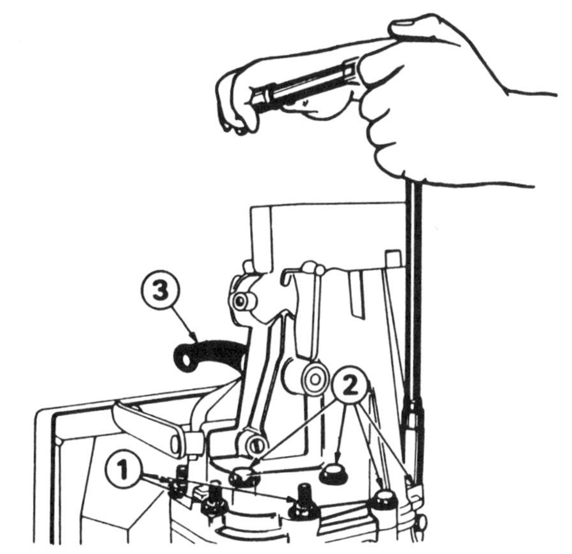

Bild 152
Befestigung des hinteren Getriebedeckels

1 Stiftschrauben
2 Sechskantschrauben
3 Gangwählhebel

- Das Nadellager im hinteren Getriebedeckel ölen.
- Mit der Zange «H» aus dem Werkzeugsatz die eingetalgte Tachoantriebsbüchse mit einem neuen Dichtring in einer Drehbewegung einsetzen.
- Die Klemmschraube der Büchse mit ihrer Gegenmutter anbringen.
- Den Kugelbolzen (2) der Ausrückgabel im Kupplungsgehäuse (Bild 129) mit einer Gummikappe versehen und die Gummikappe (1) mit Fett füllen.
- Die Führungsbüchse des Ausrücklagers leicht mit Molykote bestreichen.
- Die Ausrückgabel von der Gehäuseinnenseite her einsetzen.
- Die Haltefeder an der Ausrückgabel mit einem Schraubenzieher anheben.
- Die Ausrückgabel auf den Kugelbolzen aufsetzen, wobei die Feder von hinten auf die Gummikappe drückt.
- Den Schalter der Rückfahrlampe mit einer neuen Dichtung in das Getriebegehäuse einsetzen. Anzugsmoment: Schalter mit Kupfergehäuse und Metallasbestdichtung 12,5 Nm, Schalter mit Stahlgehäuse und Kupferdichtung 27,5 Nm.
- Das Getriebe ist nun für den Einbau bereit (siehe Kapitel 9.1).

9.4 Schaltgestänge

Die Knüppelschaltung ist am Fahrzeugboden gelagert. Bild 153 zeigt die Einzelteile des Schaltgestänges.

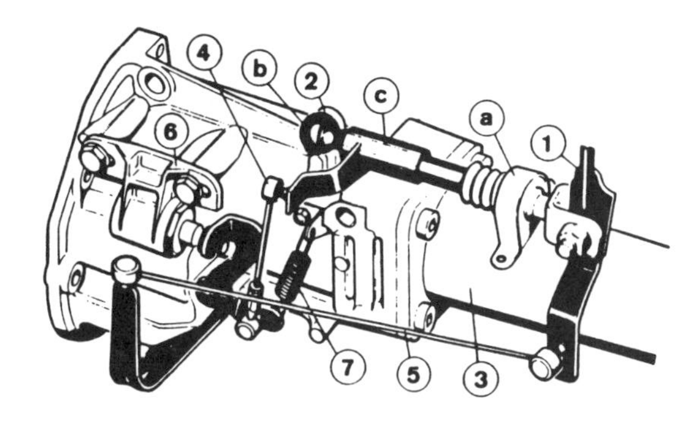

Bild 153
Die Anordnung der Schaltung

1 Schalthebel
2 Zapfen
3 Hinterer Getriebedeckel
4 Wählreglierstange
5 Schaltregulierstange
6 Schalter für Rückfahrleuchten
7 Rückzugfeder
a Halteplatte
b Gummiauflageschale
c Wählhebel

10 Das Fünfganggetriebe

Das eingebaute Getriebe vom Typ BA 10/5 wurde vom Peugeot 604 übernommen, jedoch soll darauf hingewiesen werden, dass das eigentliche Getriebe eines Peugeot 604 nicht eingebaut werden kann, da die Getriebeantriebswelle unterschiedlich in ihrer Länge ist.

10.1 Aus- und Einbau des Getriebes

Der Aus- und Einbau des Getriebes ist in Kapitel 9.1 beschrieben.

10.2 Zerlegung des Getriebes

Zum Zerlegen des Getriebes muss der in Bild 155 gezeigte Werkzeugsatz zur Verfügung stehen. Andernfalls sollte man nicht versuchen, das Getriebe in irgendeiner Weise zu zerlegen. Ausserdem sollte man das Getriebe in einen Montagestand spannen können, um das Zerlegen zu vereinfachen.

10.2.1 Grundzerlegung

- Innensechskantschraube des Tachometerantriebs lösen und das Antriebsritzel mit der Büchse herausziehen.

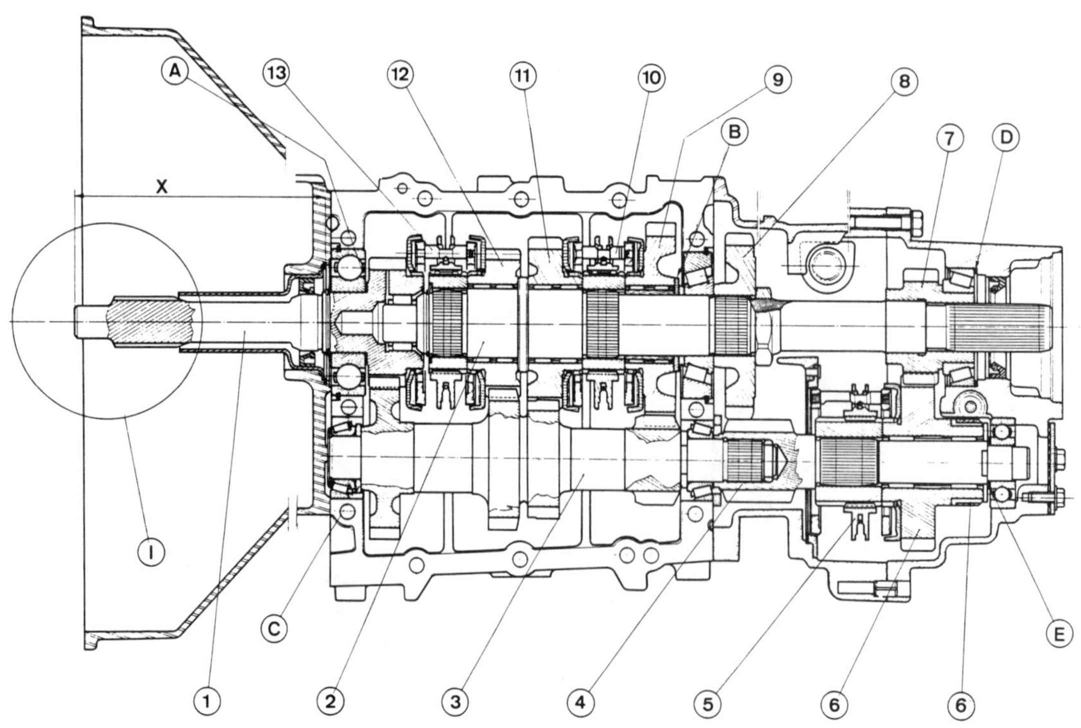

Bild 154
Schnitt durch das Fünfganggetriebe. Das Ende der Antriebswelle (1) ist an Stelle «I» je nach eingebautem Motor unterschiedlich.

1 Antriebswelle
2 Hauptwelle
3 Vorgelegewelle
4 Zwischenwelle, 5./Rückwärtsgang
5 Synchronkörper, 5./Rückwärtsgang
6 Gangrad, 5. Gang
7 Gangrad, 5. Gang
8 Rückwärtsgangrad
9 Gangrad, 1. Gang
10 Synchronkörper, 1./2. Gang
11 Gangrad, 2. Gang
12 Gangrad, 3. Gang
13 Synchronkörper, 3./4. Gang

Lage der Ausgleichsscheiben:
A Synchronkegeleinstellung, 4. Gang
B Synchronkegeleinstellung, 2. Gang
C Vorspannung der Schrägrollenlager der Vorgelegewelle
D Vorspannung der Schrägrollenlager der Hauptwelle
E Axialspiel der Zwischenwelle für 5./Rückwärtsgang

- Getriebe so ausrichten, dass sich die beiden Schalthebel oben befinden und beide Hebel in die Leergangstellung schalten. Die Rückzugfeder aus dem einen Hebel aushängen.
- Die kleine Abdeckplatte an der Oberseite abschrauben und mit der Dichtung abnehmen.

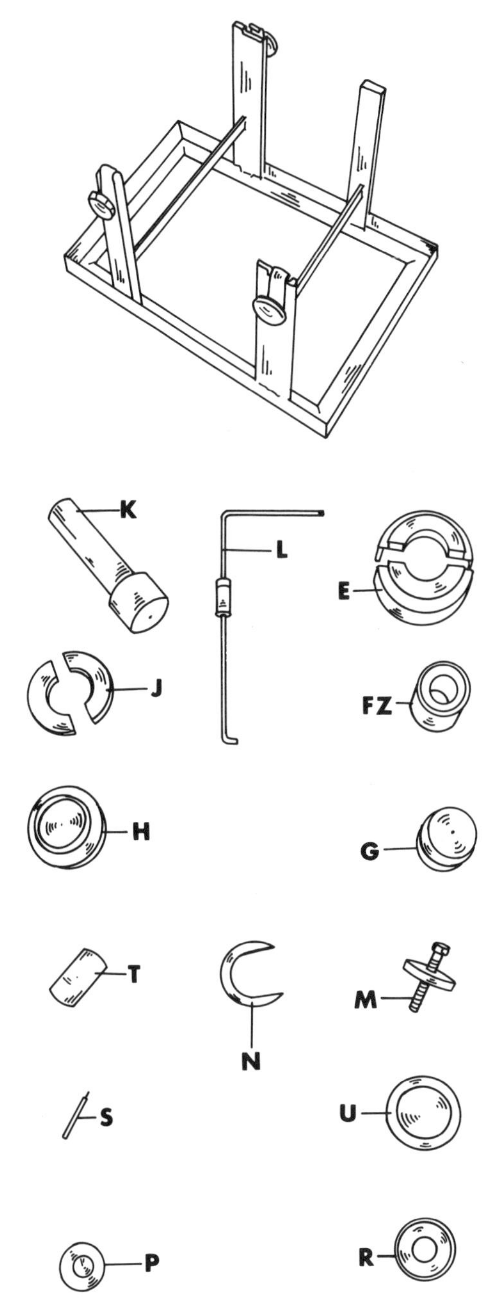

Bild 155
Werkzeugsatz 8.0314Z zum Überholen des Fünfganggetriebes

E Geteilte Ringe zum Aus- und Einbau des Antriebswellenlagers
FZ Montagewerkzeug für Rollenlager
G Einstellehre, Synchronkörper, 4. Gang
H Dorn zum Einschlagen von Dichtringen
J Geteilte Ringe zum Ausziehen der Rollenlager
L Auszieher für Tachometerritzelbüchse
M Abdrücker, hinteres Gehäuse
N Druckplatte
P Druckstück
R Montagedruckstück für Lager, 5./Rückwärtsgang
S Verlängerung für Messuhr
T Druckplatte für Lagerabziehung, 5. Gang
U Druckstück für Lagermontage, 5. Gang

- Die Befestigungsschrauben des hinteren Gehäuses lösen.
- Den Abzieher «M» in Bild 155 anstelle der Abdeckplatte anschrauben (die drei Schrauben benutzen) und die mittlere Schraube des Abziehers anziehen, bis das Gehäuse frei ist.
- Die Druckplatte «N» unter das Gangrad für den 5. Gang unterlegen und mit einem Dreiarmabzieher das Gangrad des 5. Ganges zusammen mit dem Lager abziehen, wie es in Bild 156 gezeigt ist. Die Klauen des Abziehers unter die Druckplatte untersetzen.
- Von der anderen in Bild 156 gezeigten Welle eine Ausgleichsscheibe, eine Distanzscheibe und das Gangrad mit dem Nadelrollenlager herunterziehen.

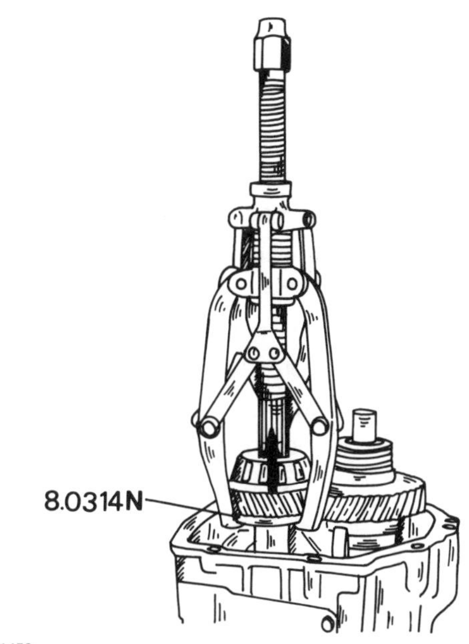

Bild 156
Abziehen des Gangrades für den 5. Gang zusammen mit dem Schrägrollenlager

- Schiebemuffe des 5./Rückwärtsganges gegenüber der Schaltnabe markieren, den 5. Gang einlegen und den Federspannstift aus der Schaltgabel austreiben (siehe Bild 157).
- Schaltstange wieder in die Neutralstellung bringen und die Einheit Schiebemuffe/Schaltgabel, die Synchronnabe für den 5./Rückwärtsgang und die Vorgelegewelle für den 5. Gang nach oben herausziehen.
- Den Schaltfinger aus dem Eingriff mit der Schaltwelle bringen.
- Die Schrauben des mittleren Getriebegehäuses entfernen und das Gehäuse herunterheben.
- Falls erforderlich, das Schrägrollenlager mit einem geeigneten Abzieher vom Gangrad des 5. Ganges abziehen.
- Die Gummimanschette der Ausrückgabel, die

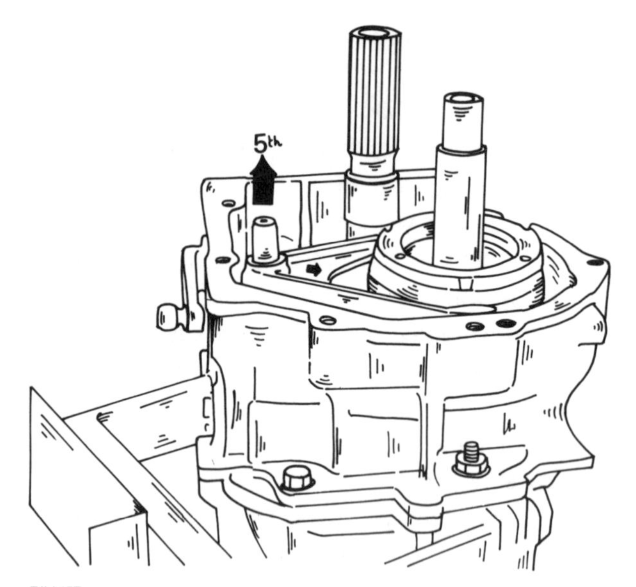

Bild 157
Schaltgabel in Richtung des grossen Pfeils nach oben ziehen und danach den Federspannstift (kleiner Pfeil) ausschlagen.

Ausrückgabel, den Kugelbolzen und das Kupplungsgehäuse ausbauen.

- Mit einem 6-mm-Innensechskantschlüssel die Schrauben der Lagerhalteplatte entfernen, die in Bild 158 mit den Pfeilen gezeigten Schrauben lösen und die rechte Getriebegehäusehälfte herunterheben. Falls erforderlich, mit einem Gummihammer nachhelfen.
- Die Vorgelegewelle herausheben. Falls die Lager wieder verwendet werden sollen, muss man die Lagerlaufringe entsprechend ihrer Zugehörigkeit kennzeichnen.
- Die komplette Hauptwelle (mit der Kupplungswelle) aus dem Gehäuse heben. Die Teile im Moment noch nicht zerlegen.

10.2.2 Vorgelegewelle zerlegen

- Mit einem geeigneten Abzieher das vordere Schrägrollenlager vom Vorgelege herunterziehen. Die Ausgleichsscheibe abnehmen und die beiden Teile zusammenlassen.
- Das hintere Schrägrollenlager in gleicher Weise abziehen.

10.2.3 Hauptwelle zerlegen

- Schiebemuffe in den dritten Gang schalten und die Kupplungswelle von der Hauptwelle abziehen. Das Nadelrollenlager vom Ende der Welle abziehen.
- Alle Teile des Synchronkörpers des 3./4. Ganges reinigen, ohne die Schiebemuffe abzunehmen.
- Die Hauptwelle in einen Schraubstock einspannen.
- Die Stellung der Synchronnabe gegenüber der Schiebemuffe kennzeichnen und danach die Schiebemuffe herunterziehen.
- Den Sprengring (1) in Bild 159 mit einer Sprengringzange abnehmen und die Federscheibe (2) herunternehmen.
- Mit einem Zweiklauenabzieher das Gangrad des 5. Ganges (3) in Bild 159 herunterziehen. Die Klauen dazu unter das darunterliegende Gangrad untersetzen, welches ebenfalls mit herunterkommt.
- Die Hauptwelle in einen Schraubstock einspannen, mit den Gangrädern nach oben, und die grosse Mutter unter dem Rückwärtsgangrad lö-

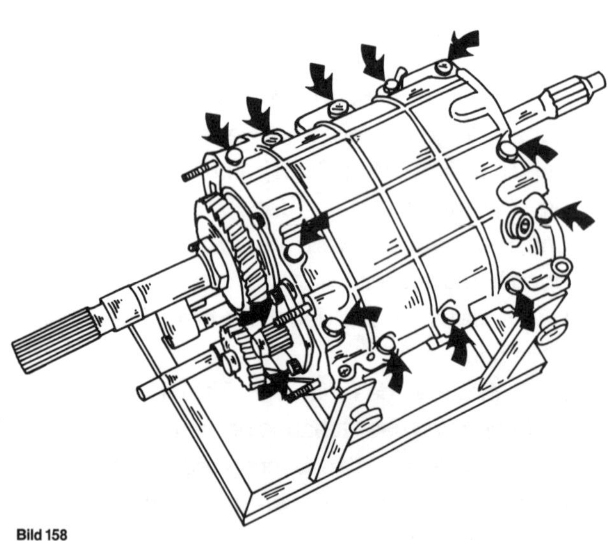

Bild 158
Die Pfeile weisen auf die Befestigungsschrauben der Gehäusehälften und der Lagerhalteplatte (links).

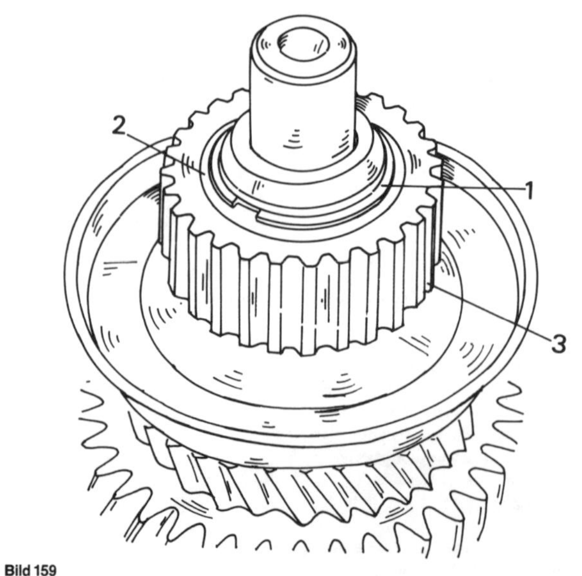

Bild 159
Nach Lösen des Sprengringes (1) die Federscheibe (2) abnehmen. Danach kann das Gangrad des 3. Ganges (3) heruntergezogen werden.

sen. Die Mutter abschrauben und das Gangrad herunterziehen.

- Welle aus dem Schraubstock ausspannen und unter eine Presse setzen, mit dem Wellenende nach oben. Geeignete Pressplatten unter das untere Gangrad unterlegen und die Welle durch die Gangräder pressen. Ebenfalls das Lager abnehmen.
- Unter Bezug auf Bild 160 die Teile der Reihe nach auseinandernehmen. Die Schiebemuffe (7) und die Synchronnabe (8) vor dem Auseinandernehmen in geeigneter Weise kennzeichnen, damit man sie wieder wie ursprünglich zusammenbauen kann.
- Alle Teile in Waschbenzin reinigen und an der Luft trocknen lassen.

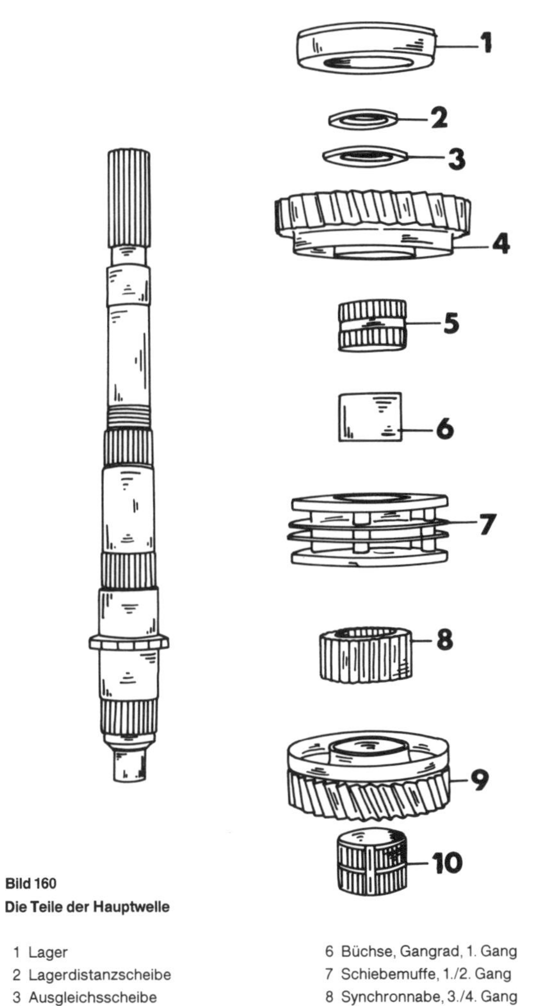

Bild 160
Die Teile der Hauptwelle

1 Lager
2 Lagerdistanzscheibe
3 Ausgleichsscheibe
4 Gangrad, 1. Gang
5 Nadelrollenlager
6 Büchse, Gangrad, 1. Gang
7 Schiebemuffe, 1./2. Gang
8 Synchronnabe, 3./4. Gang
9 Gangrad, 2. Gang
10 Nadelrollenlager

10.2.4 Hinteres Gehäuse

Aus dem hinteren Gehäuse das kleine Kugellager auf der einen Seite (unter der Deckelöffnung) und den Dichtring und das grosse Lager auf der anderen Seite auspressen.

10.2.5 Schaltgabeln und Verriegelungen zerlegen

- Die Feder und die Sperrkugel für den 4. Gang entfernen und die Schaltschiene in die Stellung für den 4. Gang schalten.
- Die Federspannstifte aus den Schaltgabeln des 1./2. und 3./4. Ganges ausschlagen. Bild 161 zeigt, wo die Stifte sitzen.
- Die Schaltschiene wieder in die Leergangstellung schalten.
- Aus der Seite des Getriebes den Stopfen herausdrehen (5-mm-Innensechskantschlüssel) und die Feder sowie die Sperrkugel herausschütteln.
- Die Schaltwelle zur Seite des Gangrades zu herausziehen. Dabei die Welle verdrehen, um an der Sperrung vorbeizukommen. Die freiwerdende Schaltgabel herausnehmen.
- Von der anderen Seite des Getriebegehäuses den Stopfen ausschrauben und die Feder mit der Sperrkugel herausschütteln.
- Schaltgabel des Rückwärtsganges aus dem Ein-

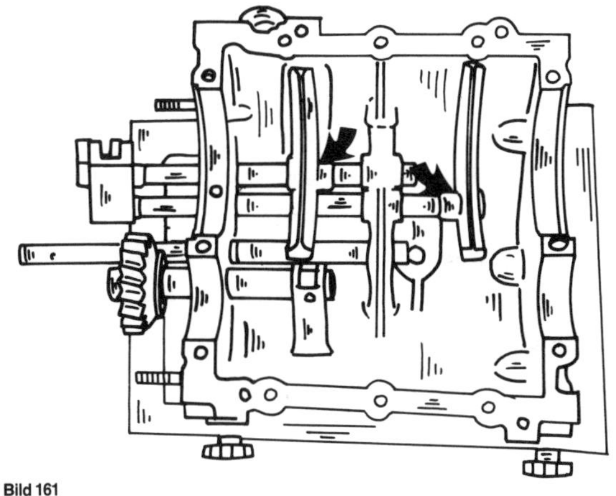

Bild 161
Die Pfeile zeigen die Federspannstifte der beiden Schaltgabeln

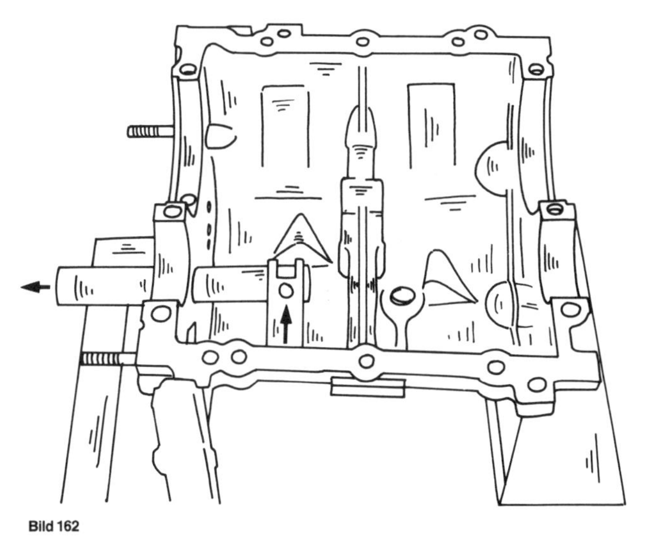

Bild 162
Ausbau der Schaltschiene für den Rückwärtsgang

griff mit dem Gangrad bringen und das Rücklaufrad abziehen.

- Schaltschiene des 3./4. Ganges herausziehen und die Schaltgabel, den Sperrstift sowie die Kugel und Arretierstift aus der Lagerung herausnehmen.
- Federspannstift aus der Schaltschiene des Rückwärtsgangrades ausschlagen und die Schiene nach aussen zu herausziehen (Bild 162).

10.3 Zusammenbau des Getriebes

10.3.1 Vorbereitungsarbeiten

- Alle Teile gründlich reinigen.
- Die mit Dichtungsmasse bestrichenen Dichtflächen dürfen nur mit flusenfreien Lappen und Alkohol gereinigt werden. Auf keinen Fall Schmirgelleinen oder scharfkantige Werkzeuge benutzen.
- Nach dem Zerlegen alle Wellensicherungsringe, elastischen Beilagscheiben, Spannstifte, die Hauptwellenmutter, den Dichtring der Tachometerantriebsbüchse, die Federringe und Fächerscheiben und die Abweisscheibe des Kugellagers der Kupplungswelle sowie alle Dichtringe und die Papierdichtung erneuern.
- Die Getriebeteile werden erst unmittelbar vor dem Einbau mit Getriebeöl eingeschmiert.
- Dichtflächen, falls erforderlich, mit der von Peugeot verwendeten Dichtungsmasse einschmieren.

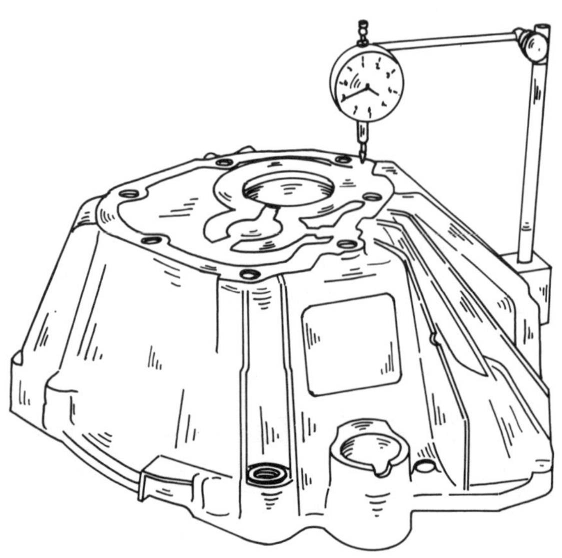

Bild 163
Ausmessen der Kupplungsgehäuseflächen auf Planflächigkeit

10.3.2 Vorbereitung des Gehäuses

- Die Parallelität der vorderen und hinteren Dichtfläche des Kupplungsgehäuses in der in Bild 163 gezeigten Weise mit einer Messuhr kontrollieren. Bei einer Abweichung von mehr als 0,10 mm das Gehäuse nicht mehr einbauen (Gefahr der Verspannung).
- Nötigenfalls die Führungsmuffe des Kupplungsausrücklagers erneuern (siehe Kapitel 8.4).
- Falls die Lager im hinteren Gehäuse ausgeschlagen wurden, neue Lager einschlagen. Ebenfalls den Dichtring wieder einschlagen.

10.3.3 Schaltgabeln und Verriegelungen

- Die Achse des Rücklaufrades mit einem Gummihammer einschlagen. Auf die Ausfluchtung der Bohrung in Welle und Gehäuserippe achten. Die Welle einschlagen, bis sich die beiden Bohrungen decken, und einen neuen Federspannstift einschlagen.
- Das Rücklaufrad und die Schaltschiene für den 5. und Rückwärtsgang gleichzeitig einbauen, wie es in Bild 164 gezeigt ist.

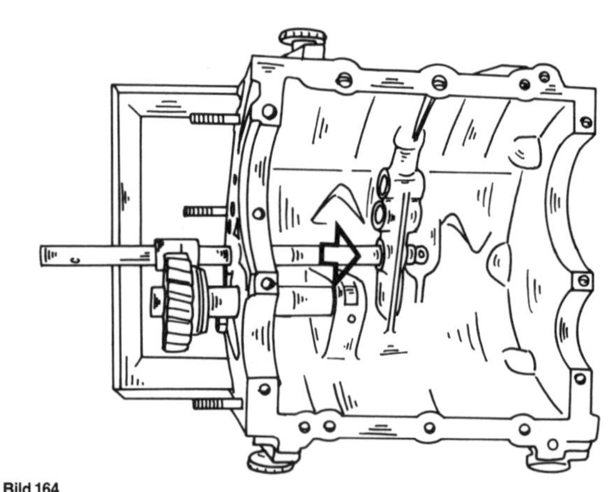

Bild 164
Einsetzen der Schaltschiene und des Rücklaufrades

- Kugel und Feder in die Verriegelungsbohrung für den Rückwärtsgang einsetzen, das Stopfengewinde mit Dichtungsmasse einschmieren und den Stopfen einschrauben. Mit 13 Nm anziehen. Danach die Schaltschiene in die Leergangstellung bringen.
- Das Gehäuse auf die andere Seite legen, so dass die Verriegelungsbohrung senkrecht steht und die eben eingesetzte Schraube unten liegt. Den Arretierstift, der zwischen den Schaltschienen des 3./4. und 5./Rückwärtsganges zu liegen kommt, einführen.

- Einen Arretierstift einschmieren und in die Querbohrung der Schaltschiene für den 3./4. Gang einsetzen.
- Die Schaltschiene von der Gangradseite aus in das Getriebegehäuse einführen, bis die Löcher für den Federspannstift in einer Linie liegen und einen neuen Federspannstift einschlagen (Bild 165).

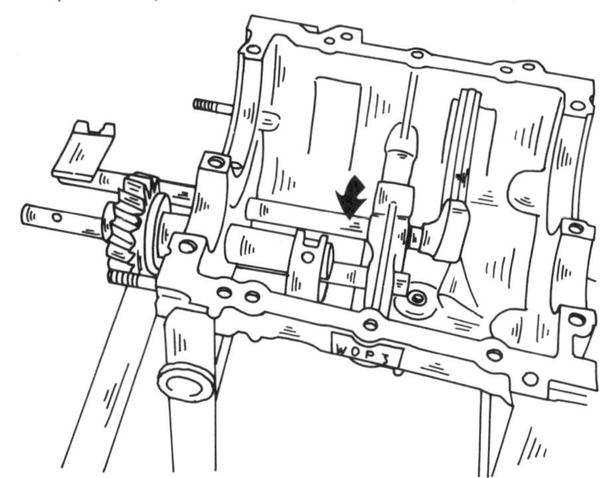

Bild 165
Der Pfeil weist auf die Lage des Federspannstiftes der Schaltschiene für den 3./4. Gang

- Das Getriebe so auf die Seite legen, dass das Rücklaufrad links oben liegt und einen Arretierstift in die Bohrung zwischen den Schaltgabeln des 3./4. und 1./2. Ganges einschieben.
- Die Schaltgabel für den 1./2. Gang mit dem Ansatz nach vorn weisend in das Getriebe einsetzen und die Schaltschiene durch Getriebe und Gabel schieben, bis die Löcher in einer Linie liegen. Einen neuen Federspannstift einschlagen.
- Eine Feder und Kugel in die Bohrung in der Seite des Gehäuses einsetzen, das Stopfengewinde mit Dichtungsmasse einschmieren und den Stopfen einschrauben. Mit 13 Nm anziehen.
- Eine Kugel und eine Feder in die Bohrung für die Schaltschiene des 3./4. Ganges einsetzen.

10.3.4 Vorbereitung der Kupplungswelle

- Das Lager so auf die Welle aufstecken, dass die Sprengringrille zum Wellenende weist und das Lager auf eine Pressunterlage aufsetzen.
- Die Welle durch das Lager pressen, bis sie sitzt.

10.3.5 Zusammenbau der Hauptwelle

- Das Gangrad des 2. Ganges mit dem Nadelkäfig, die Synchronnabe, das Distanzstück und die Distanzscheibe in der in Bild 160 gezeigten Reihenfolge über die Hauptwelle stecken.
- Das Kugellager über die Welle und gegen die aufgesteckten Teile ansetzen. Die Rille für den Sprengring muss nach hinten weisen. Der Sprengring kann sofort eingefedert werden.
- Die Welle, auf das Kugellager aufgelegt, unter eine Presse setzen. Die Welle bis zum Anschlag durch das Lager pressen, aber einen Pressdruck von 3 Tonnen nicht überschreiten.
- Gegen die Rückseite des Lagers die beim Zerlegen ausgebaute Ausgleichsscheibe und das Zwischenstück 8.0130G in Bild 148 aufschieben und eine neue Mutter aufschrauben. Die Welle in einen Schraubstock einspannen und die Mutter mit 55 Nm anziehen.

10.3.6 Vorbereitung der Vorgelegewelle

Neue Rollenlager einwandfrei entfetten und danach mit Getriebeöl einschmieren. Die beiden Lager mit den Kegelflächen nach aussen zulaufend über die Wellenenden pressen. Zur Unterlage wird das Montagewerkzeug «FZ» in Bild 155 benutzt.

10.3.7 Einstellung des Synchronkegels für den 4. Gang

- Das Kupplungsgehäuse mit dem motorseitigen Flansch auf eine glatte Unterlage auflegen.
- Die Kupplungswelle in die Bohrung einsetzen und mit einem Gummihammer einschlagen.
- Die rechte Getriebegehäusehälfte auf das Kupplungsgehäuse aufsetzen und mit zwei Schrauben befestigen. Die Schrauben mit 20 Nm anziehen.
- Anstelle des vorderen Lagers der Vorgelegewelle die Einstellehre «G» in Bild 155 anbringen und die Messuhr 8.0310FZ auf die Lehre aufsetzen. Die Messuhr so ausrichten, dass der Taststift gegen die Kante des Synchronkegels ansitzt. Bild 166 zeigt, wie das Getriebe zur Messung zusammengebaut wird.
- Die Kupplungswelle langsam verdrehen und die Messuhr so einstellen, dass der durchschnittliche Wert «Null» beträgt.
- Den Taststift der Messuhr umsetzen, um ihn gegen die Messlehre zu bringen. Die Messuhr zeigt nun die Stärke der zwischen dem Antriebszahnrad und der vorderen Lager einzusetzenden Einstellscheiben an, welche jedoch um

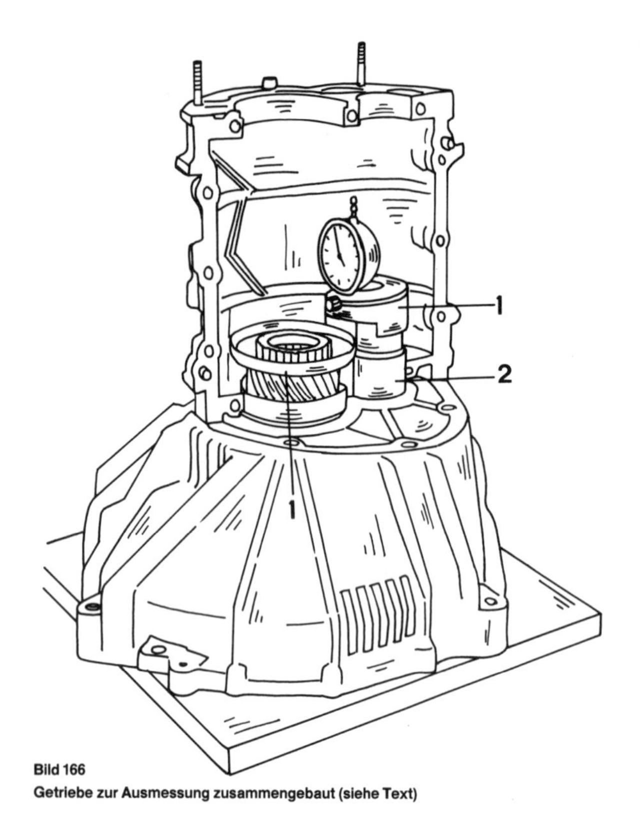

Bild 166
Getriebe zur Ausmessung zusammengebaut (siehe Text)

1 Messuhr mit Halter
2 Lehre «G» in Bild 155

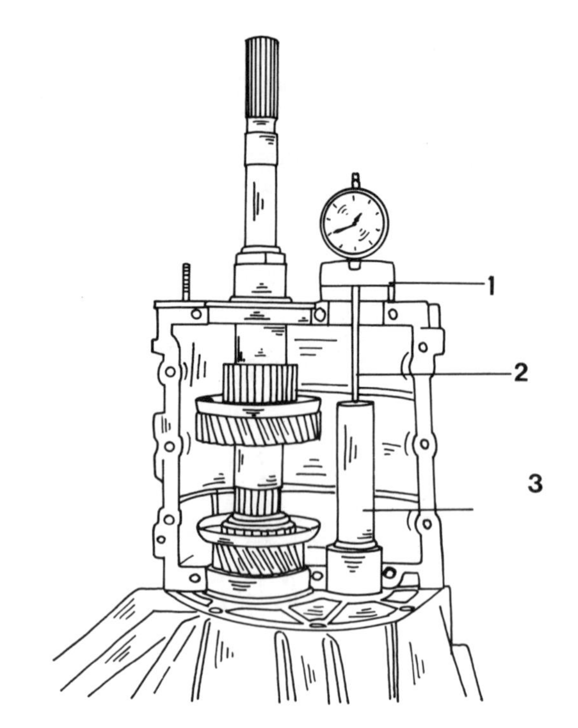

Bild 167
Getriebe zur Ausmessung des Synchronkegels für den 2. Gang zusammengebaut

1 Messuhrhalter (8.0130FZ)
2 Verlängerung (8.0310J)
3 Einstellehre (K in Bild 155).

0,5 mm zu verringern ist, um die Vorspannung zu geben. Das folgende Beispiel erklärt es:

Messuhranzeige	1,12 mm
weniger 0,5 mm	– 0,05 mm
Scheibenstärke	= 0,62 mm

- Um auf den nächsten Wert aufzurunden, ist jetzt eine Ausgleichsscheibenstärke von 0,60 mm herzustellen. Scheiben stehen in Stärken von 0,15 bis 0,50 mm zur Verfügung, in Abstufungen von 0,05 mm zwischen Stärken. Die Scheibenstärke zusammenstellen und zum späteren Zusammenbau bereithalten.

10.3.8 Einstellung des Synchronkegels für den 2. Gang

Unter Bezug auf Bild 167:

- Den Nadelkäfig, gut eingeölt, in die Oberseite der Kupplungswelle einsetzen und die Hauptwelle mit dem Zapfen mit der Kupplungswelle verbinden und danach gegen die Gehäusehälfte drücken, bis der Lagersprengring in die Rille eingreift.
- Die Einstellehre «K» in Bild 155 in die Lagerbohrung neben der Hauptwelle einsetzen.
- Die Verlängerung (2) an der Messuhr anbringen und den Taststift gegen die Einstellehre ansetzen. Die Messuhr in dieser Stellung auf «Null» stellen.
- Die Messuhr so verschieben, dass der Taststift auf der Oberkante des Synchronkegels für den 2. Gang steht.
- Die Messuhr zeigt nun die Stärke der Einstellscheiben an, die zwischen dem Distanzring für das 1. Gangrad und dem hinteren Kugellager einzusetzen sind, jedoch ist eine Zugabe von 0,5 mm zu machen, um die Vorspannung herzustellen. Die Anzeige ist auf die nächsten 0,05 mm aufzurunden. Das folgende Beispiel soll helfen:

Messuhranzeige	2,51 mm
Vorspannung	+ 0,50 mm
Scheibenstärke	= 3,01 mm

- Eine Scheibenstärke von 3,00 mm zusammenstellen und zum späteren Zusammenbau bereithalten.
- Die Einstellwerkzeuge, die Hauptwelle, das rechte Getriebegehäuse und die Kupplungswelle wieder ausbauen.

10.3.9 Einstellung der Vorspannung der Vorgelegewellenlager

- Die linke Gehäusehälfte in den Montagestand einspannen.

- Die Vorgelegewelle zusammen mit den Schrägrollenlagern in das Getriebegehäuse einlegen.
- Kontrollieren, ob die beiden Passstifte (1) in Bild 168 im rechten Gehäuseteil sitzen und die Gehäusehälfte aufsetzen. Die beiden Gehäuseteile mit den beiden Schrauben (2) festziehen.

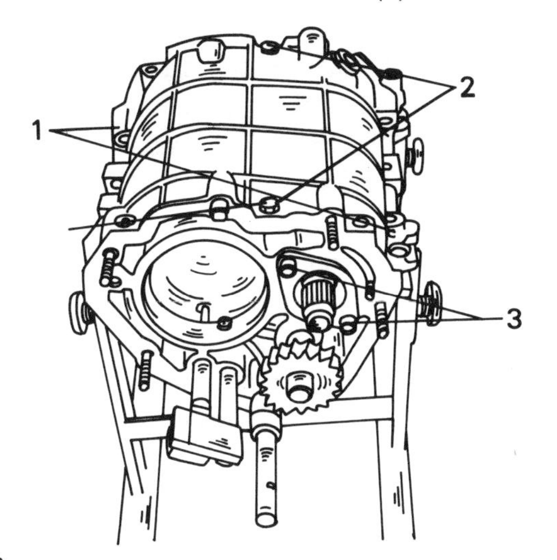

Bild 168
Einzelheiten zum Einstellen der Vorspannung der Vorgelegewellenlager (siehe Text)

- Die Lagerhalteplatte anschrauben und mit den Schrauben (3) festziehen, aber nur fingerfest.
- Getriebe so ausrichten, dass die Vorderseite nach oben weist.
- Den Dorn «FZ» in Bild 155 auf das Lager der Vorgelege aufsetzen und das Lager nach innen drücken, während die Welle von der anderen Seite gleichzeitig durchgedreht wird, um die Lager einzuspielen.
- Die Schrauben (2) und (3) in der gegebenen Reihenfolge mit einem Drehmoment von 10 Nm anziehen.
- Die Messuhr mit dem Ständer über die Vorgelegewelle setzen, wie es in Bild 169 gezeigt ist, und den Taststift um den Lagerlaufring herumführen. Die Abweichung zwischen dem äusseren Lagerlaufring und den Flächen der beiden Getriebegehäusehälften darf 0,03 mm nicht überschreiten. Falls dies der Fall ist, den Lagerlaufring vorsichtig mit einem passenden Dorn einschlagen, ohne dass sich die Welle dabei verklemmen kann. Andernfalls die Schraube der Gehäusehälften lockern und wieder anziehen. Die Messung danach erneut durchführen.
- Den Taster der Messuhr am Aussenlaufring ansetzen und die Messuhr auf 2,0 mm stellen (kleiner Zeiger auf 2, grosser Zeiger auf 0).
- Die Messuhr nach aussen verschieben, so dass der Taster auf die vordere Gehäusefläche zu liegen kommt.
- Die Messuhr ablesen und zur Ablesung 0,10 mm für die Lagervorspannung hinzufügen. Die auf 0,05 mm abgerundete Differenz gibt die Stärke der Einstellscheiben an. Das folgende Beispiel soll helfen:

Anzeige am Getriebegehäuse	4,27 mm
Anzeige am Lageraussenring	2,00 mm
Ergebnis	2,27 mm
Plus Vorspannung	0,10 mm
Stärke der Einstellscheiben	2,37 mm

- Abgerundet ergibt dies eine Stärke von 2,35 mm. Scheiben stehen in Stärken von 2,15 bis 3,30 mm, in Abstufungen von 0,05 mm Zwischenstärken, erhältlich. Die benötigten Scheiben zusammenstellen und zum Einbau bereithalten.
- Vorgelege wieder ausbauen, das vordere Kugelrollenlager von der Welle ziehen und die oben ermittelte Ausgleichsscheibe mit der Abschrägung zum Zahnrad weisend einbauen.

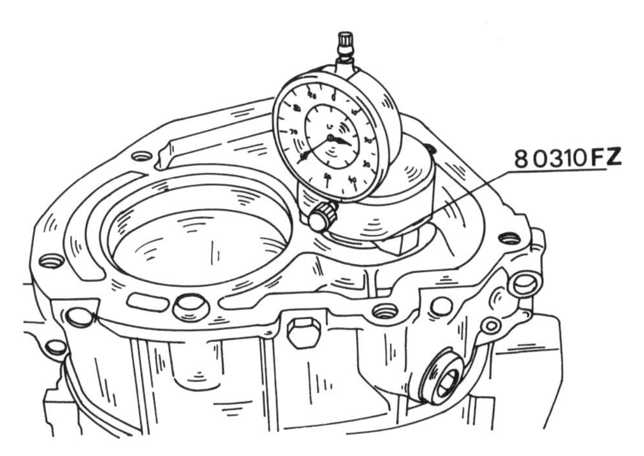

Bild 169
Kontrolle des Lageraussenringes mit dem Messuhrhalter 8.0130FZ (1)

Bild 170
Den Taststift der Messuhr auf die Gehäusefläche aufsetzen, nachdem er vorher auf dem äusseren Lagerlaufring aufgesetzt wurde. Der Unterschied stellt die Scheibenstärke dar.

- Das Kegelrollenlager wieder auf die Welle pressen.

> *Hinweis:* Falls die Scheiben entsprechend Kapitel 10.3.8 erneuert werden müssen, das Lager wieder von der Kupplungswelle abpressen, die Scheibe oder Scheiben einlegen und das Lager wieder aufpressen.

10.3.10 Hauptwelle zusammenbauen

Der Zusammenbau erfolgt unter Bezug auf Bild 160.

- Das hintere Lager (1) abziehen (bei der Einstellung aufgebracht) und die Ausgleichsscheibe abnehmen.
- In der aufgezählten Reihenfolge in der ursprünglichen Anordnung (beim Ausbau eingezeichnete Markierungen beachten), die folgenden Teile montieren: Gangrad des 2. Ganges (1) zusammen mit dem Nadelrollenlager (2), die Synchronnabe (8) und die Schiebemuffe (7) des 1./2. Ganges (Ringnuten in den Stiften zum 1. Gang), das Gangrad des 1. Ganges (4), das Nadelrollenlager (5), die Abstandshülse (6), die ausgemessene Ausgleichsscheibe (3), den Lagerabstandsring (2) und das hintere Lager (1) mit der Sprengringnute nach hinten weisend.
- Die Hauptwelle unter eine Presse setzen und das Lager auf die Welle pressen. Einen Pressdruck von 3 Tonnen nicht überschreiten.

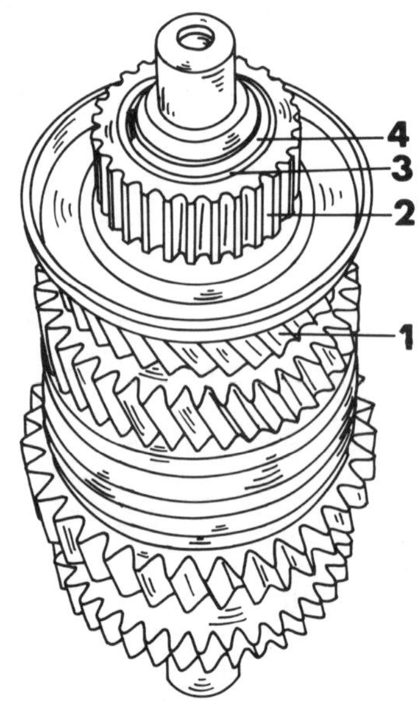

Bild 171
Ansicht der zusammengebauten Hauptwelle

1 Gangrad, 3. Gang
2 Synchronnabe
3 Federscheibe
4 Sprengring

- Das Rückwärtsgangrad mit der glatten Fläche nach hinten weisend auf der Welle anbringen und eine neue Mutter mit einem Anzugsdrehmoment von 55 Nm anziehen. Die Mutter nach dem Anziehen verstemmen, damit sie sich nicht wieder lösen kann.
- Das Gangrad des 3. Ganges zusammen mit dem Nadelrollenlager auf die Welle schieben und die Synchronnabe aufbringen. Falls erforderlich, die Teile unter einer Presse aufpressen.
- Eine neue Federscheibe auf das Ende der Welle auflegen und einen neuen Sprengring einfedern. Da die Federscheibe den Sprengring unter Spannung hält, sollte man ihn so nahe wie möglich an der Nut anbringen und danach mit einem geeigneten Rohrstück nach unten schlagen, bis er einspringt. Die zusammengebaute Welle ist in Bild 171 gezeigt.

10.3.11 Endgültiger Zusammenbau

- Das Gehäuseteil mit den Schaltgabeln vornehmen und in den Montagestand einspannen.
- Den Nadelkäfig in das Zahnrad der Kupplungswelle einsetzen.
- Die Kupplungswelle mit der Hauptwelle zusammenbringen.
- Die Schiebemuffe des 3./4. Ganges in die Leergangstellung bringen.
- Die Hauptwelle in das Getriebegehäuse einlegen, mit den Schaltgabeln in den jeweiligen Schiebemuffen.
- Die äusseren Lagerlaufringe auf die Lager der Vorgelegewelle aufstecken und die Vorgelegewelle in das Gehäuse einlegen. Auf den einwandfreien Zahneingriff mit der anderen Welle achten.
- Die Dichtflächen der beiden Getriebegehäusehälften mit einer dünnen Schicht Dichtungsmasse einschmieren, kontrollieren, ob die Passstifte eingesetzt sind, und die rechte Gehäusehälfte auf die linke Hälfte und den Wellensatz aufsetzen. Das Gehäuse leicht mit einem Gummihammer anschlagen.
- Die drei Lagerschrauben an jedem Ende des Getriebes einschrauben und mit 5 Nm anziehen.
- Die Lagerhalteplatte über der kurzen Welle anbringen und die beiden Schrauben mit 10 Nm anziehen.
- Die hintere Anlagefläche des Kupplungsgehäuses mit einer dünnen Schicht Dichtungsmasse bestreichen und das Kupplungsgehäuse anbrin-

gen. Vorher den Dichtring in die Innenseite des Gehäuses einschlagen. Kontrollieren, ob die Passstifte eingeschlagen sind.

- Das Kupplungsgehäuse vorsichtig aufsetzen und mit den Passstiften verbinden, ohne dabei den Öldichtring mit den Verzahnungen der Welle zu beschädigen. Die Schrauben der Reihe nach mit 27,5 Nm anziehen.
- Die sechs Lagerschrauben des Gehäuses mit 15 Nm nachziehen und danach die Schrauben entlang der Aussenseite des Gehäuses einsetzen und mit 10 Nm anziehen.
- Das Getriebe auf das Kupplungsgehäuse aufsetzen und die Rückseite der Halbgehäuse leicht mit Dichtungsmasse bestreichen. Kontrollieren, ob die Passstifte eingeschlagen sind, und das Zwischengehäuse aufsetzen, während der Schaltfinger in Eingriff gebracht wird. Die 5 Muttern und 2 Schrauben mit 17,5 Nm anziehen.
- Schaltschiene des 5./Rückwärtsgang in die Stellung für den 5. Gang schalten.
- Die Nebenwelle für den 5./Rückwärtsgang montieren und die Synchronnabe aufsetzen. Darauf achten, dass die Kennzeichnungen zusammenkommen. Das Getriebe ist jetzt wie in Bild 172 gezeigt zusammengebaut.
- Die Schiebemuffe zusammen mit der Schaltgabel auf die Synchronnabe aufschieben. Die Markierungen an Nabe und Muffe müssen gegenüber kommen. Die Gabel mit einem neuen Federspannstift an der Schaltschiene befestigen. Danach die Schaltschiene in Leergangstellung bringen.
- Das Zahnrad des 5. Ganges mit dem Nadelrollenlager und der aufgepressten Tachometerschnecke auf die Welle schieben und den Distanzring aufstecken. Bild 173 zeigt diesen Montageschritt.

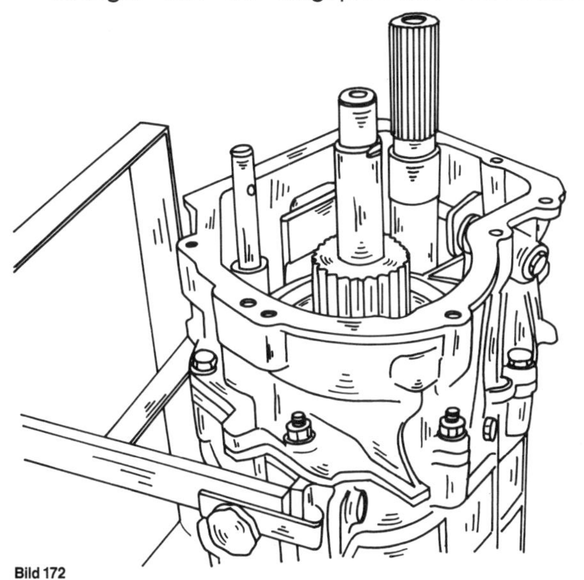

Bild 172
Das zusammengebaute Getriebegehäuse. Die Nabenwelle für den 5./Rückwärtsgang wurde soeben eingebaut.

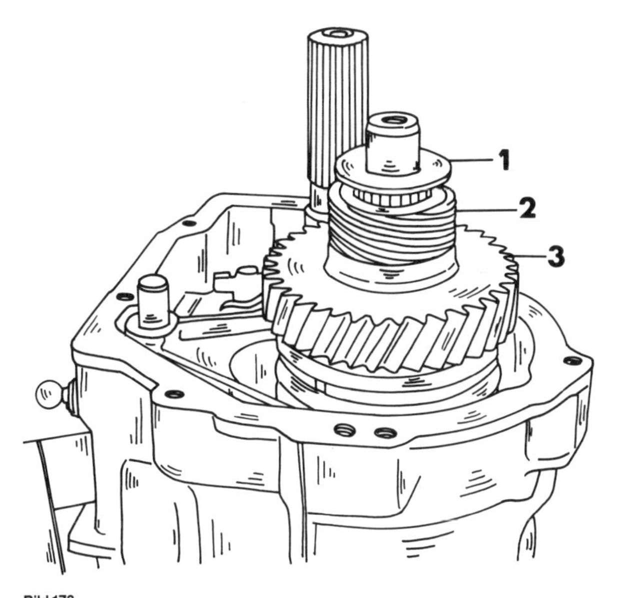

Bild 173
Zusammenbau des Getriebes. Das Gangrad des 5. Ganges wurde soeben montiert.

1 Distanzscheibe 2 Tachometerschnecke 3 Gangrad, 5. Gang

- Das Lager über das Gangrad des 5. Ganges pressen und die Teile zusammen auf eine Heizplatte auflegen. Ebenfalls ein Stück Lötzinn auf die Platte legen. Wenn dieser schmilzt, sind die Teile ausreichend erhitzt. Das Ritzel auf die Welle stecken und mit einem Rohrstück aufschlagen.
- Die Passstifte aus dem hinteren Gehäuse herausziehen und eine Ausgleichsscheibe von 4 mm Stärke in die Lagerbohrung einlegen. Den Lagerring von innen in das Gehäuse einpressen.
- Das Gehäuse muss jetzt eingestellt werden. Dazu das Gehäuse anbringen und mit drei der Schrauben befestigen. Die Schrauben nur fingerfest anziehen.
- Die Hauptwelle einige Male von Hand durchdrehen und die drei Schrauben handfest nachziehen.
- Mit einer Fühlerlehre den Spalt zwischen den beiden Gehäuseteilen ausmessen und aus dem gefundenen Ergebnis die Stärke der Ausgleichsscheiben in der Lagerbohrung ermitteln. Bild 174 zeigt, wo zu messen ist.

Stärke der eingelegten Scheibe	4,00 mm
Erhaltenes Mass der Fühlerlehre	1,85 mm
Unterschied	2,15 mm
+ Vorspannung	0,10 mm
Erforderliche Scheibenstärke	2,25 mm

Scheibe der Hauptwelle ansetzen. Die Messuhr auf Null stellen.

- Hinteres Gehäuse wieder abschrauben und das Lager einpressen.
- Den äusseren Lagerlaufring einpressen, aber nicht die ausgemessenen Scheiben verwenden.
- Die Messlehre «K» in Bild 155 in einen Schraubstock einspannen und den inneren Lagerring über die Lehre setzen, wie es in Bild 176 gezeigt ist.

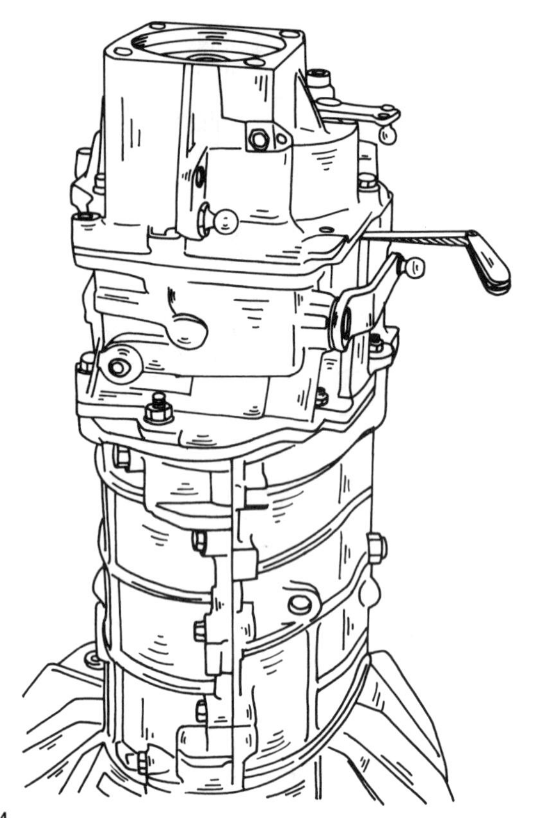

Bild 174
Ausmessen des Spalts zwischen dem hinteren Gehäuse und dem Zwischengehäuse mit einer Fühlerlehre.

- Die gefundene Scheibenstärke zusammenstellen. Scheiben stehen in Stärken von 1,5 bis 2,95 mm, in Abstufungen von 0,05 mm zwischen Stärken zur Verfügung.
- Hinteres Gehäuse abschrauben, den Lagerring herausziehen und die eingelegte Scheibe entfernen.
- Das hintere Gehäuse ohne Lager montieren und die Messuhr, wie in Bild 175 gezeigt, auf der

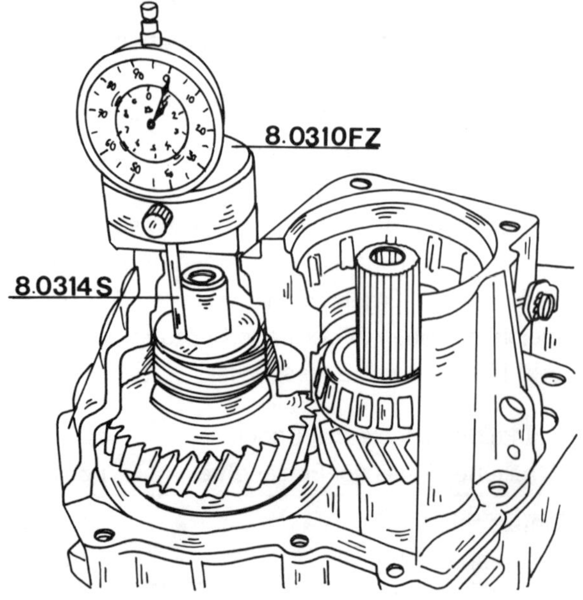

Bild 175
Ausmessen des hinteren Gehäuses

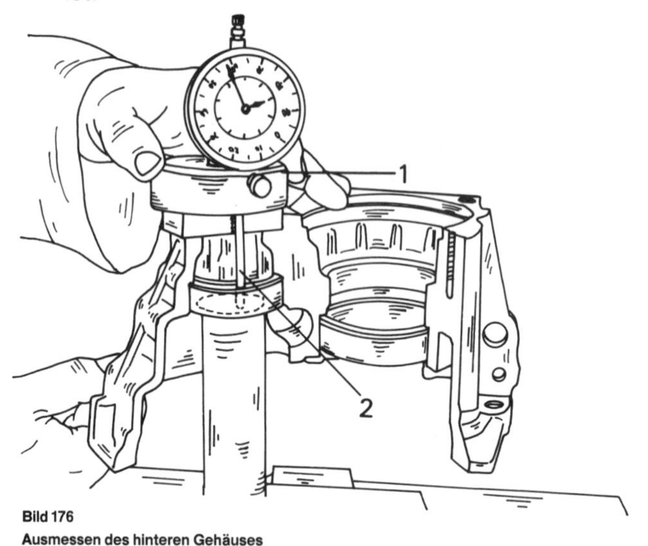

Bild 176
Ausmessen des hinteren Gehäuses

1 Messuhrhalter 8.0310FZ
2 Verlängerung 8.0314S

- Die Messuhr, wie in Bild 176 gezeigt, ansetzen und bis zur Oberseite der Lehre ausmessen. Von der erhaltenen Anzeige 0,05 mm abziehen und eine Scheibe der Endstärke auswählen. Scheiben stehen in Stärken von 1,0 bis 2,0 mm mit Abstufungen von je 0,05 mm zur Verfügung. Die Scheibe wird auf die Oberseite der Welle in Bild 173 gelegt (über die Scheibe «1»).
- Den Öldichtring in das hintere Gehäuse einschlagen.
- Fläche des Gehäuses mit Dichtungsmasse einschmieren und die beiden Passstifte einschlagen.
- Hinteres Gehäuse aufsetzen, wo gleichzeitig der Schaltgabelfinger mit der Schaltgabel in Eingriff zu bringen ist.
- Die 7 Schrauben einsetzen (mit Scheiben) und sie abwechselnd anziehen. Das Gehäuse mit einem Gummihammer anschlagen und danach die Schrauben mit 15 Nm anziehen.
- Den kleinen Deckel mit einer neuen Dichtung anschrauben.
- Alle anderen Arbeiten in umgekehrter Reihenfolge durchführen.

11 Automatisches Getriebe

Bild 177 zeigt einen Schnitt durch das automatische Getriebe, mit dem der Peugeot 505 wahlweise ausgerüstet wird.
Es handelt sich um ein Dreigang-Planetengetriebe mit vorgeschaltetem Drehmomentwandler. Die normale Drehmomentverstärkung beträgt 2,3:1. Das Getriebe ist vom Typ ZF3HP22. Das Getriebe kann nur von einer dafür eingerichteten Spezialwerkstatt zerlegt und wieder zusammengebaut werden. Die Reparaturanleitung beschränkt sich deshalb auf das Machbare.

11.1 Aus- und Einbau des Getriebes

- Das Fahrzeug über eine Arbeitsgrube oder auf eine Hebebühne fahren oder die Vorderseite ausreichend hoch auf Böcke setzen.
- Batterie abklemmen.
- Getriebeöl ablassen.
- Ölkühleranschlüsse abschliessen (Bild 178) und die offenen Enden verschliessen.
- Ölmessstabrohr des Getriebes ausbauen.
- Beim Vergasermotor den Luftfilter und den Luft-

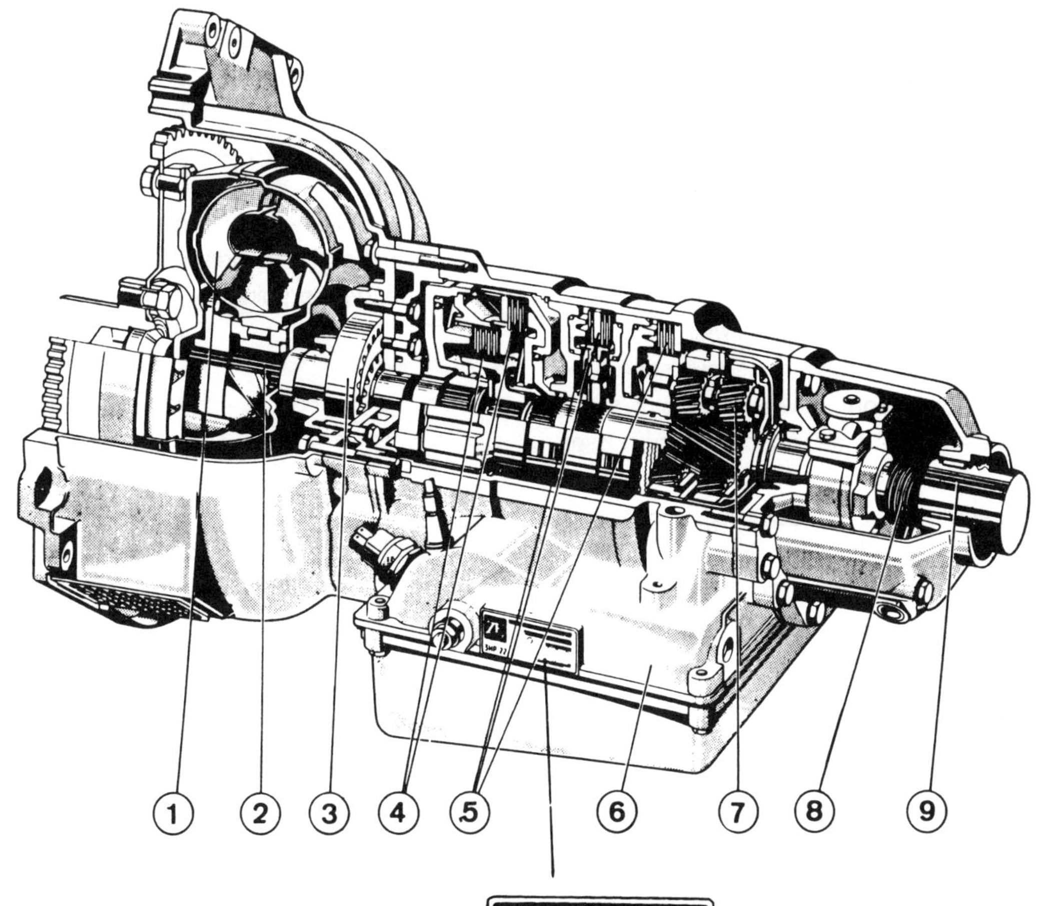

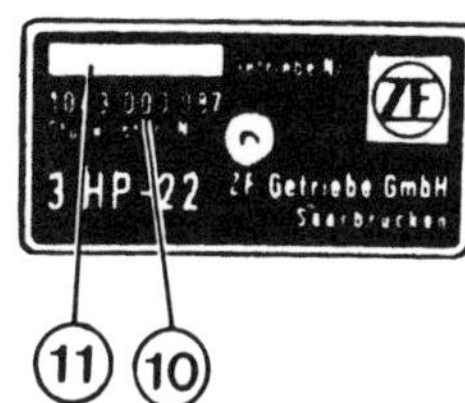

Bild 177
Ansicht des automatischen Getriebes

1 Drehmomentwandler
2 Antriebswelle
3 Ölpumpe
4 Kupplung
5 Bremsbänder
6 Hydraulisches Steuergerät
7 Planetenradsatz
8 Tachometerschnecke
9 Abtriebswelle
10 Paarungsmarkierung mit Motor
11 Seriennummer

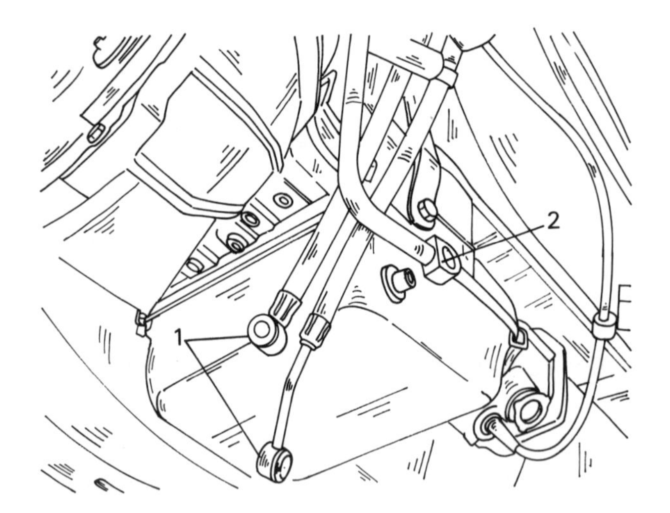

Bild 178
Zum Ausbau des Getriebes

1 Ölkühleranschluss
2 Ölmessstabrohr

ansaugstutzen zum Vergaser ausbauen, beim Einspritzmotor den Luftansaugstutzen zwischen dem Luftmengenmesser und dem Drosselklappengehäuse, sowie die Befestigungsschrauben des Steuerdruckreglers ausbauen.

- Die oberen Befestigungen des Kühlers ausbauen und diesen von seinen unteren Gummilagern lösen. Ein Stück Pappe zwischen den Ventilator und den Kühler einschieben, um letzteren zu schützen.
- Kick-down-Betätigung am Vergaser, bzw. am Drosselklappengehäuse abklemmen.
- Auspuffbefestigungen, Wärmeschutzschild über vorderem Auspufftopf, sowie Vordersitzverstärkung ausbauen und die Auspuffleitung absenken.
- Beim Einspritzmotor den Schwingungsdämpfer, sowie die 4 Befestigungsschrauben des Begrenzungsgehäuses und das Gehäuse selbst vom Verbindungsrohr ausbauen (siehe Bild 131).
- Beim Vergasermotor die zwei Schrauben des seitlichen Trägers des Achsantriebs ausbauen; beim Einspritzmotor unter Bezug auf Bild 132 den Bolzen (1), das Plättchen (2) und die Unterlegscheiben (3) und (4) ausbauen.
- Verbindungsrohr auf den Hinterachsquerträger auflegen.
- Lage des Flansches zur Gelenkscheibe (zwischen Lenkstange und Lenkgetriebe) markieren und die beiden Montageschrauben entfernen.
- Bei mechanischer Lenkung die zwei Befestigungsschrauben des Lenkgetriebes ausbauen und das Getriebe, ohne die Spurstangen abzuklemmen, absenken.
- Bei der Servolenkung folgendermassen vorgehen:
  - Beidseitig eine Achsträgerbefestigungsschraube durch eine Spezialschraube ersetzen (siehe Bild 133).
  - Verbleibende Originalschrauben herausdrehen.
  - Achsträger durch wechselweises Losschrauben der Spezialschrauben um ca. 50 mm senken.
- Getriebe mit einem Wagenheber leicht anheben.
- Die vier Montageschrauben des Verbindungsrohres am Getriebe ausbauen.
- Das Rohr um ca. 20 mm zurückschieben, um die Halteplatte 8.0403SZ einzuschieben (Bild 134). Die Halteplatte mit zwei der Schrauben befestigen.
- Kardanwelle vom Getriebe lösen.
- Befestigungsschrauben des Anlassers an der Wandlerglocke ausbauen.
- Impulsgeber mit Halterung demontieren und Verschlussbleche der Wandlerglocke entfernen (Bild 6).
- Die Schaltstange (1) in Bild 179 demontieren.
- Kabelstrang des Getriebeschalters («2», Bild 179) abklemmen.
- Folgende Kabel abklemmen:
  - Schalter der Rückfahrleuchten.
  - Tachometerspirale («3», Bild 179).

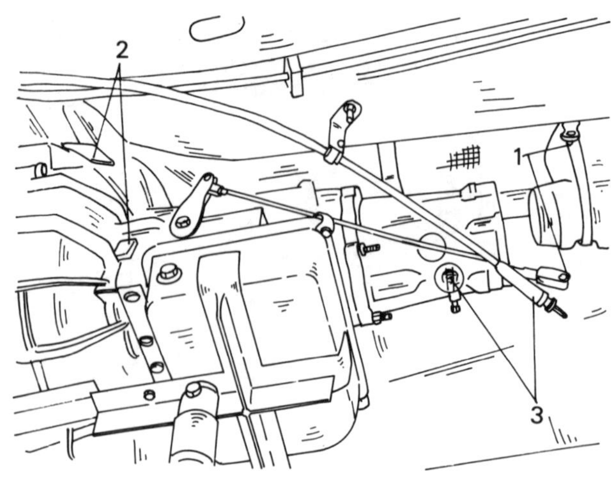

Bild 179
Zum Getriebeausbau

1 Schaltstange 2 Elektrischer Kabelstrang 3 Tachometerspirale

- Montageschrauben des Wandlers mit seiner Halterung ausbauen (Bild 180).
- Zahnkranz und Wandler arretieren.
- Wagenheber langsam senken, um das Getriebe ganz zu neigen.

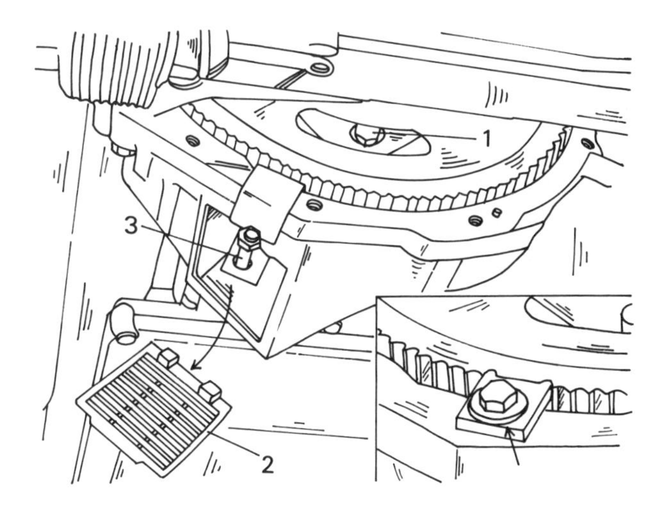

Bild 180
Zum Getriebeausbau

1 Wandlerschraube
2 Kühlgitter
3 Zahnkranzsperre 8.0315A oder 8.0144B

- Motor mit Hilfe eines Seils und Hebezeugs anheben.
- Motor ganz auf Gummilagern drehen, um das Getriebe unter dem Tunnel freizulegen.
- Lage der Hebevorrichtung des Motors und Getriebes aufeinander abstimmen.
- Die Befestigungsschrauben der Wandlerglocke ausbauen. 3 Schrauben beim Vergasermotor, 6 beim Einspritzmotor.
- Getriebe durch Linksdrehung lösen.

Der Einbau des Getriebes erfolgt in umgekehrter Reihenfolge als der Ausbau. Auf folgende Punkte ist beim Einbau besonders zu achten:

- Anzugsdrehmomente beachten (Kapitel 21).
- Montageschrauben des Wandlers mit «Loctite» versehen.
- In Zentrierung des Wandlers 20 g Fett CALYSOL F3015 B 040 850 einschmieren.
- Bei Verwendung einer neuen Wandlerglocke die vorderen Anlasserlager erst nach Lösen der hinteren Lager festziehen. Danach die hinteren Lager wieder festziehen.
- Neue, selbstsichernde Muttern, Unterlegscheiben und Sicherungsbleche verwenden.
- Begrenzungsgehäuse und Schwingungsdämpfer gemäss Bild 135 und 136 montieren.
- Kick-down-Zug und Schaltgestänge einstellen (Kapitel 11.3 und 11.4).
- Ungefähr 2 Liter Getriebeöl nachfüllen (Kapitel 11.2).
- Getriebe und Kühlanlage auf Dichtheit prüfen.

11.2 Ölstandkontrolle

Der Getriebeölstand muss zwischen den zwei unteren Markierungen liegen, wenn folgende Bedingungen erfüllt sind:

- Wählhebel in Stellung «P».
- Motor 4 bis 5 Minuten im Leerlauf gelaufen.
- Motor läuft im Leerlauf.

Nach mindestens 5 km Fahrstrecke muss der Ölstand zwischen der mittleren und der oberen Markierung liegen, darf jedoch nie über die obere Markierung hinauskommen.
Die beizugebende Ölmenge zwischen Markierung «1» und «2» oder «2» und «3» beträgt 3 dl.

11.3 Kickdown-Einstellung

Der Kickdown ist folgendermassen einzustellen:

- 5-mm-Keil zwischen Anschlag und Gaspedal legen und Vollgas geben.
- Unter Bezug auf Bild 181 am Kabelhüllenanschlag ziehen, um die Betätigung leicht zu spannen. Die Arretierklammer so anbringen, dass sich ein Mindestspiel zwischen Klammer und Anschlag am Verteiler ergibt. Die Ausgleichsfeder nicht an der Stirnwand zusammendrücken.

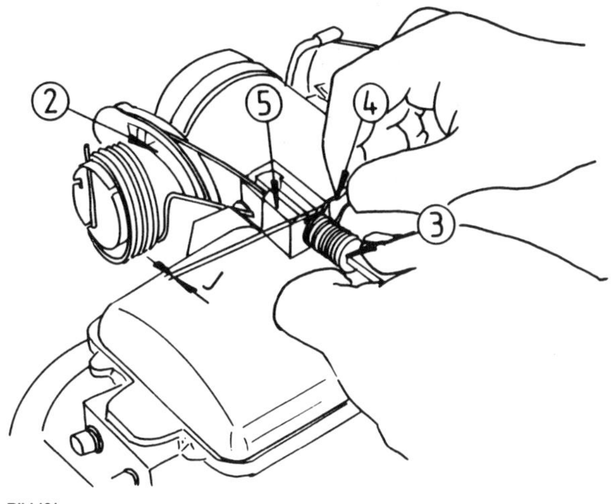

Bild 181
Kick-down-Einstellung

2 Betätigungssektor
3 Kabelhüllenanschlag
4 Arretierklammer
5 Verteiler

- Unter Bezug auf Bild 182 den Kickdown-Kabelzug einstellen. Drosselklappe in normale Leerlaufstellung bringen. Das Betätigungskabel spannen, um ein maximales Spiel von 0,2 bis 0,5 mm zwischen Reiter und Ende des Kabelhüllenanschlags zu erhalten.
- Kabelzug am Gasbetätigungssektor anziehen.

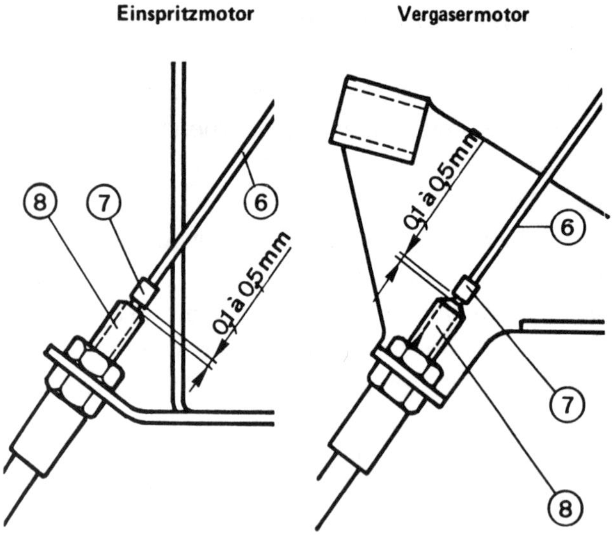

11.4 Gangschaltung

11.4.1 Aus- und Einbau

Die Bilder 183, 184 und 185 zeigen die zwei verschiedenen Ausführungen, die eingebaut werden. Der Aus- und Einbau kann anhand dieser Abbildungen durchgeführt werden. Auf folgende Punkte ist zu achten:

- Defekte Teile grundsätzlich ersetzen.
- Kugelgelenke vor dem Zusammenbau schmieren.

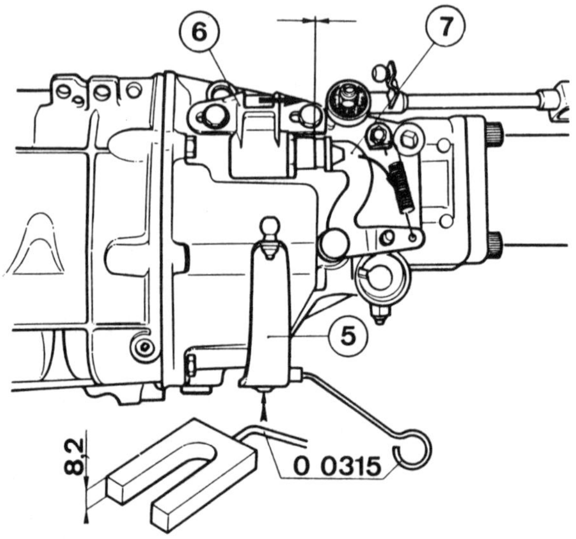

Bild 182
Kick-down-Einstellung

6 Betätigungsseil   7 Reiter   8 Kabelhüllenanschlag

Bild 183
Gangwählgestänge

1 Wählregelstange
2 Schaltregulierstange
3 Schalthebel
4 Rückholfeder
8 Kontermutter

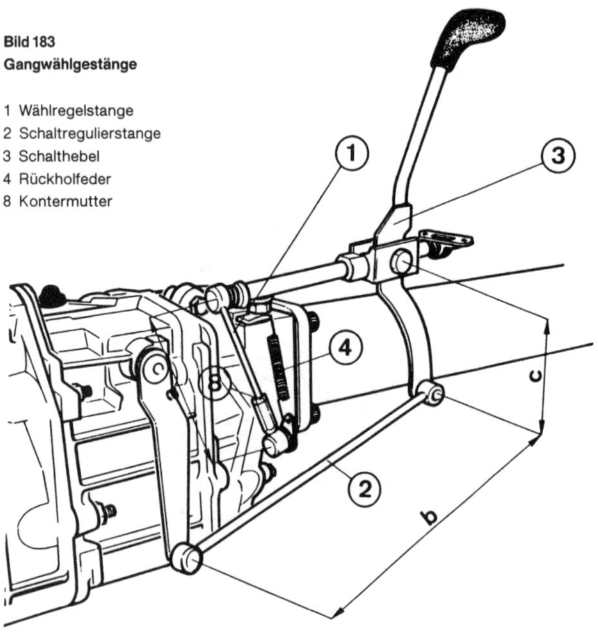

Bild 184
Gangwählgestänge

5 Gangschalthebel
6 Druckstück des Rückwärtsganges
7 Gangwählhebel

Bild 185
Gangschaltung

1 Schwingungsdämpfer
2 Zwischenhebel
3 Wählhebel
4 Blauer Farbtupfer
5 Wählhebel am Getriebe
6 Sperrfinger
7 Anschlag
a Stange
b Lagerung

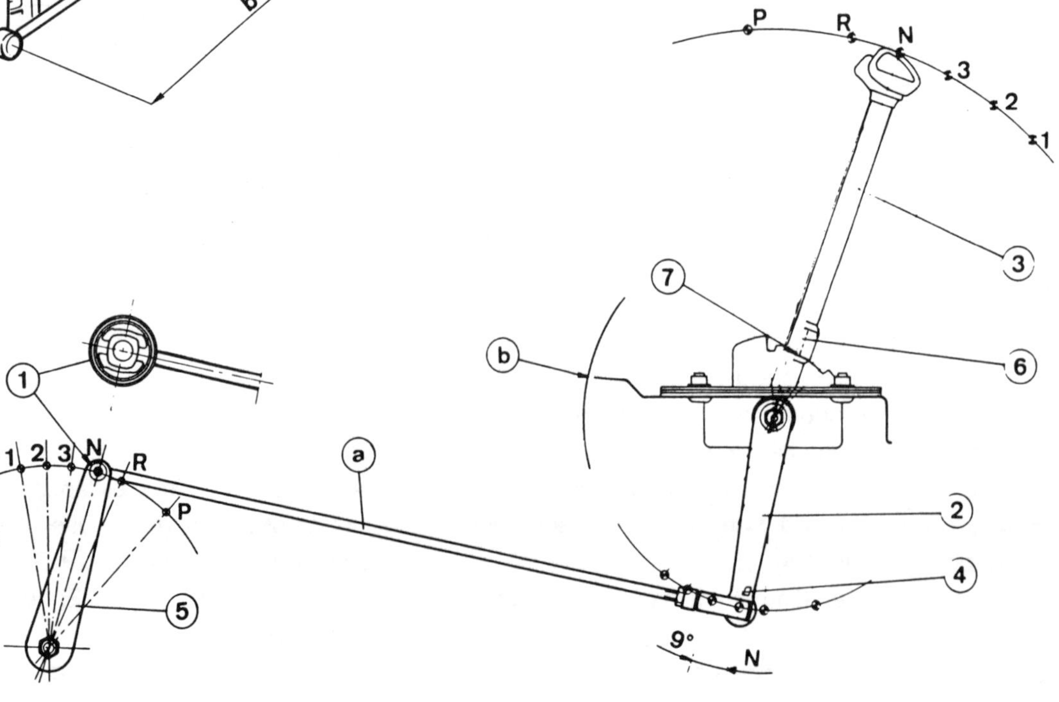

11.4.2 Einstellen des Gangwählgestänges

- Druckstück des Rückwärtsganges einstellen (nur Getriebe 400):
  - Regulierstangen (1) und (2), sowie Rückholfeder (4) in Bild 183 ausbauen.
  - Den Gangschalthebel (5) in Bild 184 mit der Lehre positionieren.
  - Druckstück des Rückwärtsganges (6) auf dem Gangwählhebel (7) zur Anlage bringen und die beiden Schrauben festziehen.
  - Regulierstangen und Rückholfeder wieder einbauen.
- Wählregulierstange einstellen (beide Getriebe):
  - Regulierstange (1) in Bild 183 ausbauen.
  - Wählregulierstange auf 110,5 bis 111 mm voreinstellen.
  - Regulierstange mit dem festen Kugelkäfig auf der Gangwählstangenseite wieder einbauen.
  - Kontermutter (8) anziehen, wobei die Käfige richtig anzuordnen sind.

12 Die Kardanwelle

12.1 Aus- und Einbau der Kraftübertragung

12.1.1 Ausbau

- Das Fahrzeug über eine Arbeitsgrube oder auf eine Hebebühne stellen.
- Auspuffbefestigungen, Hitzeschutzschild über vorderem Auspufftopf, sowie Vordersitzverstärkung ausbauen und die Auspuffleitung senken.
- Bei den Einspritzmotoren den Schwingungsdämpfer, sowie die 4 Befestigungsschrauben des Begrenzungsgehäuses und das Gehäuse selbst vom Verbindungsrohr abbauen (Bild 131).
- Bei XN1-Motor die zwei Schrauben des seitlichen Trägers des Achsantriebes ausbauen, bei den Einspritzmotoren unter Bezug auf Bild 132 den Bolzen (1), das Plättchen (2) und die Unterlegscheiben (3) und (4) ausbauen. Den hinteren Teil der Antriebswelle auf den Hinterachs-Querträger absenken.
- Hintersitzbank ausbauen.
- Die drei linken Befestigungsmuttern des Hinterachs-Querträgers entsichern.
- Die vordere Befestigungsmutter abnehmen.
- Das Sicherungsblech anheben.
- Den Kunststoffstopfen der Passbohrung abnehmen.
- In diese Bohrung den Bolzen «K 1» des Werkzeuges 8.0906 ganz einschrauben und mit dem Stift «K 2» festziehen (Bild 186).

> *Achtung:* den Stift in der Bohrung des Bolzens stecken lassen!

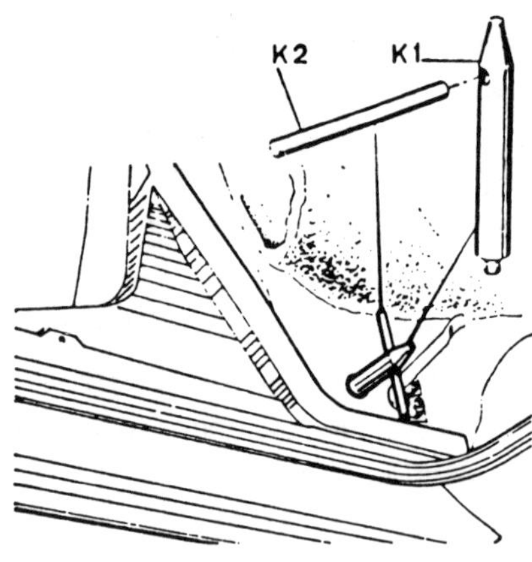

Bild 186
Führungsbolzen für den Ausbau des hinteren Querträgers (Nr. 8.0906).

K1 Führungsbolzen
K2 Querstift

- Die hinteren Befestigungsmuttern des Querträgers und die Auflagescheiben abnehmen.
- Den Querträger absenken, bis der Querstift am Fahrzeugboden aufliegt.
- An der rechten Fahrzeugseite in gleicher Weise vorgehen.
- Das Hinterachsgetriebe vom Verbindungsrohr trennen.
- Das Hinterachsgetriebe nach hinten verschieben und auf einem Holzkeil absetzen.
- Die in der Antriebswelle steckende Feder ausbauen.
- Falls das Fahrzeug verschoben werden soll, kann das Hinterachsgetriebe am Querträger der Hinterradaufhängung befestigt werden.
- Die vier Befestigungsschrauben des Verbindungsrohres am hinteren Getriebedeckel entfernen.
- Das Verbindungsrohr um etwa 20 mm vom Wechselgetriebe nach hinten verschieben.
- Die Halteplatte 8.0403 S zwischen Getriebedeckel und Verbindungsrohr einführen (siehe Bild 134).
- Die Halteplatte an der Rohrunterseite mit zwei Schrauben M 10 × 150 befestigen.
- Die vordere Auspuffleitung nach unten schwenken.
- Die Antriebswelle aus dem Getriebe herausziehen.
- Die Antriebswelle samt Verbindungsrohr nach vorn ausbauen.

12.1.2 Einbau

Den Einbau in umgekehrter Reihenfolge folgendermassen vornehmen:

- Die Auflageflächen an beiden Enden des Verbindungsrohres am Getriebe und am Hinterachsgetriebe säubern.
- Den vorderen Teil der Antriebswelle mit der Halteplatte 8.0403 S (Bild 134) am vorderen Rohrflansch abstützen. Die Halteplatte wird an der Unterseite befestigt.
- Die Keilnuten am vorderen Ende der Antriebswelle mit Fett «Multipurpose H» schmieren.
- Das Verbindungsrohr mit Antriebswelle von vorn einführen und hinten auf den Querträger ablegen.
- Die Antriebswelle auf die Getriebehauptwelle schieben.
- Die Halteplatte vom Verbindungsrohr abnehmen.
- Die vier Verbindungsschrauben des Verbindungsrohrs am Getriebe mit neuen Fächerscheiben einschrauben.
- Die Schrauben mit 60 Nm festziehen.
- Die Keilnuten am Hinterende der Antriebswelle schmieren.
- Die Feder in die Welle einsetzen.
- Die Antriebswelle mit dem Hinterachsgetriebe verbinden.
- Die vier Stiftschrauben mit neuen Fächerscheiben versehen.
- Die Muttern mit 60 Nm festziehen.
- Das Hinterachsgetriebe an der Aufhängungstraverse befestigen. In jedem Fall neue Unterlegscheiben und neue Fächerscheiben verwenden.
- Die Schrauben mit 37,5 Nm (XN1) und 95 Nm (ZDJ) anziehen.
- Das Wärmeschutzblech unter dem Fahrzeugboden anbringen.
- Die Auspuffanlage mit einer neuen Auspuffflanschdichtung montieren.
- Die Auspuffanlage ausrichten, damit sie nicht an Fahrzeugteilen anschlägt.
- Vordersitzverstärkung einbauen.
- Mit einem unter der rechten seitlichen Stütze angesetzten Wagenheber den Querträger anheben, bis er gegen den Fahrzeugboden anstösst.
- Den Bolzen «K1» abnehmen.
- Die Passbohrung mit Hilfe des Kunststoffstopfens verschliessen.
- Die Unterlegscheiben und das Sicherungsblech auf die Stiftschrauben aufstecken und die Befestigungsmuttern festziehen (siehe Kapitel 21).
- Die Muttern durch Umbiegen des Sicherungsbleches sichern.
- Die gleichen Arbeiten am linken Querträgerende ausführen.

- Die Rücksitzbank einbauen.
- Das mittlere Nadellager über den Schmiernippel schmieren.
- Den Getriebeölstand prüfen und nötigenfalls ergänzen.

12.2 Mittleres Nadellager

12.2.1 Ausbau

- Das Verbindungsrohr in einen Schraubstock einspannen.
- Den Schmiernippel ausbauen.
- Das Spezialwerkzeug 8.0403 U in das Verbindungsrohr einführen. Das Werkzeug besteht aus einer langen Ausziehspindel mit aufgeschraubtem Auszieher (Bild 187), einer Stützscheibe und einem Einstell-Verschiebering, einem Auflagering und einer Zentrierbüchse. Das Werkzeug so weit einschieben, bis der Auflagering «L» am Nadellager anliegt. Das Werkzeug so halten, dass der Kipphebel (1) horizontal liegt und nicht vorsteht (siehe Bild 188).

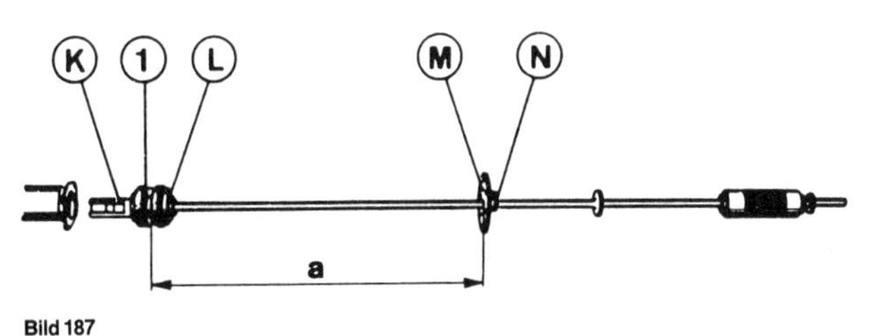

Bild 187
Ausziehwerkzeug 8.0403U

1K Abzieher
1 Nadellager
L Auflagering
M Stützscheibe
N Nippel

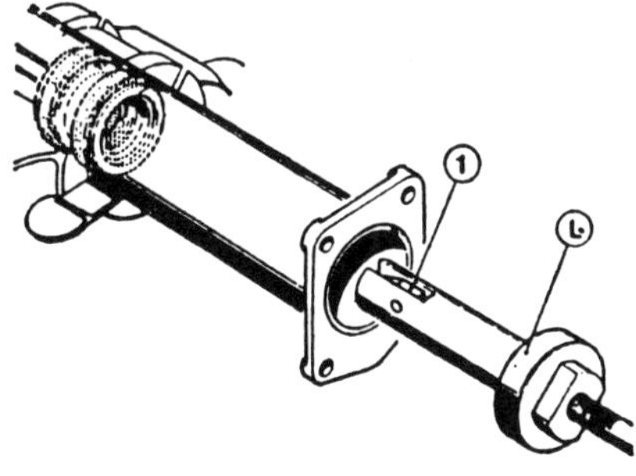

Bild 188
Einführen des Ausziehers 8.0403U zum Ausbauen des mittleren Nadellagers

- Die Stützscheibe am Verbindungsrohr befestigen.
- Mit dem Gleithammer das Lager um einige Zentimeter nach vorne rücken, um das Lager von seinem Sitz zu lösen. Das Lager muss unbedingt zuerst nach vorn verschoben werden; wenn man versucht, das Lager mit dem Kipphebel zu lösen, könnte der Lagerkäfig brechen.
- Das Werkzeug um 180° drehen, um den Kipphebel in eine senkrechte Stellung zu bringen.
- Das Nadellager mit Hilfe des Gleithammers herausziehen, bis es an der Stützscheibe anliegt.
- Die Stützscheibe abnehmen und das Lager ganz herausziehen.
- Alle Teile reinigen und prüfen und gegebenenfalls ersetzen.

12.2.2 Einbau

Der Einbau des Nadellagers erfolgt in umgekehrter Reihenfolge:

- Das Verbindungsrohr in einen Schraubstock spannen.
- Das Werkzeug 8.0403 U wie folgt vorbereiten: den Abzieher «K» weit auf die Spindel aufschrauben, bis die Spindel den Kipphebel in der eingezogenen Stellung blockiert (siehe Bild 187).
- Den Auflagering «L» fest gegen den Abzieher schrauben.
- Das Nadellager «1» auf den Abzieher aufstekken.
- Den Abstand zwischen Schmiernippel und Flansch am Verbindungsrohr messen.
- Die Stützscheibe «M» im gemessenen Abstand «a» von der Mitte der Schmiernut des Nadellagers einstellen und mit dem Stellring «N» in dieser Stellung blockieren.
- Das Rohr innen mit Motoröl schmieren.
- Das komplette Lager in Öl tauchen und mit Hilfe der Zentrierbüchse, eventuell durch leichte Schläge mit einem Holzhammer, in das Rohr einführen.
- Das Werkzeug 8.0403 U in das Lager einführen.
- Die Stützplatte am Rohrflansch befestigen.
- Die Spindel mit dem Gleithammer eintreiben, bis der Stellring an der Stützplatte anliegt.
- Die Lage der Schmiernut durch die Schmiernippelbohrung kontrollieren.
- Das Werkzeug ausbauen.
- Den Schmiernippel einbauen.

12.3 Verbindungsrohr und Antriebswelle prüfen

- Das Verbindungsrohr zwischen zwei Körnerspitzen spannen.

- Den Radialschlag in Höhe des Schmiernippels mit einer Messuhr prüfen (Bild 189). Höchstzulässiger Schlag 2 mm.

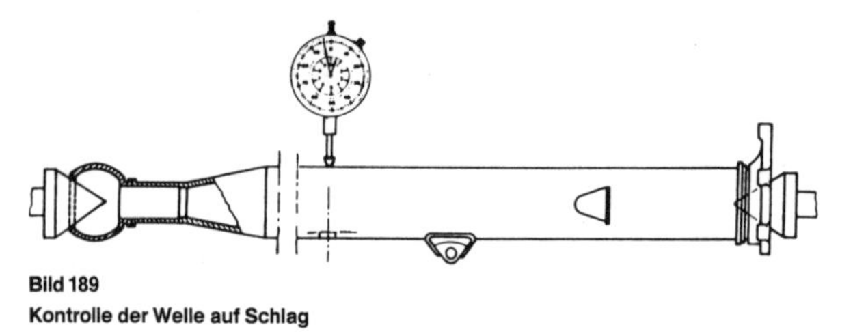

Bild 189
Kontrolle der Welle auf Schlag

- Den Axialschlag der Auflageflächen an beiden Rohrenden messen. Höchstzulässiger Axialschlag 0,05 mm.
- Die Antriebswelle zwischen zwei Körnerspitzen spannen.
- Den Radialschlag an der Lagerstelle des mittleren Nadellagers mit einer Messuhr prüfen. Höchstzulässiger Schlag 0,2 mm.

13 Differential, Achswellen und Radnaben

Beim Peugeot 505 werden zwei äusserlich verschiedene Differentiale eingebaut. Bild 190 zeigt die Aufhängung des PC7-Getriebes, welches mit dem Vergasermotor eingebaut wird, Bild 191 das PC8-Getriebe, das mit dem Einspritzmotor eingebaut wird. Der Unterschied beim PC8-Getriebe liegt in der Aufhängung, welche durch einen Anschlagbegrenzer und einen Schwingungsdämpfer am Verbindungsrohr und einer hantelförmigen Aufhängung an der Oberseite geschieht.

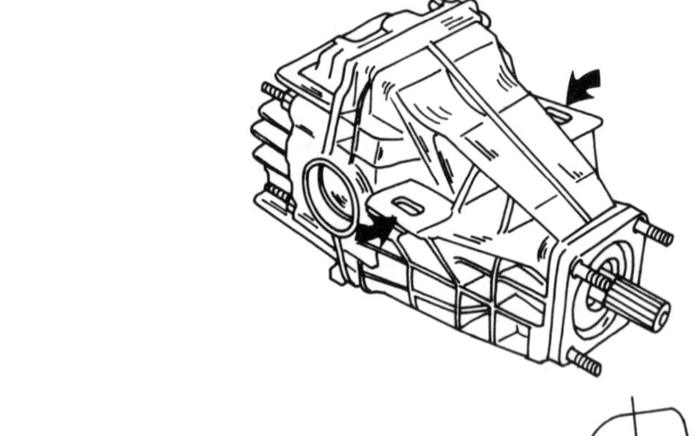

Das Differential sollte nicht überholt werden, da dies eine Arbeit für eine Werkstatt ist, die sich auf das Überholen von Differentialen spezialisiert hat. Falls Schäden am Differential aufgetreten sind, kann man versuchen, ein Differential im Austausch zu erhalten (gegen Rückgabe des alten Teils), oder man baut ein neues Aggregat ein.

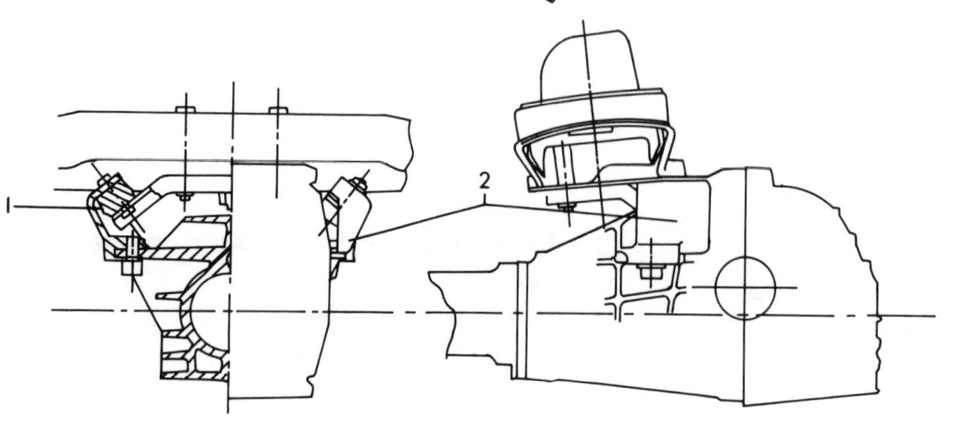

Bild 190
Befestigung des PC7-Differentials

1 Gummilager
2 Aufhängungen

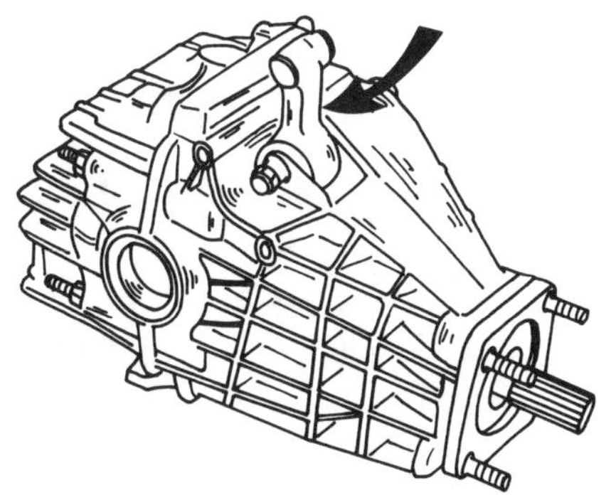

Bild 191
Ansicht des PC8-Differentials. Der Pfeil weist auf die Aufhängung des Differentials an der Oberseite.

13.1 Aus- und Einbau des Differentials

13.1.1 Ausbau

- Rückseite des Fahrzeuges auf Böcke setzen (unter die Längslenker) und das linke Hinterrad abschrauben.
- Die Bremsleitung vom Längslenker lösen.
- Bremsschlauch vom Längslenker lösen.
- Bei Modellen mit Scheibenbremsen die Schelle des Handbremsseils lösen und die vier Befestigungsschrauben des Achsschenkels vom Längslenker abschrauben (Bild 192).
- Bei Modellen mit Trommelbremse die Bremstrommel ausbauen, das Handbremsseil aushängen und die vier Befestigungsschrauben des Achsschenkels am Längslenker lösen (Bild 192).
- Achswelle aus dem Differential herausziehen. Dazu das Gelenk am Differential erfassen und mit einem kurzen Ruck nach aussen ziehen.

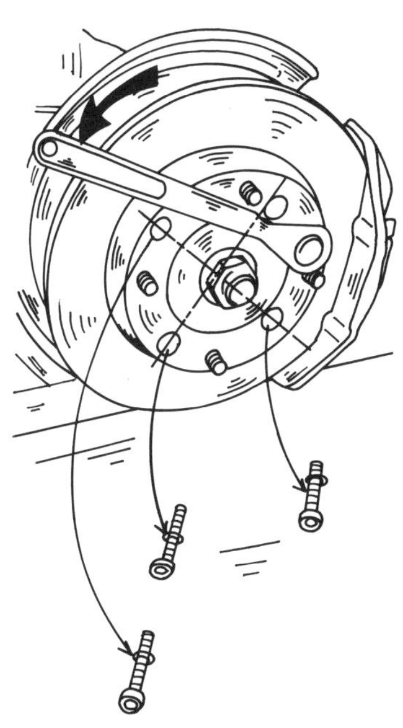

Bild 192
Befestigung des Achsschenkels bei eingebauter Scheibenbremse

- Von der Unterseite des Fahrzeuges den Hebel des Bremskraftreglers zusammen mit den Federn ausbauen.
- Befestigung des Auspuffrohres lösen.
- Die oberen Befestigungsmuttern des Achsrohres entfernen.
- Beim Vergasermotor die seitlichen Schrauben der Gehäusebefestigung lösen.
- Bei einem Einspritzmotor den unteren Bolzen der Aufhängung lösen und austreiben. Die Aufhängung ist in Bild 191 mit dem Pfeil gezeigt.
- Differential vom Verbindungsrohr sowie von der rechten Achswelle lösen und herausheben, während die Kardanwelle in ihrem Rohr gehalten wird.

13.1.2 Einbau

Der Einbau erfolgt in umgekehrter Reihenfolge als der Ausbau. Die folgenden Stellen müssen vor dem Einbau gut geschmiert werden:

- Die Dichtlippe des Dichtringes an den Eingängen für die Achswellen.
- Die Keilnuten der Antriebswelle an der Verbindung zur Kardanwelle.
- Die Keilnuten der Achswellen.

Die folgenden Punkte müssen beachtet werden:

- Die Feder auf das Ende der Kardanwelle aufstecken.
- Rechte Wellenhälfte der Achswelle in das Differential einführen und die Antriebswelle mit der Kardanwelle in Verbindung bringen.
- Die Auspuffaufhängung befestigen.
- Die vier Befestigungsschrauben des Kardanrohres mit neuen Scheiben auf ein Drehmoment von 60 Nm anziehen.

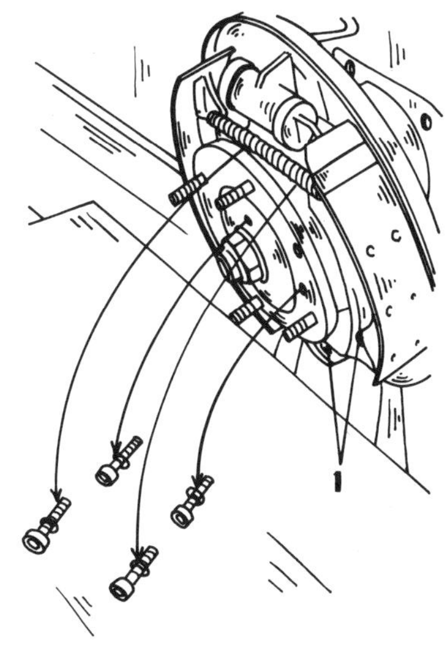

Bild 193
Befestigung des Achsschenkels bei eingebauter Trommelbremse

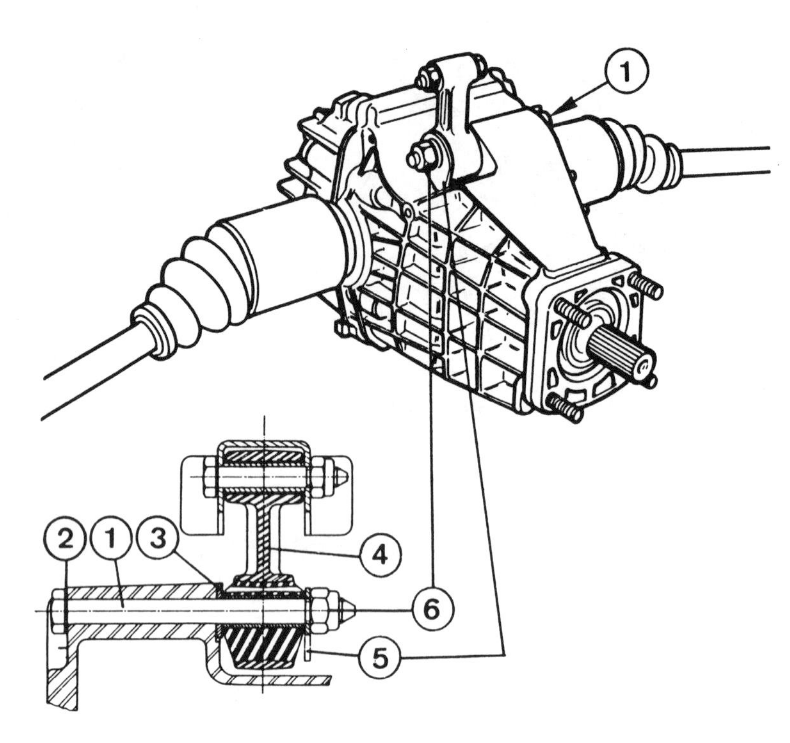

Bild 194
Aufhängung des Differentials beim Einspritzmotor

1 Bolzen
2 Flache Unterlegscheibe
3 Flache Unterlegscheibe
4 Aufhängungsgestänge
5 Anschlagplatte
6 Selbstsichernde Mutter

- Befestigungen des Differentials anziehen. Bei einem Vergasermotor die seitlichen Befestigungen mit 37,5 Nm anziehen (siehe Bild 190); bei einem Einspritzmotor die Aufhängung entsprechend Bild 194 zusammenbauen und die Mutter mit 95 Nm anziehen.
- Linke Achswelle in das Differential einführen, ohne dabei den Dichtring zu beschädigen.
- Befestigungsmutter der Auspuffanlage mit 35 Nm anziehen.
- Einheit Achsschenkel – Radnabe – Bremse am Längslenker montieren. Neue Schrauben verwenden und mit 50 Nm anziehen.
- Bremsen, Bremskraftregler und Rad wieder montieren. Das Bremspedal einige Male betätigen, um die Bremsbacken/Bremsklötze gegen die Trommel/Scheibe zu bringen.
- Ölstand im Differential kontrollieren und ggf. berichtigen.
- Komplettes Aggregat nach einer Probefahrt auf Dichtheit kontrollieren.

13.2 Hinterachswellen

13.2.1 Ausbau

Bild 195 zeigt einen Schnitt durch eine Achswelle, Bild 196 das äussere Gelenk mit dem Achsschenkel. Beim Ausbau einer Welle folgendermassen vorgehen:

- Fahrzeug unter den Längslenkern aufbocken.
- Bremsleitung vom Längslenker lösen.

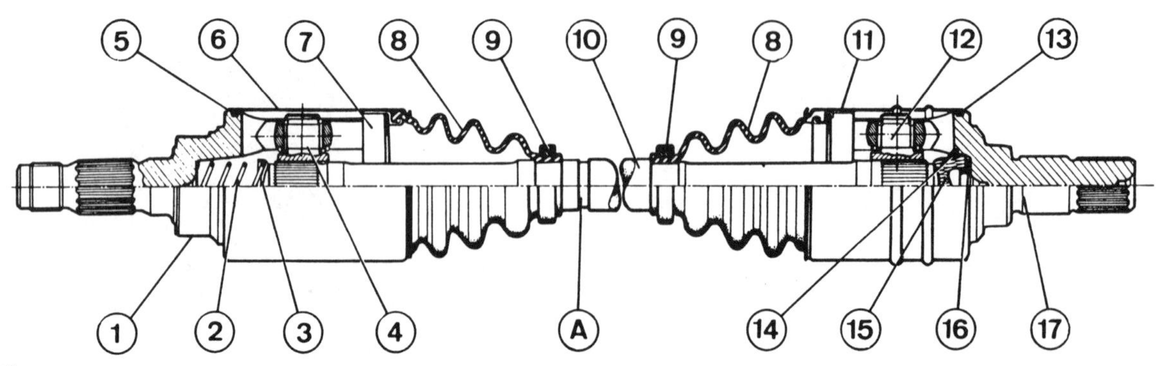

Bild 195
Schnitt durch eine Achswelle

1 Tulpenförmiges Gelenk
2 Feder
3 Federteller
4 Dreikugelgelenk
5 «O»-Dichtring
6 Schutzhaube
7 Distanzstück
8 Manschette
9 Befestigungsschellen
10 Verbindungswelle mit Rille (A)
11 Schutzhaube
12 Dreikugelgelenk
13 «O»-Dichtring
14 Anschlagscheibe
15 Anschlag
16 Federscheibe
17 Tulpenförmiger Wellenstumpf

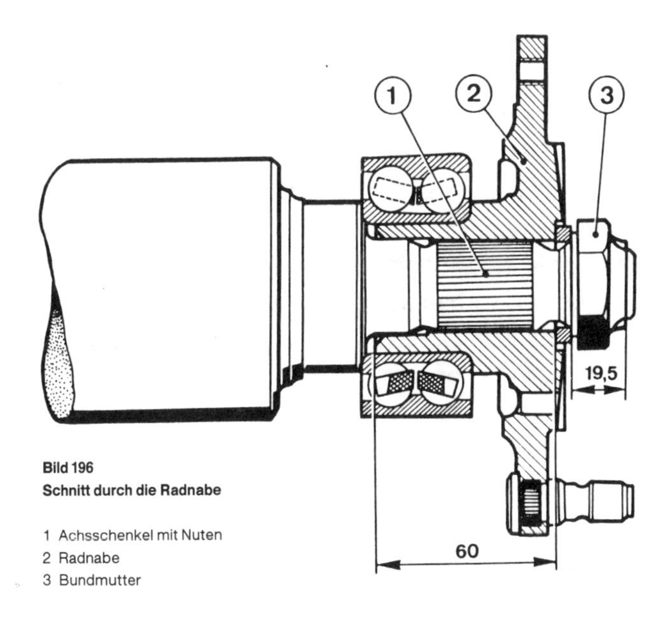

Bild 196
Schnitt durch die Radnabe

1 Achsschenkel mit Nuten
2 Radnabe
3 Bundmutter

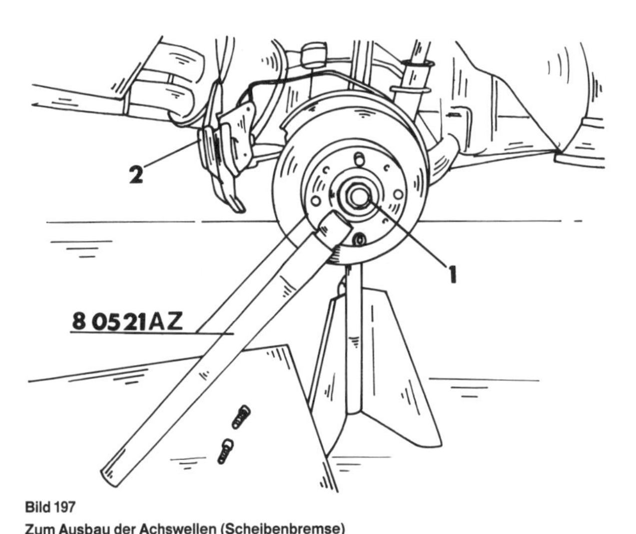

Bild 197
Zum Ausbau der Achswellen (Scheibenbremse)

1 Radnabenmutter
2 Bremssattel

- Unter Bezug auf Bild 197 (Fahrzeuge mit Scheibenbremsen):
  - Bremsschlauchbefestigung am Längslenker lösen.
  - Radnabenmutter lösen.
  - Bremssattel ausbauen.
  - Die vier Befestigungsschrauben des Achsschenkels am Längslenker lösen.
  - Einheit Radnabe – Achsschenkel – Achswelle ausbauen.
  - Radnabe gemäss Kapitel 13.3 ausbauen.
- Unter Bezug auf Bild 198 (Fahrzeuge mit Trommelbremsen):
  - Bremsschlauchbefestigung am Längslenker lösen.
  - Radnabenmutter lösen.
  - Bremstrommel demontieren.
  - Handbremsseil vom Längslenker ausbauen.

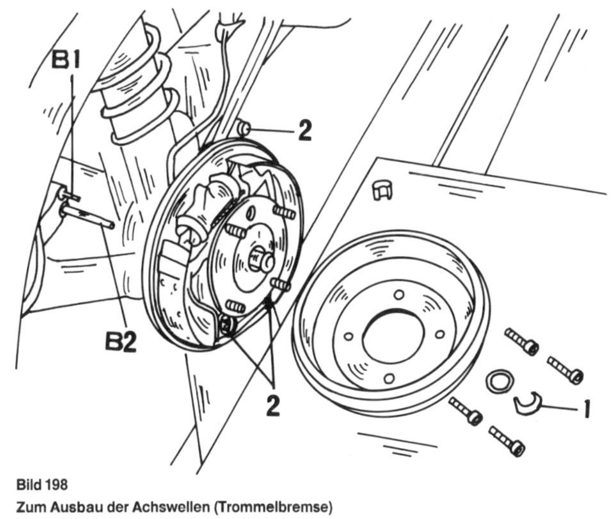

Bild 198
Zum Ausbau der Achswellen (Trommelbremse)

1 Radnabenmutter
2 Handbremsseil
B1 + B2 Schrauben

  - Die vier Befestigungsschrauben des Achsschenkels am Längslenker ausbauen.
  - Einheit Radnabe – Längslenker durch diagonale Anordnung der zwei Schrauben «B1» und «B2» in Bild 199 miteinander verbinden.
  - Die zwei Führungsbolzen einschrauben, bis die Keilnuten am Wellenende freiliegen.
  - Welle von der Radnabe lösen, ggf. mit einem Universalabzieher.

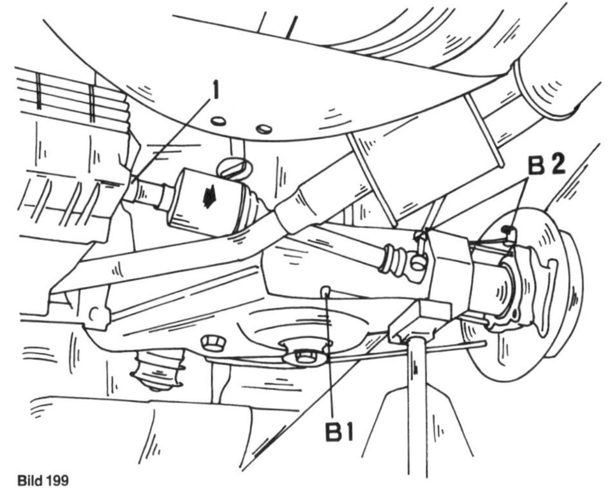

Bild 199
Zum Ausbau der Achsschellen

1 Keilnuten
B1 + B2 Führungsschrauben

13.2.2 Einbau

Der Einbau der Achswellen erfolgt in umgekehrter Reihenfolge des Ausbaus. Die Keilnuten auf der Radnabenseite sind mit Molykote 321 zu versehen, diejenigen auf der Achsantriebsseite sind zu schmieren. Zwischen den Lippen des Dichtringes am Eingang des Differentials und in der Rückseite des Achsschenkels muss Fett eingeschmiert werden.

Zum Anziehen der Keilnuten der Welle in die Radnabe kann ein hoher Kraftaufwand erforderlich sein, der durch das Aufschrauben der Radnabenmutter erfolgt. Immer eine neue Unterlegscheibe und Mutter verwenden. Beim Bestellen der Mutter das Modell angeben, da sie nicht bei allen Ausführungen gleich ist.

Die folgenden Drehmomente sind zu beachten:

Radnabenmutter	280 Nm
Bremssattelbefestigung	42,5 Nm
Achsschenkel am Längslenker	50 Nm

13.3 Aus- und Einbau der Radnaben und Radlager

Die Achswelle muss entsprechend der Anweisungen im letzten Kapitel ausgebaut werden, ehe man die Radnabe oder das Radlager erneuern kann. Bild 200 zeigt ein Montagebild der Radnabe. Das Bild beim Zerlegen hinzuziehen:

- Gesamte Einheit Radnabe – Achsschenkel – Achswelle auf einen Pressentisch anordnen und die Mutter lösen. Die Scheibe abnehmen.
- Die Achswelle mit der Presse ausbauen.
- Bei eingebauter Scheibenbremse die Lage der Scheibe markieren und diese danach ausbauen.
- Den Innenring des Lagers mit einem Abzieher von der Radnabe abziehen und den Dichtring entfernen.
- Vorderen Dichtring aus der Radnabe heraushebeln, vorhandenes Fett auswischen und den sichtbaren Sprengring mit einer Innensprengringzange herausnehmen.
- Lager aus der Radnabe auspressen. Dazu den Innenring in den Lagerring einsetzen, die abgeschraubte Mutter auf das Lager aufsetzen und das Lager durch die Radnabe pressen, wie es in Bild 201 gezeigt ist.

Beim Einbau des neuen Lagers unter Bezug auf Bild 202 folgende Punkte beachten:

- Den Dichtring (1) und (3) immer erneuern.
- Ein neues Lager niemals entfetten, sondern reichlich mit Fett einschmieren.
- Das Lager unter einer Presse in die Radnabe einpressen und den Sicherungsring einfedern.
- Den inneren Dichtring (3) mit einem geeigneten Rohrstück einpressen oder vorsichtig einschlagen.
- Von der Aussenseite der Nabe den äusseren Dichtring (1) einpressen oder einschlagen.
- Die zusammengebaute Radnabe wieder an der Achswelle montieren, wie es in Kapitel 13.3 beschrieben wurde.

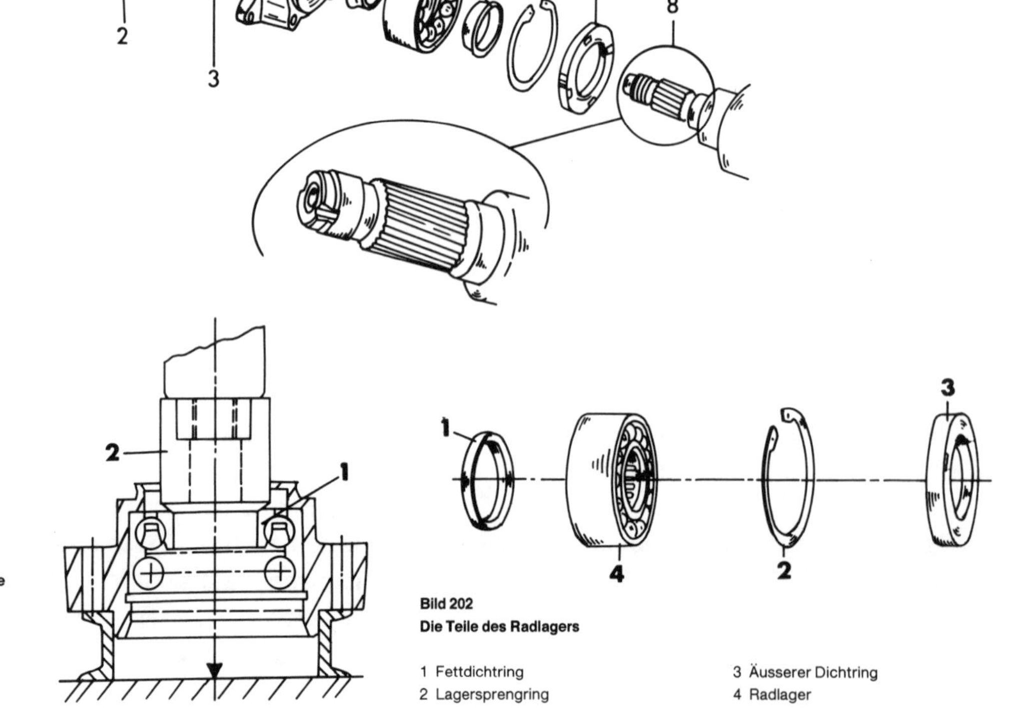

Bild 200
Montagebild der Hinterradnabe

1 Bundmutter
2 Radnabe
3 Nabenaussendichtring
4 Radnabe
5 Radlager
6 Lagersprengring
7 Nabeninnendichtring
8 Achsstumpf mit Spiralnuten

Bild 201
Zum Zerlegen der Hinterradnabe

1 Innerer Lagerring
2 Alte Nabenmutter
3 Fettdichtring
4 Sprengring

Bild 202
Die Teile des Radlagers

1 Fettdichtring
2 Lagersprengring
3 Äusserer Dichtring
4 Radlager

14 Die Vorderachse

Die Vorderradaufhängung besteht aus Federbeinen, Querlenkern mit Längsschubstreben und Kurvenstabilisator (Bild 203).

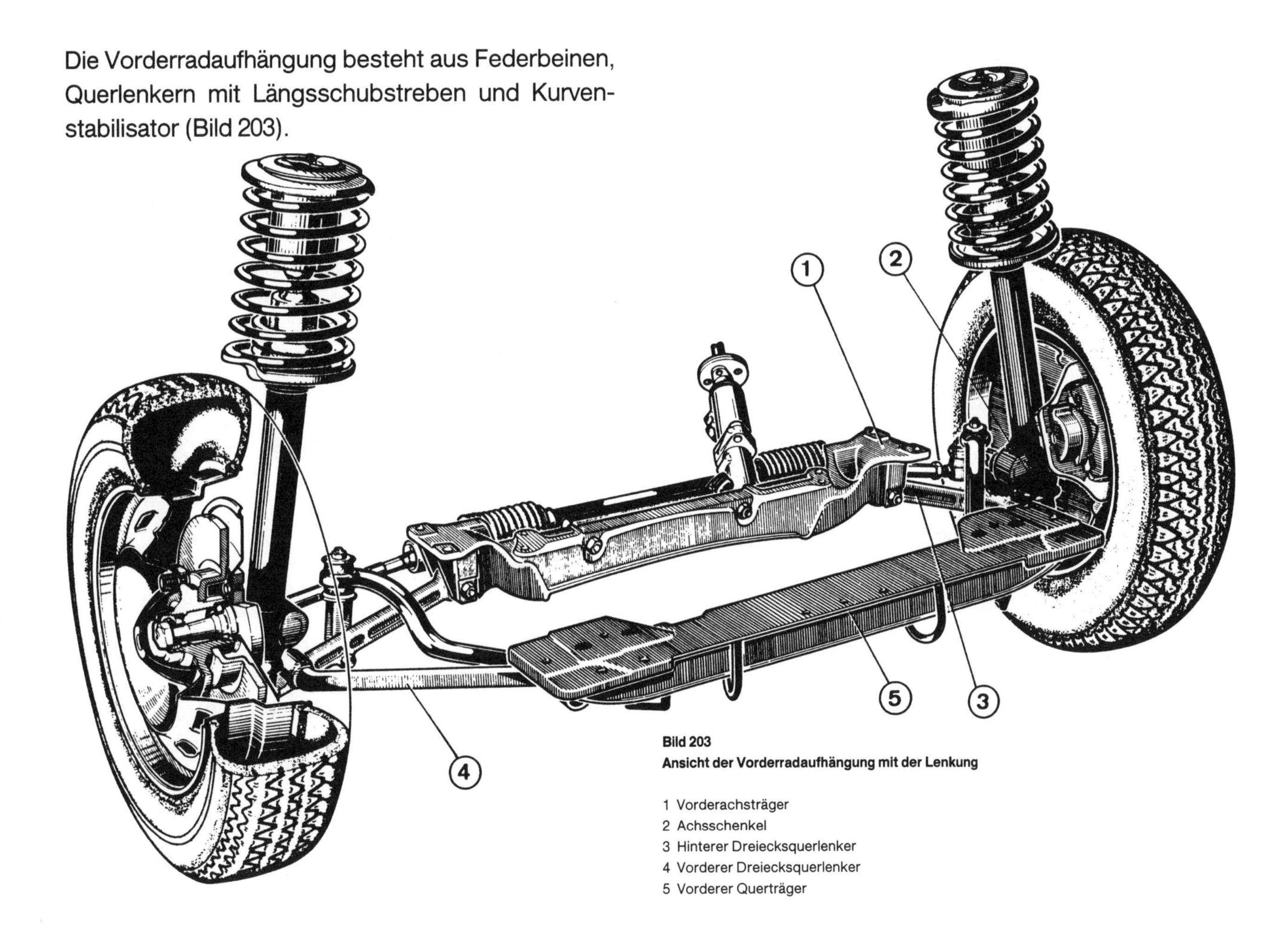

Bild 203
Ansicht der Vorderradaufhängung mit der Lenkung

1 Vorderachsträger
2 Achsschenkel
3 Hinterer Dreiecksquerlenker
4 Vorderer Dreiecksquerlenker
5 Vorderer Querträger

14.1 Spureinstellung

14.1.1 Konventionelle Lenkung

- Die Messung der Vorspur mit einem konventionellen Spurmessgerät vornehmen. Das Fahrzeug muss sich in fahrbereitem Zustand befinden, d. h. Wasser, Öl und Kraftstoff aufgefüllt, Fahrzeug leer. Die Spur soll 4 ± 1 mm betragen.
- Kontermutter der linken Spurstange lösen (Bild 204).
- Körper der Spurstange schwenken, bis die Vorspur 4 ± 1 mm beträgt. Eine Umdrehung der Spurstange ergibt eine Veränderung der Spur von 3 mm.

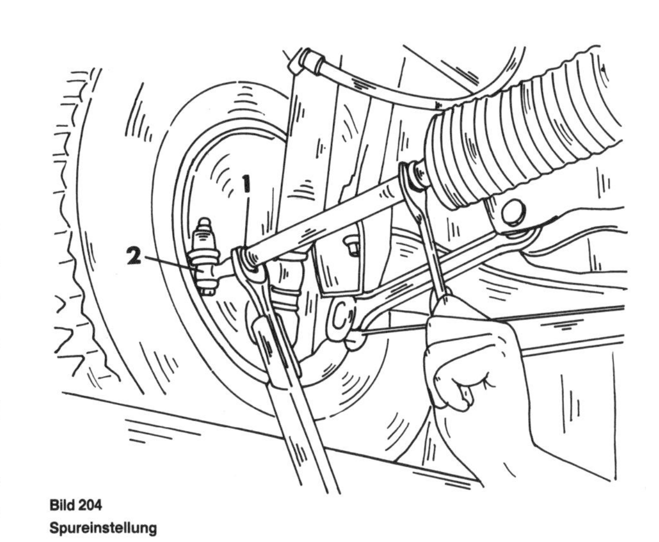

Bild 204
Spureinstellung

1 Kontermutter
2 Kugelgelenkgehäuse

- Kontermutter mit 45 Nm festziehen.
- Kugelgelenkgehäuse gerade stellen.

Bei Korrekturen von mehr als 1,5 mm ist die Einstellung auf die rechte und linke Spurstange zu verteilen.

Durch entgegengesetztes Verstellen der Spurstangen kann das Lenkrad gerade gestellt werden.

14.1.2 Servolenkung

14.1.2.1 Kontrolle der Lenkeinschlagverteilung

Der Lenkmechanismus besitzt keinen besonderen Anschlag, da der Lenkeinschlag durch den Hub des Servolenkungskolbens begrenzt ist. Vor der Einstellung der Vorderachse muss deshalb die richtige Lenkeinschlagverteilung zum Kolbenhub geprüft werden.

- Das Fahrzeug mit den Vorderrädern auf beweglichen Auflagen über eine Arbeitsgrube oder auf eine Hebebühne stellen.
- Die Auflagen entriegeln.
- Zur Versorgung der Lenkhilfe den Motor im Leerlauf drehen lassen.
- Das Lenkrad ganz nach rechts einschlagen und im Anschlag belassen.
- Den Überstand der Servokolbenstange messen und notieren (Mass «a»).
- Das Lenkrad ganz nach links einschlagen und im Anschlag belassen.
- Den Überstand der Kolbenstange messen und notieren (Mass «b»).
- Das Überstandmass («c» in Bild 205) der Kolbenstange bei Geradeausstellung der Räder erhält man durch Halbieren der Summe der Masse «a» und «b»:

  $$c = \frac{a+b}{2}$$

- Das Lenkrad so einschlagen, dass der Überstand der Kolbenstange dem Wert «c» entspricht.

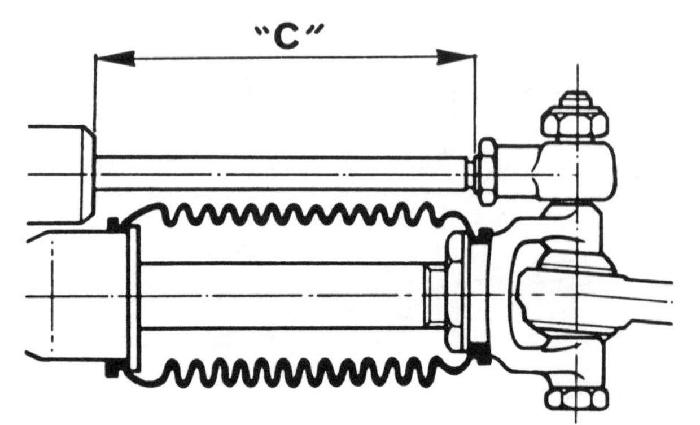

Bild 205
Vorderachse mit Lenkhilfe. Überstandsmass der Kolbenstange.

- Den Motor abstellen.
- Die Ausrichtung der Vorderräder zur Hinterachse mit einem Achsmessgerät prüfen.
- Bei ungenauer Ausrichtung der Vorderräder überprüfen, ob die Spurstangenhebel nicht verformt sind; anschliessend die Längeneinstellung der Spurstangen auf beiden Seiten bis zur richtigen Ausrichtung der Räder verändern.

14.1.2.2 Spureinstellung

Die Einstellung muss am fahrbereiten Fahrzeug vorgenommen werden: Fahrzeug leer, Öl, Wasser und Kraftstoff aufgefüllt. Unter Bezug auf Bild 204.

- An beiden Spurstangen die Muttern je beider Klemmschellen lösen.
- Beide Spurstangen um den gleichen Betrag verstellen, bis die Spur 4 ± 1 mm beträgt.
- Die Klemmschellenmuttern mit 45 Nm anziehen und dabei darauf achten, dass sich die Kugelgelenkgehäuse an den Spurstangenhebeln in horizontaler Lage befinden.

14.2 Vorderachse

14.2.1 Ausbau

Bild 206 zeigt die Teile der Vorderachse.

- Das Fahrzeug über eine Arbeitsgrube oder auf eine Hebebühne stellen.
- Die Batterie abklemmen.
- Die Stellung des Zahnstangenritzels zur Klemmschraube der Gelenkscheibenschelle kennzeichnen.
- Die beiden Befestigungsschrauben der Gelenkscheibe der Lenkung ausbauen. Die Klemmschraube nicht lösen.
- Die beiden Befestigungsmuttern der Anlenkstangen des Torsionsstabilisators am hinteren Dreieckslenkerarm ausbauen.
- Die flachen Unterlagscheiben an Ort und Stelle belassen.
- Die beiden Muttern der Gelenkbolzen der hinteren Dreieckslenkerarme am Vorderachsquerträger ausbauen.
- An Fahrzeugen mit Servolenkung den Niederdruck- und Hochdruckschlauch bei der Pumpe abklemmen.
- Das Fahrzeug vorne mit einem Flaschenzug unter Verwendung von Seilschlingen an den Wagenheber-Führungen anheben, bis die Mittel-

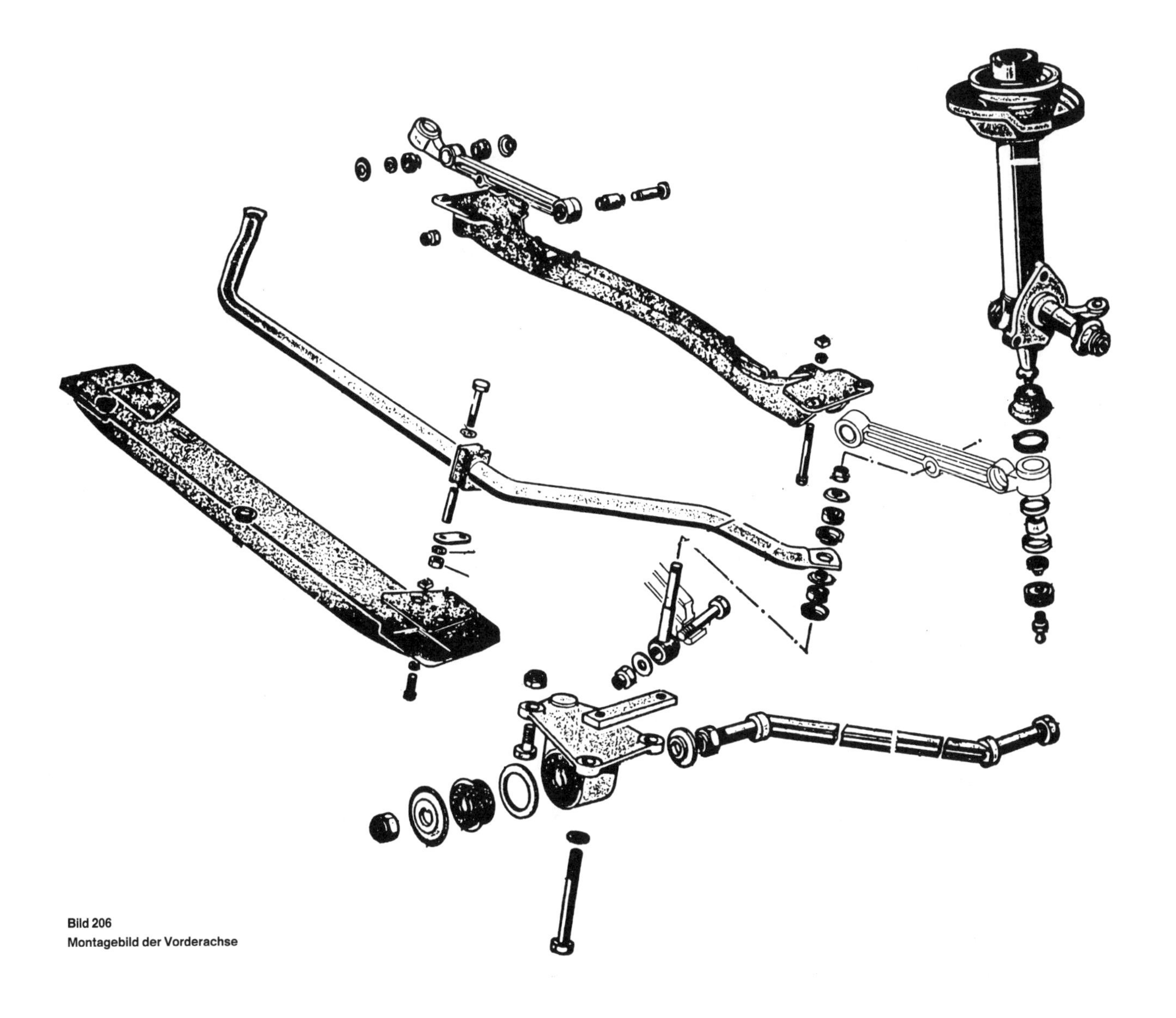

Bild 206
Montagebild der Vorderachse

linien der vier Gelenkbolzen der Vorderachse mit den Bohrungen der Haltetraverse 8.1101 A übereinstimmen.

- Die Haltetraverse (Bild 207) anbringen und die Muttern anziehen.
- Bei Fahrzeugen, an denen der Torsionsstabilisator direkt am hinteren Dreieckslenkerarm befestigt ist:

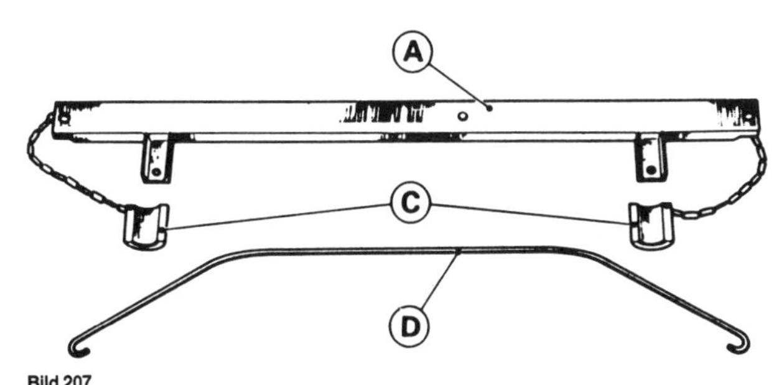

Bild 207
Spezialwerkzeug zum Ausbau der Vorderachse

A Haltetraverse für Dreieckslenkerarme
C Auflageschalen für die vorderen Achsschenkel
D Verbindungsstange für Federbeine

– Die Befestigungsbolzen der Stangen entfernen und sie durch Schrauben 12 × 95 mm ersetzen, welche mit Distanzbüchsen 13 × 21 mm ∅, Länge 30 mm, eingebaut werden.

- Das Fahrzeug absenken.
- Die Auflageschalen («C» in Bild 207) zwischen den Bohrungen für die Gummikegellager der Dreieckslenkerarme und den Erhebungen der Spurstangenhebel der vorderen Achsschenkel anbringen.
- Das Kabel der Verschleisskontrolleuchte abklemmen.
- Vom Anschlussstück die beiden Hauptleitungen und die Leitung für die Hinterradbremsen abklemmen. Die Leitungen verschliessen.
- Die Muttern der Haltelaschen zur Befestigung der Bremsschläuche an den Kotflügelinnenwänden lösen.
- Die Leitungen aus ihren Befestigungen nehmen, ohne die Anschlüsse abzuklemmen.

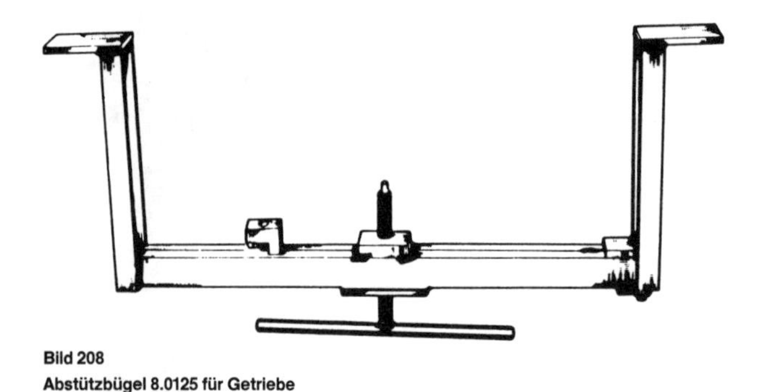

Bild 208
Abstützbügel 8.0125 für Getriebe

- Auf den Längsträgern den Abstützbügel 8.0125 anbringen (Bild 208).
- Die Schraube mit aufgesetztem Ansatz ohne Zwang am Kupplungsgehäuse in Anschlag bringen.
- Die vier Schrauben zur Befestigung der Motorlager am Vorderachsquerträger ausbauen.
- Den vorderen Querträger aufbocken.
- Die zwei unteren Befestigungen des Kühlers am vorderen Querträger ausbauen.
- Die sechs Befestigungsschrauben des vorderen Querträgers entfernen.
- Die vier Befestigungsschrauben des Vorderachsquerträgers ausbauen.
- Die sechs Schrauben zur Befestigung der oberen Schraubenfederhalterungen an den Kotflügelinnenwänden ausbauen.
- Das Fahrzeug vorne mit dem Flaschenzug so weit anheben, dass die Aufhängungselemente freien Durchgang haben.
- Die Federn möglichst hoch mit Hilfe der Stangen («D» in Bild 207) verbinden und die komplette Vorderachse nach vorn ausbauen.
- Das Fahrzeug darf nur an den Montagestellen der vorderen Querträger aufgebockt werden. Andere Auflagepunkte sind nicht zulässig.

14.2.2 Einbau

- Die Vorderachse darf nur saubere und fehlerfreie Teile enthalten.
- Die Vorderachse unter dem vorderen Querträger so unterstützen, dass die Stossdämpfer etwas nach vorn geneigt sind.
- Die Verbindungsstange («D» in Bild 207) abnehmen.
- Die Karosserie auf die Vorderachse absenken.
- Die oberen Halterungen der Schraubenfedern in ihre Sitze einführen.
- Die Aufhängungselemente unter den vorderen Kotflügelinnenwänden mit sechs neuen Doppelfächerscheiben versehenen Schrauben befestigen. Anzugsmoment 10 Nm.
- Die beiden Querträger der Vorderachse unter Verwendung von Schrauben mit neuen Bloc-for-Unterlagscheiben befestigen.
- Den Kühler am vorderen Querträger befestigen.
- Die Auflagescheibe (C) zwischen den Dreieckslenkerarmen und den Achsschenkeln sowie die vier Befestigungsmuttern der Haltetraverse 8.1101 A ausbauen.
- Das Fahrzeug vorne so weit anheben, bis die Haltetraverse von den Befestigungsbolzen der Vorderachse gelöst werden kann.
- Die Haltetraverse ausbauen.
- Den Motor mit Hilfe von vier mit neuen Unterlegscheiben «Grower» versehenen Schrauben am Vorderachsquerträger befestigen.
- Den Abstützbügel 8.0125 für Motor und Wechselgetriebe abnehmen.
- Falls die komplette Vorderachse ausgebaut wurde, müssen die beiden Gelenkbolzen der hinteren Dreieckslenkerarme im Vorderachsquerträger unbedingt bis zum Freilegen der Verzahnung zurückgedrückt werden.
- Den Flaschenzug vollständig entlasten.
- Das Fahrzeug vor- und zurückschieben, damit sich die Gummibüchsen richtig setzen.
- Die beiden Gelenkbolzen der hinteren Dreieckslenkerarme bis zum Anschlag eindrücken.
- Auf diese Gelenkbolzen zwei neuen Nylstopmuttern montieren.
- Die Muttern der Bolzen am Achsträger, die Muttern zur Befestigung der Torsionsstabstangen an den hinteren Dreieckslenkerarmen und die Muttern der Gummikegellager mit je 45 Nm anziehen.
- Die Hauptbremsleitungen und die Bremsleitung der Hinterradbremsen am Anschlussstück anklemmen.
- Das Kabel der Verschleisskontrolleuchte anklemmen.
- Die Bremsschläuche an den Befestigungslaschen an den Kotflügelinnenwänden anbringen.
- Die Schelle der Gelenkscheibe der Lenkung in die beim Ausbau gekennzeichnete Stellung bringen.
- Die Gelenkscheibe mit zwei neuen Nylstopmuttern befestigen.
- Die Bremsanlage entlüften.
- Die Vorderradspur einstellen.
- An Fahrzeugen mit Servolenkung beide Hydraulikschläuche an der Pumpe anschliessen.

14.3 Hintere Dreieckslenkerarme

14.3.1 Zerlegung

Für diese Arbeit empfiehlt sich der Gebrauch der Spezialwerkzeugsätze 8.0906 und 8.0907.

- Die Einheit mit Hilfe des Halters (H) in den Schraubstock einspannen (Bild 209).

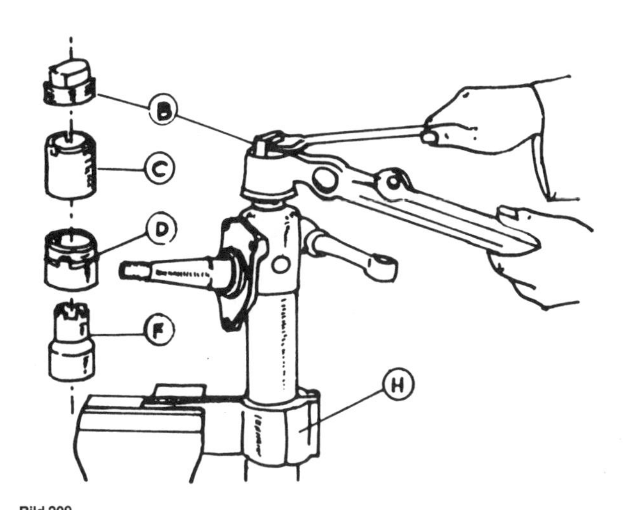

Bild 209
Ausbau des hinteren Dreieckslenkerarms und Spezialwerkzeuge dazu.

- Den Radnabendeckel und die Achsschenkelmutter ausbauen.
- Die Einheit Radnabe/Bremsscheibe entfernen.
- Die drei Befestigungsschrauben des Bremsscheibenschutzbleches ausschrauben und das Schmiernippelschutzblech*, das Bremsscheibenschutzblech und die Bremsträgerplatte* ausbauen.
- Die Verschlussmutter des Achsschenkelkugelgelenks sorgfältig entsichern.
- Die Verschlussmutter mit dem Schlüsselansatz (C) oder (D) ausbauen.
- Die Befestigungsmutter des Achsschenkelkugelgelenks mit dem Nockenschlüssel (F) ausbauen.
- Den hinteren Dreieckslenkerarm mit dem Abzieher (B) ausbauen.
- Den Abzieher (B), die Schutzmanschette mit Sicherungsring, die untere Kugelpfanne, das Achsschenkelkugelgelenk und die obere Kugelpfanne vom Arm trennen.

(Die mit einem * bezeichneten Teile fehlen bei Achsschenkeln mit integrierter Bremsträgerplatte.)

14.3.2 Zusammenbau

- Alle Teile reinigen und auf einwandfreien Zustand prüfen.
- Die folgenden Teile sollten grundsätzlich ausgetauscht werden (Bild 210): die Gummimanschette (1), der Sicherungsring (2), die obere Kugelpfanne (3), die Achsschenkel-Gelenkkugel (4) (falls notwendig), die untere Kugelpfanne (5), die Kugelgelenkmutter (6), die Verschlussmutter (7) und der Silentblock (8) des Dreiecklenkerarms (falls notwendig).

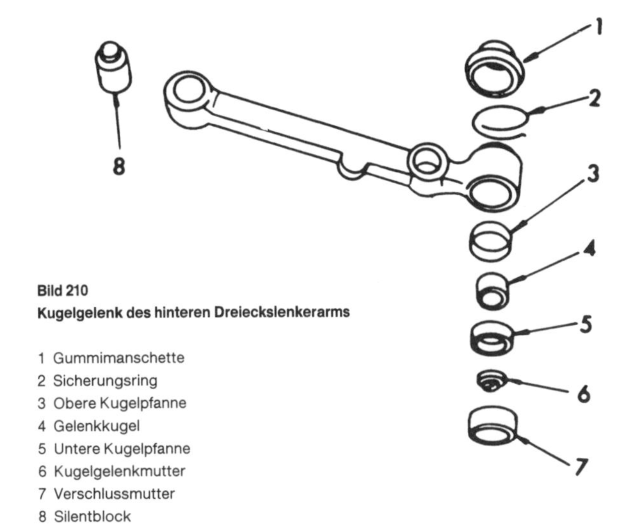

Bild 210
Kugelgelenk des hinteren Dreieckslenkerarms

1 Gummimanschette
2 Sicherungsring
3 Obere Kugelpfanne
4 Gelenkkugel
5 Untere Kugelpfanne
6 Kugelgelenkmutter
7 Verschlussmutter
8 Silentblock

- Die Gummimanschette eingetalgt in den Dreieckslenkerarm einbauen und mit dem Sicherungsring befestigen.
- Die obere, grüne Kugelpfanne (8 mm dick) einsetzen.
- Den Sitz mit «Esso Multipurpose H» schmieren.
- Den so weit zusammengesetzten Dreieckslenkerarm auf dem kegelförmigen Zapfen des Achsschenkelkugelgelenks anbringen.
- Die Gelenkkugel einbauen.
- Die Befestigungsmutter mit dem Nockenschlüssel (F) mit 45 Nm anziehen.
- Die Mutter mit Hilfe des Werkzeuges (P) sichern.
- Die untere weisse Kugelpfanne aus Nylon (10 mm Stärke) auf die Gelenkkugel setzen.
- Eine neue Verschlussmutter montieren und mit dem Schlüsselansatz (C) oder (D) mit 7,5 Nm anziehen.
- Den Arm in alle Richtungen bewegen, damit sich die Kugelpfannen richtig setzen, und dann nochmals nachziehen.
- Die Verschlussmutter mit Hilfe des Werkzeuges (N) verstemmen.

14.4 Austausch der Gummibuchsen

14.4.1 Gummibuchse des hinteren Dreiecklenkerarms

- Auf die eingeölte Schraube 8.0907 A (siehe Bild 211) der Reihe nach montieren: den Dorn (C) in der abgebildeten Stellung, die Innenbüchse des Silentblocks (1) des Dreiecklenkerarms (2), die Büchse (E), die Scheibe (D) und die zur Schraube (A) gehörende Mutter.

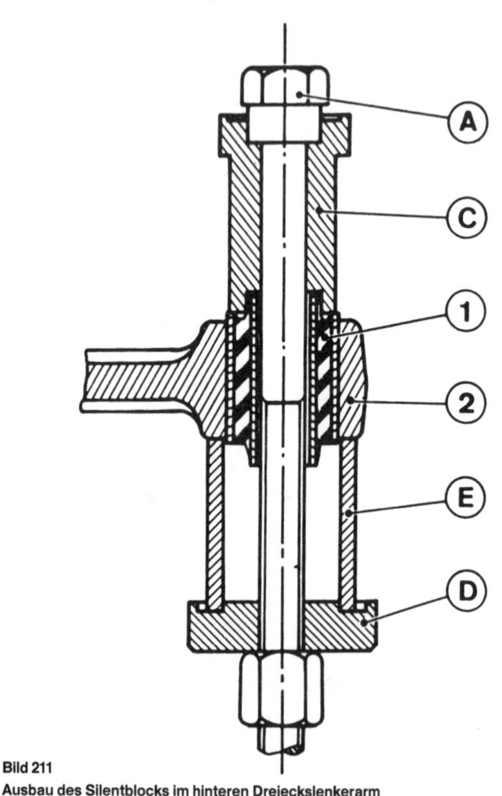

Bild 211
Ausbau des Silentblocks im hinteren Dreieckslenkerarm

A Schraube 8.0907 A
C Dorn
D Scheibe
E Distanzbüchse
1 Silentblock
2 Dreieckslenkerarm

- Die Mutter einschrauben, bis der Silentblock ganz ausgepresst ist.
- Alle Teile vom Dreieckslenkerarm abnehmen.
- Vor dem Einbau die Aussenwand des neuen Silentblocks und die Bohrung des Dreiecklenkerarms eintalgen.
- Die gleichen Teile wie in Bild 211 auf der Schraube (A) montieren, die Büchse (C) jedoch in der umgekehrten Anordnung (mit dem breiteren Ende auf dem Silentblock aufliegend). Den Silentblock mit der Schrägkante zum Arm einsetzen.
- Die Mutter anziehen, bis der Dorn (C) am Dreieckslenkerarm aufliegt. Die Form der Aussparung im Dorn bestimmt die richtige Lage des Silentblocks im Arm.
- Das Montagewerkzeug ausbauen.

14.4.2 Gummibuchse der Lagerhaltung

- Auf die eingeölte Schraube 8.0907 A der Reihe nach montieren (Bild 212): die Scheibe (D), die Büchse (F), die Lagerhalterung (1) in der abgebildeten Stellung, den Dorn (B) und die zur Schraube gehörende Mutter.

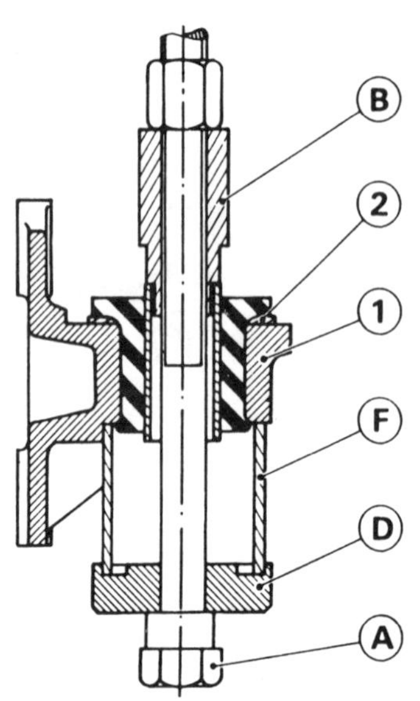

Bild 212
Ausbau des Silentblocks der Lagerhalterung

A Schraube 8.0907 A
B Dorn
D Scheibe
F Distanzbüchse
1 Lagerhalterung
2 Auflagescheibe

- Die Mutter anziehen, bis der Silentblock ganz freiliegt.
- Die Auflagescheibe (2) aufbewahren (falls vorhanden).
- Den neuen Silentblock vor der Montage in Brennspiritus tauchen.
- Jeder aus der Halterung ausgebaute Silentblock ist grundsätzlich auszutauschen, auch wenn er neu ist.
- Die Kerbe an der inneren Metallbüchse des neuen Silentblocks muss zur Querstabilisatorhalterung gerichtet und parallel zur Achse gerichtet sein.
- Bei falscher Ausrichtung des Silentblocks den vorderen Dreieckslenkerarm provisorisch einbauen, die Mutter anziehen und die Stellung der Kerbe gleich nach der Montage des Silentblocks berichtigen, indem man den vorderen Dreieckslenkerarm als Hebel benützt.
- Alle Teile in der gleichen Anordnung wie beim Ausbau auf die Schraube (A) montieren.
- Die Mutter anziehen, bis der Bund des Silentblocks aufliegt.
- Die Befestigungsschrauben der Lagerhalterung mit 37,5 Nm anziehen.

- Die Befestigungsmuttern des vorderen Arms am hinteren Arm und an der Lagerhalterung mit 45 Nm anziehen.

14.5 Vorderradnaben

14.5.1 Ausbau

Wir möchten darauf hinweisen, dass Spezialwerkzeuge zum Einstellen des Radlagerspiels erforderlich sind. Nur wenn man sich diese besorgen kann, sollte die Vorderradnabe ausgebaut werden.

- Fahrzeug vorn auf Böcke setzen und das Rad auf der betreffenden Seite abschrauben.
- Den Bremssattel abschrauben und mit einem Stück Draht am Fahrgestell befestigen, damit er nicht am Schlauch herunterhängen kann.
- Die Nabenfettkappe mit einem Schraubenzieher abklopfen.
- Die Nabenmutter lösen.
- Die Radnabe durch Hin- und Herwackeln vom Achsstumpf herunterziehen. Falls das innere Lager auf dem Achsstumpf verbleibt, kann es mit einem Universalabzieher heruntergezogen werden.

14.5.2 Einbau

Falls das Gewinde des Achsstumpfes Beschädigungen aufweist, muss der Achsschenkel grundsätzlich erneuert werden. In diesem Fall den Achsschenkel ausbauen. Die neuen Radlager auf den Achsstumpf stecken, um zu kontrollieren, ob sie sich ohne grosse Schwierigkeiten aufschieben lassen. Beim Einbau und Einstellen der Radnabe folgendermassen vorgehen:

- Die Einheit Radnabe/Bremsscheibe auf den Achsstumpf aufstecken und mit einem Gummihammer vollkommen aufschlagen.
- Den gut eingefetteten Lagerkäfig des äusseren Radlagers in die Radnabe und über den Achsstumpf stecken und vorsichtig mit einem Dorn anschlagen.
- Die Anlaufscheibe auf den Achsstumpf schieben und eine neue Radnabenmutter aufschrauben, bis sie gegen die Scheibe anliegt.
- Die Radnabe mit einer Hand hin- und herdrehen, während die Mutter mit einem Drehmoment von 40 Nm angezogen wird. Kontrollieren, ob sich die Radnabe einwandfrei durchdrehen lässt.
- Die Nabenmutter wieder vollkommen lösen und wieder anziehen, aber dieses Mal nur auf 10 Nm.
- Die Bremsscheibe mit einem in Benzin oder Alkohol getränkten Lappen reinigen.
- Anlageflächen des Bremssattels und Achsschenkels gründlich reinigen und den Bremssattel montieren. Die Schrauben mit 85 Nm anziehen und das Sicherungsblech umschlagen (Teves-Bremssattel), oder ohne Unterlegscheibe oder Sicherungsblech mit 130 Nm anziehen (Bendix-Bremssattel).
- Der oben erwähnte Werkzeugsatz 8.0616 ist jetzt zum Einstellen des Radlagerspiels erforderlich:
  - Die Hohlschraube (1) in Bild 213 auf einem der Radbolzen anbringen und mit 20 Nm anziehen.
  - Den verstellbaren Stützring (2) auf die Hohlschraube von Hand bis zum Anschlag aufschrauben.

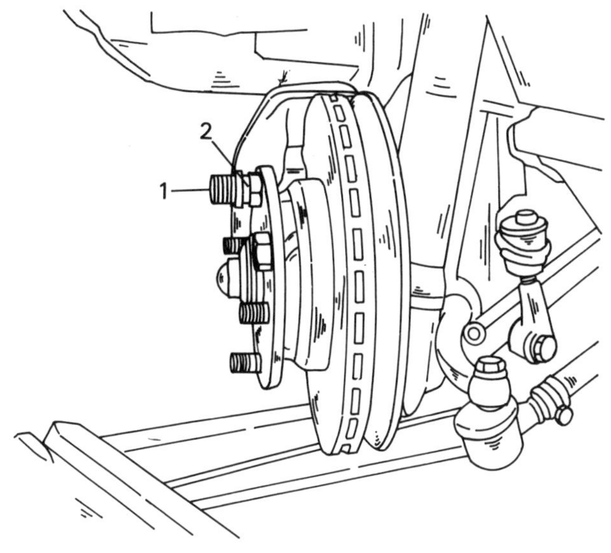

Bild 213
Zum Einstellen der Vorderradlager

1 Hohlschraube
2 Verstellbarer Stützring

  - Die Lehre (3) in Bild 214 aufsetzen, ohne dabei die Stellung der Nabenmutter zu verändern und die Schraube (4) gegen die Nabenmutter anziehen.
  - Den verstellbaren Stützring (1) in Berührung mit der Lehre (3) bringen, ohne ihn dabei zu zwingen.
  - Die Bremsscheibe gegen den Uhrzeigersinn drehen, um die Hohlschraube (2) mit dem Ende des Längslochs der Lehre (3) zu bringen. Wieder darauf achten, dass die Stellung der Nabenmutter nicht verändert wird.

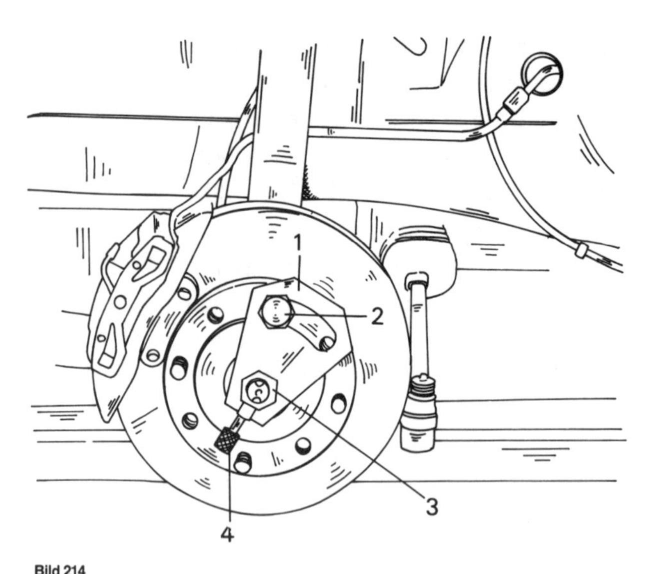

Bild 214
Zum Einstellen der Vorderradlager

1 Verstellbarer Stützring
2 Hohlschraube
3 Lehre
4 Feststellschraube

Bild 216
Zum Einstellen der Vorderradlager

1 Feststellmutter
2 Hohlschraube
3 Lehre

- Die Arretiermutter in der Mitte der Hohlschraube leicht anziehen, um die Bremsscheibe zu arretieren.
- Die Lenksäule mit dem Lenkschloss sperren.
- Den Pedaldrücker 8.0804, wie in Bild 215 gezeigt, zwischen dem Lenkrad und dem Bremspedal einsetzen und den Stellring (a) aufschrauben, bis die Schlitze (b) verdeckt werden und die Bremsscheiben blockiert sind.

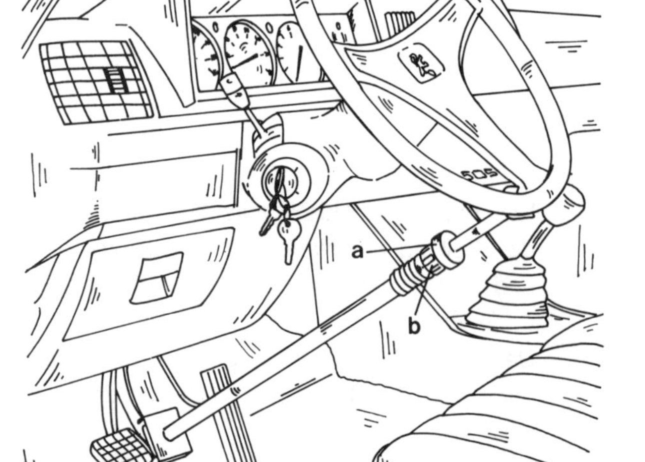

Bild 215
Pedaldruckstange in das Fahrzeug eingesetzt

a Stellring
b Schlitze

- Die Kontermutter (1) in Bild 216 lockern und die Lehre (3) bis zum Anliegen der Hohlschraube (2) am anderen Ende des Langlochs schwenken.
- Die Mutter (1) mit 10 Nm anziehen.
- Die Achswellenmutter in dieser Lage mit einem stumpfen Meissel sichern. Das Mutternmaterial muss in die Nut des Achsstumpfes eingeschlagen werden.
- Die Lehre wieder abschrauben und kontrollieren, ob sich die Anlaufscheibe hinter der Mutter frei drehen kann.

- Die Nabenfettkappe mit dem Dichtring auf die Radnabe aufschlagen.
- Rad wieder anbringen, Fahrzeug auf den Boden ablassen und die Radmuttern mit 60 Nm anziehen.
- Die Pedaldruckstange entfernen.

14.5.3 Radlager erneuern

- Die Radnabe mit den Radbolzen nach oben gerichtet auf einen Schraubstock auflegen und mit einem Dorn das innere Radlager und den Dichtring aus der Radnabe ausschlagen.
- Die Innenseite der Radnabe einwandfrei reinigen und mit einem Dorn den äusseren Lagerring heraustreiben.
- Die Radnabe auf dem Schraubstock umkehren und den Lagerring auf der anderen Seite in gleicher Weise ausschlagen.

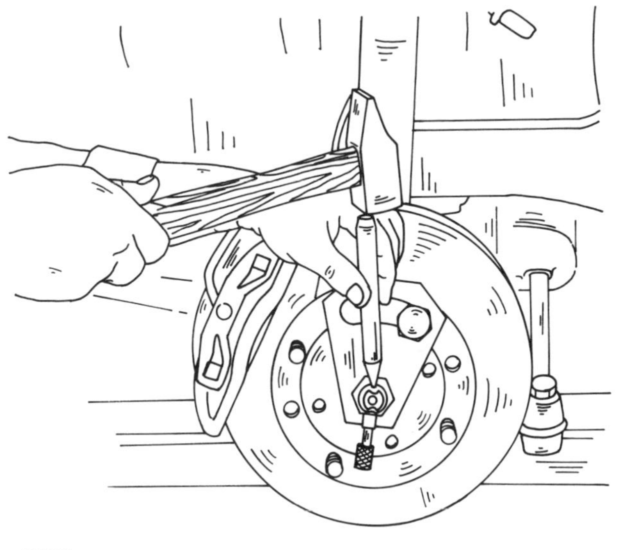

Bild 217
Verstemmen der Radnabenmutter nach der Einstellung

Vor dem Einbau der neuen Lager kontrollieren, ob sich die beiden Lagerkäfige ohne schwere Stellen auf den Achsstumpf aufschieben lassen. Falls erforderlich, den Stumpf etwas mit Sandpapier abziehen, oder falls die ursprünglichen Lager verwendet werden, die Innenseite der Käfige etwas reinigen. Falls das Gewinde des Achsstumpfes erneuert wird, muss ein neuer Achsschenkel eingebaut werden.

Beim Zusammenbau die Lagerlaufringe mit einem geeigneten Dorn einschlagen. Darauf achten, dass der jeweilige Ring ringsherum einwandfrei ansitzt.

Den inneren Lagerkäfig gut einfetten und in den Lagerlaufring einlegen. Übermässiges, herausgequetschtes Fett abwischen und den Dichtring einschlagen, bis er an der Aussenseite bündig abschneidet.

Die Nabenbohrung und die Öffnung des Lagerlaufringes des äusseren Lagerlaufringes mit insgesamt 50 g Lagerfett füllen. Die Radnabe ist jetzt wieder einbaubereit.

15 Die Lenkung

Eine Zahnstangenlenkung wird bei allen Modellen eingebaut, jedoch kann diese mit oder ohne Lenkhilfe, d. h. Servounterstützung arbeiten. Bild 218 zeigt eine Ansicht der eingebauten Servolenkung. Obwohl die Möglichkeit besteht, beide Lenkungsausführungen zu überholen, empfehlen wir, dass man eine neue Lenkung einbaut, falls die alte ausgeschlagen ist. In schlimmen Fällen ist normalerweise eine neue Zahnstange mit Gehäuse erforderlich und da diese die Hauptbestandteile der Lenkung bilden, ist es weitaus wirtschaftlicher, ein Neuteil einzubauen.

15.1 Konventionelle Lenkung

15.1.1 Aus- und Einbau

- Das Fahrzeug über eine Arbeitsgrube oder auf eine Hebebühne auffahren oder die Vorderseite auf Böcke setzen.
- Die Kugelgelenke beider Spurstangen nach Lösen der Muttern abdrücken und die Spurstange aus dem Eingriff mit den Lenkhebeln bringen.
- Die Klemmschraube lösen, mit welcher die Gelenkscheibe an der Lenksäule befestigt ist, oder die beiden Schrauben der Gelenkscheibe vom Flansch der Lenksäule lösen und die Gelenkscheibe an der Lenkung lassen.
- Die beiden Befestigungsschrauben des Lenkgetriebes am Vorderachsträger ausbauen. Die Schrauben sind gesichert, d. h. die Sicherung muss vorher gelöst werden.
- Die Lenkung von der Unterseite des Fahrzeuges nach hinten zu herausheben, wobei die Spurstangen entsprechend zu führen sind.

Der Einbau der Lenkung geschieht in umgekehrter Reihenfolge als der Ausbau:

- Die Lenkradspeichen senkrecht stellen.
- Die Zahnstange genau in die Mittelstellung bringen. Dazu die Lenkung an der Gelenkscheibe in einen Einschlag drehen und aus diesem in den

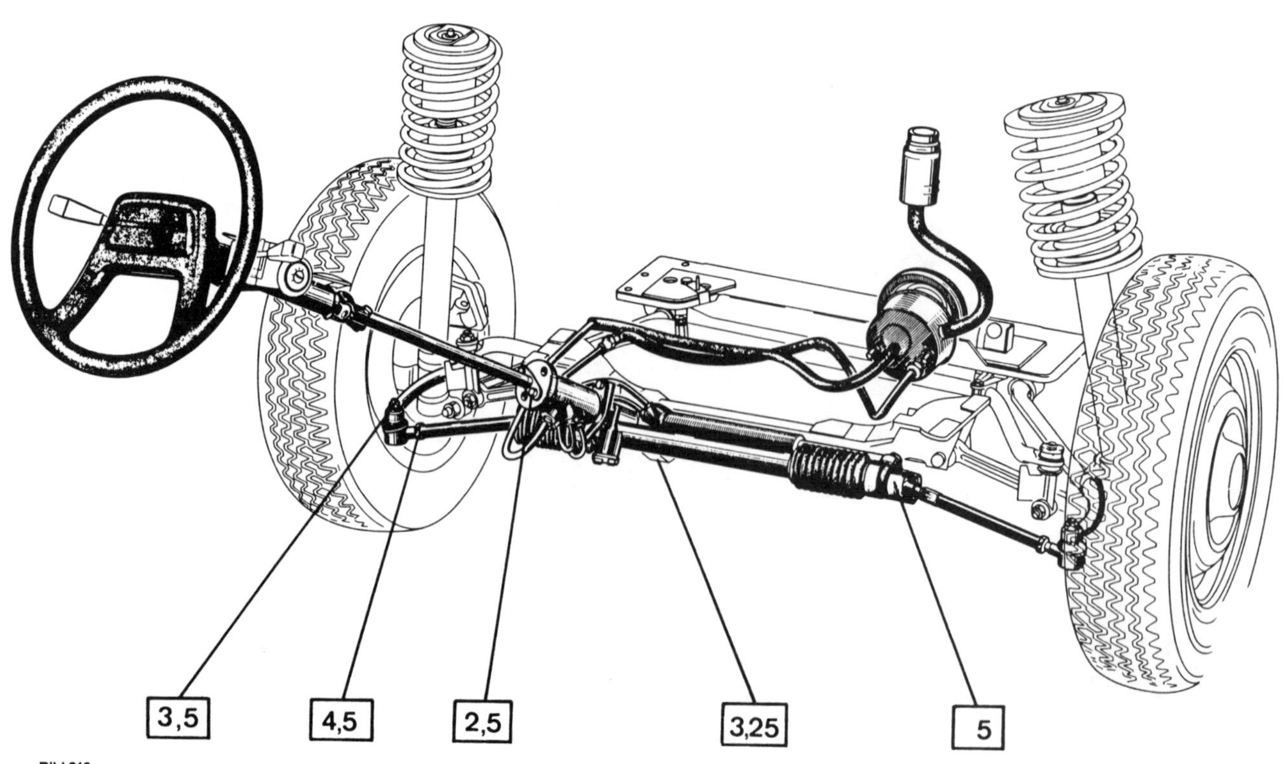

Bild 218
Servolenkung mit Anzugsdrehmomenten in mkp (× 10 = Nm)

anderen drehen und die Umdrehungen des Lenkritzels zählen. Gelenkscheibe um genau die Hälfte der gezählten Umdrehungen zurückdrehen. Dies ist die Mittelstellung.

- Die Lenkung in ihre Lage setzen und die beiden Befestigungsschrauben der Lenkung eindrehen. Die Schrauben mit 32,5 Nm anziehen. Die Sicherungsbleche umschlagen.
- Den Flansch der Lenksäule mit der Lenkungsgelenkscheibe verbinden, die beiden Schrauben einsetzen und sie mit 25 Nm anziehen.
- Falls das Gelenkscheibenflansch an der Ritzelwelle gelöst wurde, die Schraubenbohrung mit einem passenden Dorn ausfluchten und die Schraube einsetzen. Die Mutter anziehen.
- Spurstangen an den Lenkhebeln anschliessen und neue, selbstsichernde Muttern mit 35 Nm anziehen.
- Abschliessend die Vorspur kontrollieren und ggf. einstellen, wie es in Kapitel 14.1.1 beschrieben wurde.

15.2 Servolenkung

15.2.1 Beschreibung

Ein doppeltwirkender Hydraulikzylinder betätigt über einen Verbindungsbolzen die Zahnstange. Ein Verteilerventil über dem Zahnritzel steuert die Beaufschlagung des Kolbens im Zylinder mit Drucköl in Abhängigkeit vom Drehmoment, das auf die Lenkspindel ausgeübt wird. Das Öl wird von der Hydraulikpumpe je nach Fahrzustand unter mehr oder weniger hohen Druck gesetzt. Bei einem Ausfall der Hydraulikanlage wird das Verteilerventil kurzgeschlossen, und die Lenkung arbeitet ohne Servounterstützung mit höherem Kraftaufwand weiter.

15.2.2 Wartung der Hydraulikanlage

Folgende Punkte sind zu beachten:

- Bei der Ölstandskontrolle ist zu beachten, dass der Ölstand je nach Temperatur schwankt.
- Im kalten Zustand muss der Ölstand bis zur Markierung an der Unterseite des Vorratsbehälters reichen, darf jedoch nicht unterhalb der «Min.»-Markierung liegen.
- Im warmen Zustand muss der Ölstand bis zur Markierung an der Oberseite reichen.
- Stets auf vollständige Dichtheit der Hydraulikanlage achten.

Beim Hydraulikölwechsel muss das Öl immer bei abgestelltem Motor und abgeklemmter Batterie abgelassen werden. Folgendermassen vorgehen:

- Den Einfüllstopfen entfernen.
- Den Hochdruckschlauch (3) in Bild 219 an der Pumpe abschliessen und das Öl vollkommen auslaufen lassen. Zum vollständigen Ablassen das Lenkrad bei abgestelltem Motor mehrmals von Anschlag zu Anschlag drehen.

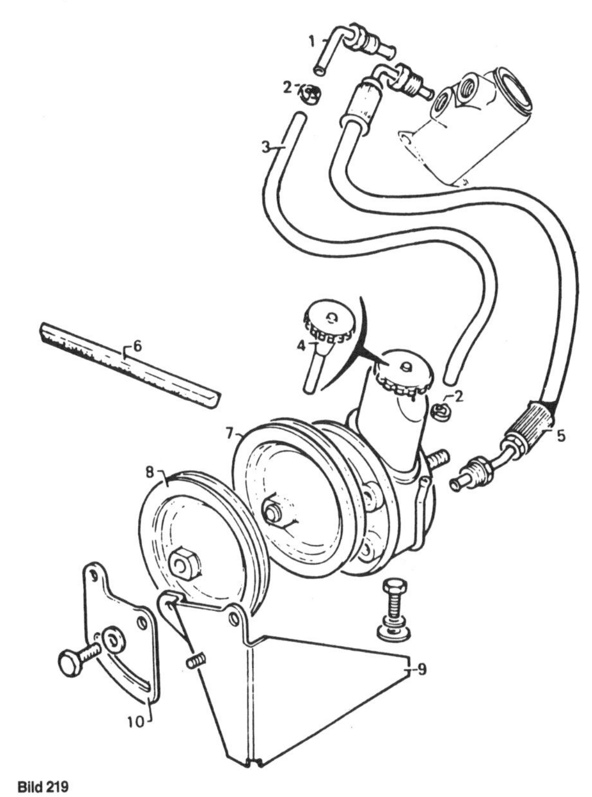

Bild 219
Hydraulikpumpe

1 Hochdruckanschluss
2 Nippel
3 Hochdruckleitung
4 Verschlussdeckel
5 Niederdruckleitung
6 Antriebsriemen
7 Riemenscheibenhälfte
8 Riemenscheibenhälfte
9 Halter
10 Spannvorrichtung

- Den Hochdruckschlauch an der Pumpe anschliessen.
- Etwa 3 dl Hydraulikflüssigkeit ESSO B 11216 in den Vorratsbehälter der Pumpe giessen.
- Bei abgestelltem Motor das Lenkrad langsam von Anschlag zu Anschlag drehen.
- Den Vorratsbehälter wieder auffüllen.
- Den Motor in Gang setzen.
- Zum Entlüften der Hydraulikanlage das Lenkrad bei laufendem Motor mehrmals von Anschlag zu Anschlag drehen.
- Bei Absinken des Ölstandes jeweils Hydraulikflüssigkeit einfüllen. Die Gesamtfüllmenge beträgt 0,65 Liter.

15.2.3 Aus- und Einbau der Lenkung

- Das Fahrzeug über eine Arbeitsgrube oder auf eine Hebebühne auffahren, oder die Vorderseite auf Böcke setzen.
- Die Batterie abklemmen.
- Von der Unterseite des Fahrzeuges den Schlauch aus dem Zylinder ausschrauben und das auslaufende Öl in einem Behälter auffangen. Das Lenkrad dazu einige Male aus einem Einschlag in den anderen drehen.
- Die beiden Leitungen vom Verteilerzylinder abschliessen und die Leitungs- und Schlauchenden sowie die Anschlüsse in geeigneter Weise verschliessen.
- Die Kugelgelenke beider Spurstangen nach Lösen der Muttern abdrücken und die Spurstange aus dem Eingriff mit den Lenkhebeln bringen.
- Die Befestigungsschraube des Zylinders vom vorderen Querträger lösen (Bild 220).
- Die Klemmschraube lösen, mit welcher die Gelenkscheibe an der Lenksäule befestigt ist, oder die beiden Schrauben der Gelenkscheibe vom Flansch der Lenksäule lösen und die Gelenkscheibe an der Lenkung lassen.
- Die beiden Befestigungsschrauben des Lenkgetriebes am Vorderachsträger ausbauen. Die Schrauben sind gesichert, d. h. die Sicherung muss vorher gelöst werden. Darauf achten, dass die Leitungen zwischen Verteilerventil und Lenkungszylinder dabei nicht verbogen werden.
- Die Lenkung von der Unterseite des Fahrzeuges nach hinten zu herausheben, wobei die Spurstangen entsprechend zu führen sind.

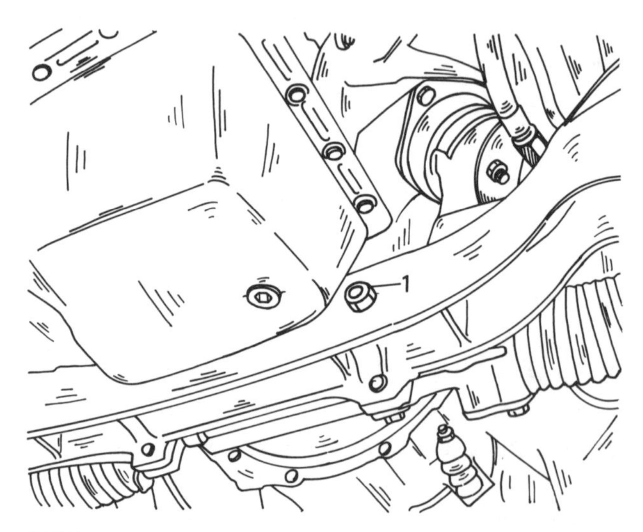

Bild 220
Die Schraube (1) hält den Zylinder der Servolenkung an einem Ende zum Querträger

Der Einbau der Lenkung geschieht in umgekehrter Reihenfolge als der Ausbau:

- Die Lenkradspeichen senkrecht stellen.
- Die Zahnstange genau in die Mittelstellung bringen. Dazu die Lenkung an der Gelenkscheibe in einen Einschlag drehen und aus diesem in den anderen drehen und die Umdrehungen des Lenkritzels zählen. Gelenkscheibe um genau die Hälfte der gezählten Umdrehungen zurückdrehen. Dies ist die Mittelstellung.
- Den Bolzen von innen durch das Auge des Arbeitszylinders schieben und das Distanzstück von der anderen Seite aufsetzen. Dies muss durchgeführt werden, ehe die Lenkung eingesetzt wird.
- Die Lenkung in ihre Lage setzen und den Bolzen der Zylinderbefestigung soweit wie möglich in den Querträger einschieben.
- Die beiden Befestigungsschrauben der Lenkung eindrehen. Die Schrauben mit 32,5 Nm anziehen und die Sicherungsbleche umschlagen.
- Eine Mutter auf die Schraube des Zylinderbolzens aufdrehen und mit 55 Nm anziehen.
- Den Flansch der Lenksäule mit der Lenkungsgelenkscheibe verbinden, die beiden Schrauben einsetzen und sie mit 25 Nm anziehen.
- Falls das Gelenkscheibenflansch an der Ritzelwelle gelöst wurde, die Schraubenbohrung mit einem passenden Dorn ausfluchten und die Schraube einsetzen. Die Mutter anziehen.
- Den Schlauch und die Leitung mit den Überwurfmuttern am Verteilerventil anschliessen und beide Muttern mit 25 Nm anziehen.
- Spurstangen an den Lenkhebeln anschliessen und neue, selbstsichernde Muttern mit 35 Nm anziehen.
- Abschliessend die Vorspur kontrollieren und ggf. einstellen, wie es in Kapitel 14.1.1 beschrieben wurde.
- Die Servoanlage auffüllen (siehe Kapitel 15.2.2).

16 Die Vorderradaufhängung

Der Peugeot 505 besitzt eine selbsttragende Karosserie, vorne Federbeine mit koaxialen Teleskopstossdämpfern, Querlenkern mit Längsschubstreben und Kurvenstabilisator. Die Bilder 218 und 221 zeigen die Vorderradaufhängung und die Lenkung, Bild 222 zeigt ein vorderes Federbein.

16.1 Ausbau

- Das Fahrzeug vorne anheben, entweder mit einem Flaschenzug und einer Seilschlinge an den vorderen Wagenheberführungen, oder mit Hilfe eines fahrbaren Wagenhebers, der unter dem vorderen Querträger angesetzt wird.
- Das Fahrzeug beidseitig unter dem vorderen Querträger aufbocken.
- Das Rad der betreffenden Seite abnehmen.
- Den Bremssattel ausbauen und an der Karosserie aufhängen, ohne den Bremsschlauch zu lösen.
- Den Kugelbolzen der Spurstange mit Hilfe eines Abziehers lösen.
- Den Befestigungsbolzen der Anlenkstange des Torsionsstabilisators am hinteren Querlenker ausbauen.
- Den Lagerbolzen des hinteren Querlenkerarms durch leichte Schläge austreiben.
- Die Mutter zur Befestigung des vorderen am hinteren Lenkerarm entfernen.
- Einen Wagenheber unter der Radnabe ansetzen.
- Die drei oberen Befestigungsschrauben des Federbeines am Kotflügel entfernen.
- Die Feder an einer Windung festhalten.
- Den Wagenheber absenken und das Federbein ausbauen.

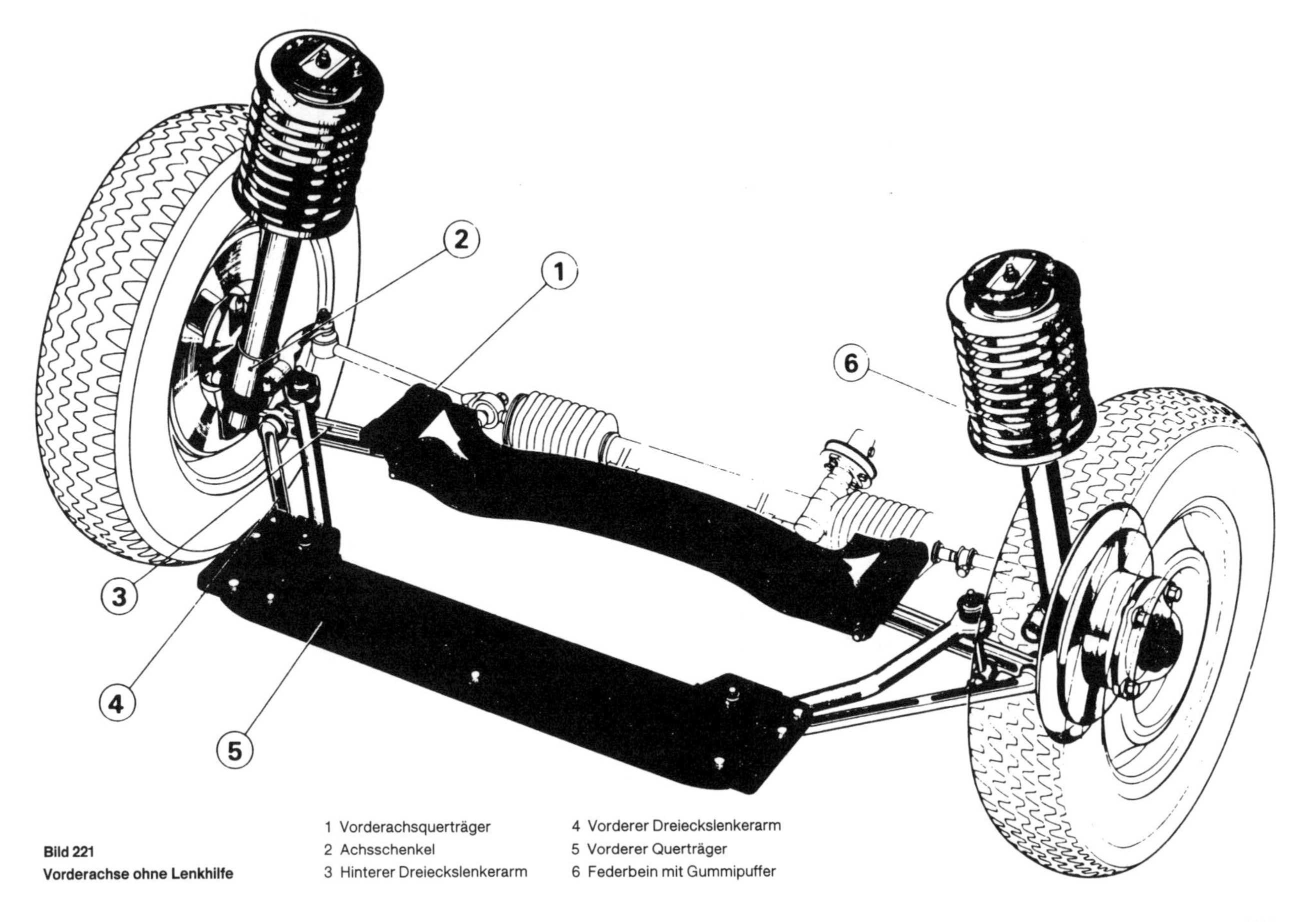

Bild 221
Vorderachse ohne Lenkhilfe

1 Vorderachsquerträger
2 Achsschenkel
3 Hinterer Dreieckslenkerarm
4 Vorderer Dreieckslenkerarm
5 Vorderer Querträger
6 Federbein mit Gummipuffer

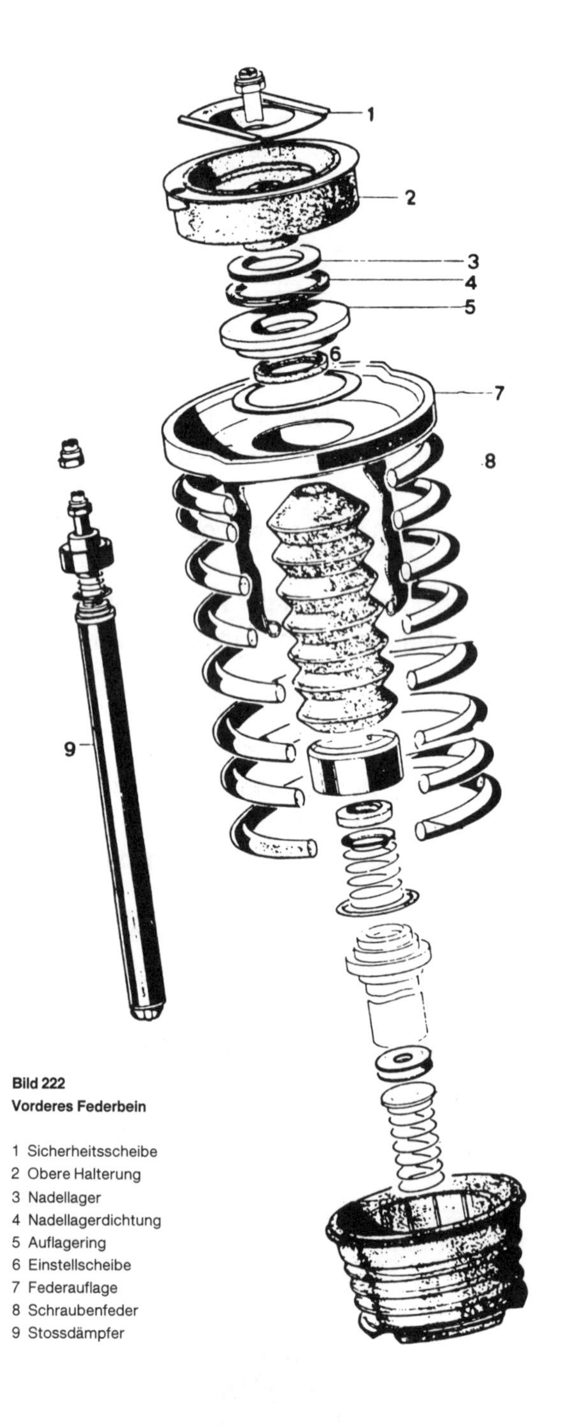

Bild 222
Vorderes Federbein

1 Sicherheitsscheibe
2 Obere Halterung
3 Nadellager
4 Nadellagerdichtung
5 Auflagering
6 Einstellscheibe
7 Federauflage
8 Schraubenfeder
9 Stossdämpfer

16.2 Zerlegung und Zusammenbau

Bei Ersatzteilbestellungen ist zu beachten, dass im Laufe der Zeit verschiedene Teile der Vorderradaufhängung (Dichtringe und Befestigungselemente) geändert wurden. Geben Sie deshalb immer die genaue Seriennummer an.

Zum Zerlegen der Aufhängung empfiehlt sich der Gebrauch des Spezialwerkzeugsatzes 8.0906 (Bild 223).

- Das Aufhängungselement mit Hilfe des Halters (H) waagrecht in den Schraubstock spannen.
- Die Spannvorrichtung (A) an der Feder anbringen (Bild 224).
- Die beiden Schrauben abwechselnd betätigen, bis die obere Federhalterung die Führungsrohre in (a) berührt.
- Die Stossdämpferstange mit Hilfe des Schlüssels (M) festhalten und die Mutter abschrauben.
- Die beiden Schrauben der Spannvorrichtung ausschrauben, bis die Feder entspannt ist.
- Die Spannvorrichtung, die obere Halterung, den oberen Federteller und die Feder ausbauen.
- Die Gummuschutzmanschette der Stossdämpferstange ausbauen.
- Das Federbein senkrecht in den Schraubstock spannen und die Stossdämpfer-Verschlussmut-

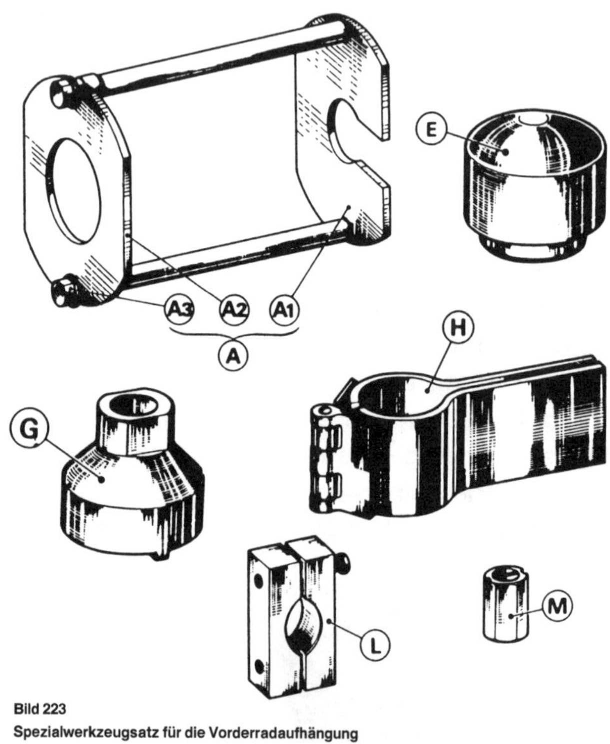

Bild 223
Spezialwerkzeugsatz für die Vorderradaufhängung

A Federspannvorrichtung
E Vorrichtung für den Einbau der unteren Nadellagerdichtung
G Schlüsselansatz für die Verschlussmutter der vorderen Stossdämpfer
H Halter
L Halteschelle für Federbein
M Halteschlüssel für die vordere Stossdämpferstange

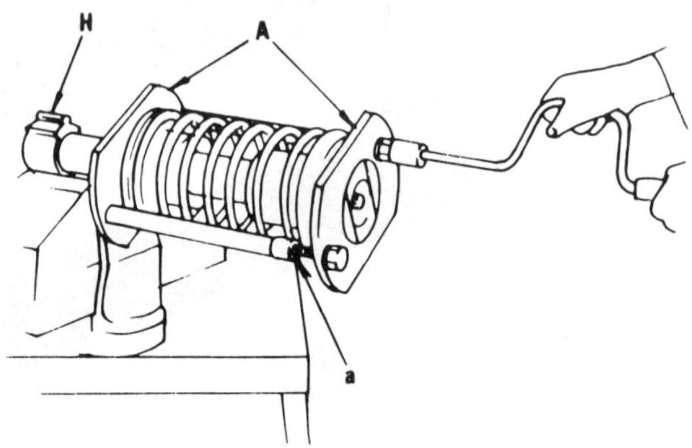

Bild 224
Spannen der Feder zum Ausbau der Stossdämpfer

ter mit Hilfe des Ansatzes (G) und eines Maulschlüssels ausbauen.

- Die Stossdämpferstange langsam herausziehen, damit kein Öl verspritzt wird, und die Stange mit dem Kolben ausbauen.
- Von der Stange die Schutzkappe mit der Stangendichtung, die Tellerscheibe und die obere Feder sowie die Lagerdichtung aus Gummi ausbauen.
- Die obere Auflageschale mit ihrer Dichtung versehen, vorsichtig auf die Stange aufschieben, bis sie an der Tellerscheibe der Feder anliegt.
- Die Verschlussmutter ganz auf das Stossdämpfergehäuse aufschrauben und mit Hilfe des Schlüsselansatzes (G) mit 80 Nm anziehen.
- Von Hand prüfen, ob sich die Stossdämpferstange verschieben und drehen lässt.
- Die Stossdämpferstange bis in den oberen Anschlag schieben.
- Den Haltebund (L) so auf die Stossdämpferstange montieren, dass er an der Schutzkappe anliegt, und die beiden Klemmschrauben fest anziehen.
- Die Gummimanschette auf der Stossdämpferstange anbringen.
- Das Federbein waagrecht in den Schraubstock spannen.
- Den Auflagering des Nadellagers mit dem Dichtungssitz nach oben auf eine Bleiunterlage legen.
- Die Gummidichtung mit der Dichtlippe gegen den Dorn auf dem Dorn (E) anbringen.
- Den Dorn mit der Dichtung am Auflagering des Nadellagers ansetzen und mit einem Hammer auf den Dorn schlagen, bis die Dichtung ganz in ihrem Sitz liegt.
- Das Nadellager ausgiebig mit «Esso-Multipurpose Grease H» schmieren.
- Auf die obere Halterung der Feder montieren: die Anschlagscheibe mit dem Bund nach unten, das Nadellager mit den Nadeln nach oben, den Dichtring des Nadellagers mit der grossen Dichtlippe nach unten, den Auflagering des Nadellagers mit der Dichtung nach unten und schliesslich die Einstellscheibe.
- Am Federbein die Schraubenfeder, die obere Auflageschale der Feder und die zusammengebaute obere Halterung anbringen.
- Die Spannvorrichtung (A) anbringen.
- Die Feder durch wechselweises Anziehen der beiden Schrauben der Spannvorrichtung zusammendrücken und dabei darauf achten, dass die Stossdämpferstange in die Bohrung der Spannvorrichtung eintritt.
- Die Sicherheitsscheibe anbringen und ihren Ansatz in die Nut der Halterung einführen.
- Eine neue Nylstopmutter aufschrauben, die Stange mit dem Schlüssel (M) halten und die Mutter mit 45 Nm anziehen.
- Die Spannvorrichtung (A) und den Haltebund (L) abbauen.
- Die Gummischutzkappe der Stossdämpferstange an der Verschlussmutter anbringen.

16.3 Einbau

Folgendermassen vorgehen (Federbeinbefestigung siehe Bild 225):

- Die obere Federbeinhalterung so drehen, dass die Sicherheitsscheibe parallel zur Fahrzeuglängsachse ausgerichtet ist.
- Das komplette Element auf einen fahrbaren und ganz abgesenkten Wagenheber stellen und unter dem Kotflügel ansetzen.
- Den Wagenheber anheben und die Befestigungsbohrungen an der Karosserie und am Federbein aufeinander ausrichten.
- Das Federbein mit drei mit neuen Doppel-Fächerscheiben versehenen Schrauben befestigen. Anzugsmoment 10 Nm.

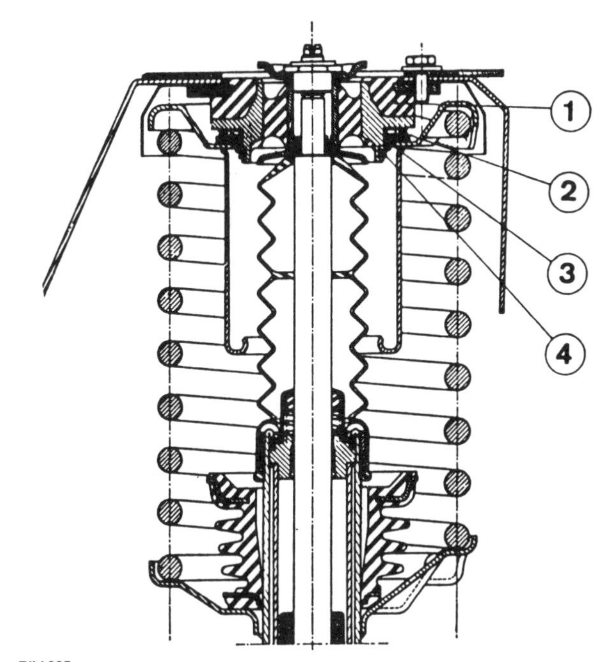

Bild 225
Querschnitt durch die Federbeinbefestigung

1 Obere Halterung
2 Obere Dichtung
3 Auflagering
4 Untere Dichtung

- Den Wagenheber entfernen.
- Die Auflagescheibe, die Auflageschale und das Gummihalblager «Articône» in der aufgezählten Reihenfolge auf den vorderen Querlenker montieren.
- Den so vorbereiteten Querlenker in das Auge des hinteren Querlenkers einführen und das zweite Gummihalblager, die Auflageschale und eine neue Nylstopmutter montieren.
- Den Lagerbolzen des hinteren Querlenkers mit dem Kopf nach hinten bis in die Höhe der Keilnuten einführen.
- Eine neue Nylstopmutter aufschrauben, aber noch nicht festziehen.
- Die Zwischenstange des Torsionsstabilisators am hinteren Querlenker befestigen; der Schraubenkopf muss nach hinten gerichtet sein.
- Die Beilegscheibe anbringen und eine Mutter aufschrauben, aber noch nicht festziehen.
- Die Spurstange mit dem Lenkhebel verbinden und dabei den Kugelbolzen so ausrichten, dass die Splintbohrung (falls vorhanden) senkrecht zur Spurstangenachse ausgerichtet ist.
- Die Mutter des Kugelbolzens mit einer neuen Fächerscheibe versehen.
- Die Mutter mit 35 Nm anziehen (Bundmutter).
- Den Bremssattel montieren.
- Die mit neuen Fächerscheiben «Blocfor» versehenen Schrauben mit 70 Nm anziehen.
- Das Rad montieren und die Radmuttern mit 60 Nm anziehen.
- Das Fahrzeug auf den Boden stellen.
- Das Fahrzeug bewegen und anschliessend den Lagerbolzen des hinteren Querlenkers mit einem Dorn ganz einschlagen.
- Die Lagerbolzenmutter des hinteren Querlenkers, die Verbindungsmutter vorderer – hinterer Querlenker und die Befestigungsmutter der Zwischenstange des Torsionsstabilisators am hinteren Querlenker 45 Nm anziehen.

17 Die Hinterradaufhängung

Die Hinterradaufhängung des Peugeot 505 besteht aus der selbsttragenden Karosserie, Einzelradaufhängung mit Dreieckschräglenkern, Schraubenfedern und innenliegenden Teleskopstossdämpfern, sowie Kurvenstabilisator (Bild 253 und 254).

17.1 Stossdämpfer

17.1.1 Aus- und Einbau

- Vom Kofferraum aus die Nylstopmutter am oberen Ende des Stossdämpfers abschrauben. Dazu die Stossdämpferstange an ihrer Abflachung mit einem 5-mm-Maulschlüssel halten.
- Die obere Auflageschale aus Blech und die Gummi-Unterlagscheibe abnehmen.
- Am Längslenker den unteren Stossdämpferbefestigungsbolzen ausbauen.
- Den Stossdämpfer durch die Längslenkeröffnung ausbauen.
- Nach jedem Ausbau müssen die Gummi-Unterlagscheiben, die obere Blech-Auflageschale und die Nylstopmutter ausgewechselt werden.
- Die Stossdämpferstange in ihre höchste Stellung bringen.
- Folgende Teile auf die Stossdämpferstange montieren (Bild 228); die Tellerscheibe, den Schutzzylinder, die Zentrierscheibe, den Gummiring und die Distanzscheibe aus Nylon.
- Den Stossdämpfer in seinen Sitz einführen, wobei die Stange in die Öffnung der Aufhängungstraverse zu liegen kommt.
- Den unteren Befestigungsbolzen mit einer neuen Blocfor-Fächerscheibe montieren und die Mutter aufschrauben, aber noch nicht festziehen.
- Den Gummiring und die obere Blech-Auflageschale an der Stossdämpferstange anbringen (die Schale mit dem umgebördelten Rand nach oben).
- Die Nylstopmutter aufschrauben und mit 12,5 Nm anziehen.

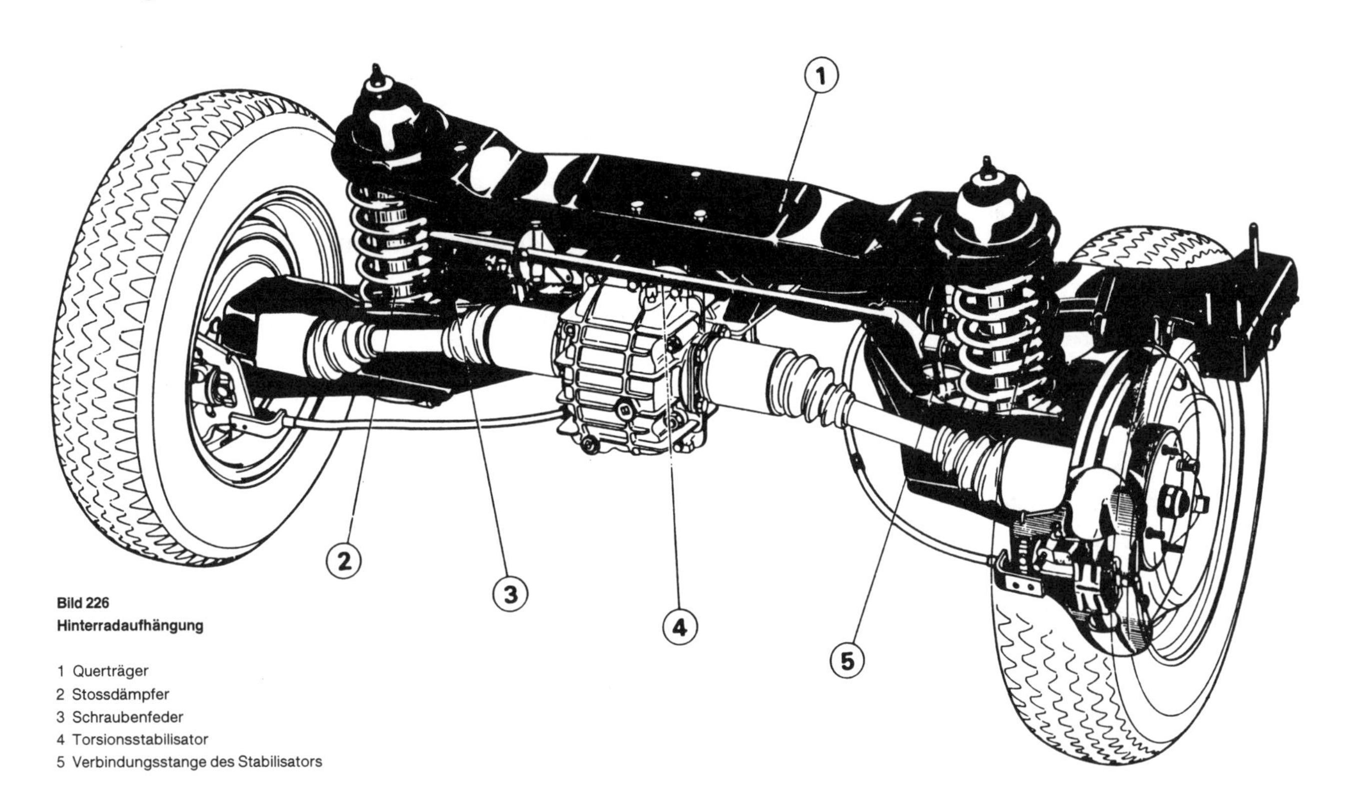

Bild 226
Hinterradaufhängung

1 Querträger
2 Stossdämpfer
3 Schraubenfeder
4 Torsionsstabilisator
5 Verbindungsstange des Stabilisators

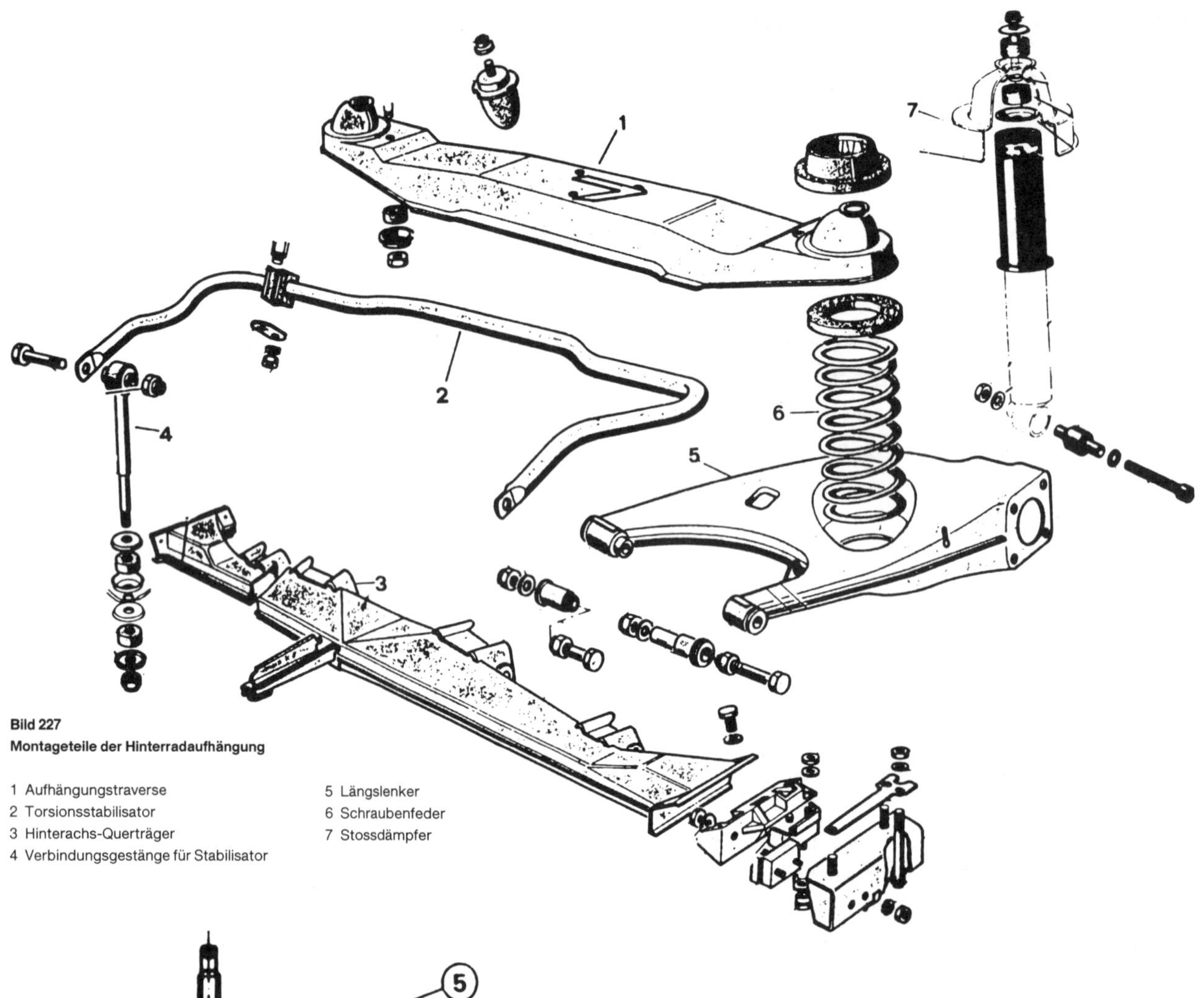

Bild 227
Montageteile der Hinterradaufhängung

1 Aufhängungstraverse
2 Torsionsstabilisator
3 Hinterachs-Querträger
4 Verbindungsgestänge für Stabilisator
5 Längslenker
6 Schraubenfeder
7 Stossdämpfer

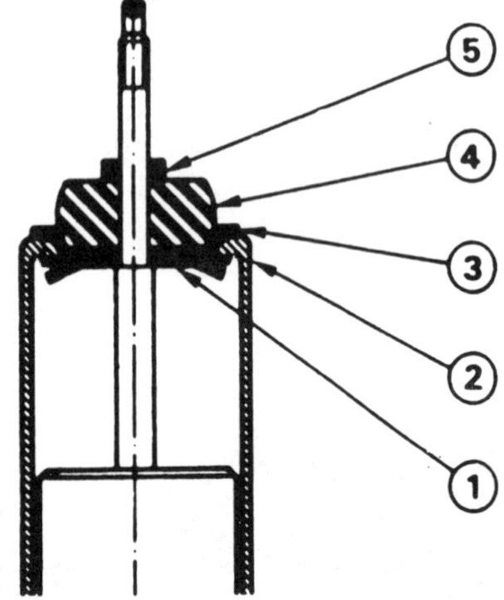

Bild 228
Querschnitt durch die Stossdämpferbefestigung

1 Tellerscheibe
2 Äusseres Schutzrohr
3 Zentrierscheibe
4 Gummiring
5 Nylonscheibe

- Die Mutter des unteren Stossdämpferbefestigungsbolzens mit 45 Nm anziehen.

17.1.2 Austausch des Stossdämpfer-Silentblocks

- Den alten Silentblock mit Hilfe einer passenden Unterlage und eines Dorns auspressen.
- Die Aussenseite des neuen Silentblocks und die Wandung des Stossdämpferauges mit Talg schmieren.
- Den Silentblock mit der Abschrägung voran in das Stossdämpferauge einpressen. Der Block soll auf beiden Seiten gleich weit aus dem Stossdämpferauge vorstehen.

17.2 Aufhängungstraverse

17.2.1 Ausbau

- Das Fahrzeug über eine Arbeitsgrube oder auf eine Hebebühne stellen.
- Die hintere Befestigungsmutter der Auspuffleitung unter der Karosserie ausbauen.
- Die beiden Befestigungsbriden der elastischen Lager des Torsionsstabilisators lösen und den Drehstab von der Karosserie abnehmen.
- Die beiden Befestigungsschrauben des Hinterachsgetriebes an der Aufhängungstraverse abnehmen. Den hinteren Teil des Verbindungsrohres auf dem Hinterachsquerträger ablegen.

- Die Muttern der Lagerbolzen der hinteren Längslenker lockern.
- Den hinteren Befestigungsflansch der Kraftstoffleitung ausbauen.
- Einen Wagenheber unter der linken seitlichen Stütze des Querträgers ansetzen.
- Die Rücksitzbank ausbauen.
- Die drei Befestigungsmuttern des Hinterachsquerträgers lockern (Bild 229).

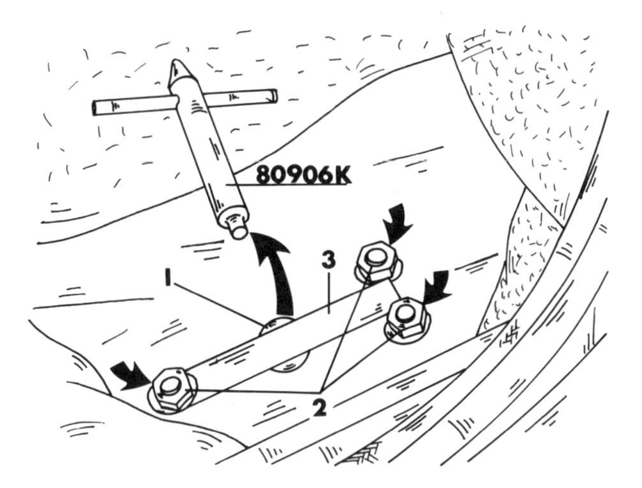

Bild 229
Befestigung des Hinterachsträgers

1 Plastikstopfen
2 Unterlegscheiben
3 Sicherungsblech

- Die vordere Befestigungsmutter abschrauben.
- Das Sicherungsblech anheben.
- Den Kunststoffstopfen der Passbohrung abnehmen.
- In diese Bohrung den Bolzen 8.0906 (K1) ganz einschrauben und mit Hilfe des Stiftes (K2) anziehen (Bild 186). Den Stift in der Bohrung des Bolzens stecken lassen.
- Die hinteren Befestigungsmuttern des Querträgers mit ihren Auflagescheiben abnehmen.
- Den Querträger langsam absenken, bis der Stift des Führungsbolzens am Fahrzeugboden aufliegt.
- Die gleichen Arbeiten an der rechten Seite ausführen.
- Das Fahrzeug hinten anheben und an den hinteren Längsträgern aufbocken.
- Die Räder abnehmen.
- Die Stossdämpfer ausbauen.
- Das Fahrzeug hinten anheben, bis die Federn frei werden.
- Die Federn und ihre oberen Gummiauflageschalen herausnehmen.
- Die Befestigungsmuttern der Aufhängungstraverse unter der Karosserie ausbauen.
- Die Tellerscheiben aus Blech und die Gummischeiben abnehmen.
- Die Aufhängungstraverse von der Karosserie lösen und vorsichtig seitlich herausziehen.
- Die Gummiauflageschalen ausbauen.

17.2.2 Einbau

- Die Gummiauflageschalen mit reinem Teepol bestreichen, um ihren Einbau zu erleichtern, und die Schalen an der Aufhängungstraverse anbringen.
- Die Traverse seitlich einführen und in Einbaulage bringen.
- Die Traverse mit den Gummi-Unterlagscheiben, den Blech-Tellerscheiben, neuen Blocfor-Fächerscheiben und Muttern an der Karosserie befestigen.
- Die Muttern mit 32,5 Nm anziehen.
- Die oberen Gummiauflageschalen der Federn in ihre Sitze unter der Aufhängungstraverse kleben.
- Die Federn einsetzen.
- Das Fahrzeug absenken und die Federn in die oberen Auflageschalen einführen.
- Die Stossdämpfer montieren (siehe Kapitel 17.1.1), die unteren Befestigungsbolzen vorläufig noch nicht festziehen.
- Die Räder montieren und die Radmuttern mit 60 Nm anziehen.
- Das Fahrzeug auf die Räder stellen.
- Mit einem unter der rechten seitlichen Stütze angesetzten Wagenheber den Hinterachs-Querträger anheben, bis er den Fahrzeugboden berührt.
- Den Führungsbolzen (K1) ausbauen.
- Die Passbohrung mit dem Kunststoffstopfen verschliessen.
- Die flachen Unterlagscheiben, ein neues Sicherungsblech und die Befestigungsmuttern an den drei Stiftschrauben anbringen.
- Die Muttern mit 65 Nm anziehen und durch Umbiegen der Blechzungen sichern.
- Den Querträger an der linken Seite in gleicher Weise befestigen.
- Die Rücksitzbank einbauen.
- Das Hinterachsgetriebe mit zwei mit neuen Onduflexscheiben versehenen Inbusschrauben an der Aufhängungstraverse befestigen. Die Schrauben mit 37,5 Nm anziehen.
- Die Lagerungen des Torsionsstabilisators mit «Molykote G» bestreichen.

- Den Torsionsstabilisator unter der Karosserie befestigen.
- Den hinteren Befestigungsflansch der Kraftstoffleitung anbringen.
- Die Auspuffleitung hinten an der Karosserie befestigen.
- Zwei Personen auf die Rücksitzbank setzen, um die Silentblöcke in ihre neutrale Stellung zu bringen.
- Die Muttern der unteren Stossdämpferbefestigungsbolzen mit 45 Nm anziehen.
- Die Muttern der Längslenker-Lagerbolzen mit 65 Nm anziehen.

17.2.3 Ausbau der Aufhängungstraverse von der ausgebauten Hinterachse

- Die Hinterachse unter den Längslenkern und dem Querträger aufbocken.
- Die Federn werden durch die Stossdämpfer am Entspannen gehindert. Die obere Stossdämpferbefestigung darf niemals gelockert werden, ohne vorher die Federn mit einer geeigneten Vorrichtung zu spannen.
- Die Spannvorrichtung 8.0906 A, die aus einem Flansch und zwei Zughaken besteht, an der Feder anbringen, wie Bild 230 zeigt.

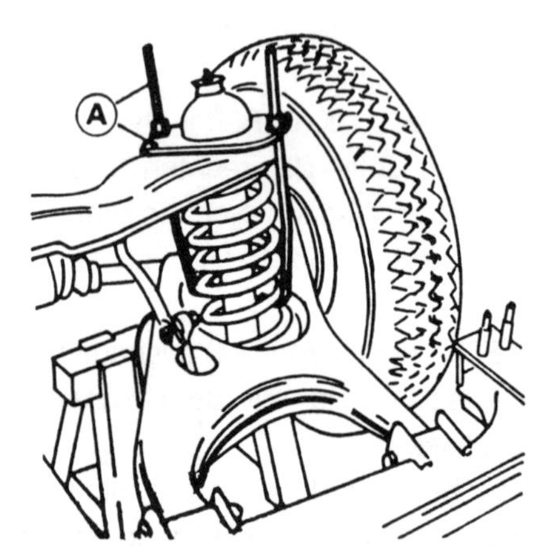

Bild 230
Zusammendrücken einer Hinterfeder mit dem Federspanner 8.0906A

- Die Muttern beider Zughaken gleichzeitig anziehen, bis die Gummischeiben der oberen Stossdämpferbefestigung vollständig entspannt sind.
- Die Nylstopmutter der oberen Stossdämpferbefestigung lockern, dazu die Stossdämpferstange mit einem 5-mm-Maulschlüssel festhalten.
- Die obere Blechauflageschale und die Gummi-Unterlegscheibe ausbauen.
- Die Muttern beider Zughaken gleichzeitig aufschrauben, bis die Feder vollständig entspannt ist.
- Die Spannvorrichtung ausbauen.
- Die zweite Feder in gleicher Weise entspannen.
- Die beiden Befestigungsschrauben des Hinterachsgetriebes an der Aufhängungstraverse ausbauen.
- Das Verbindungsrohr auf dem Querträger abstellen.
- Die Aufhängungstraverse und die Schraubenfedern ausbauen.

17.2.4 Einbau der Aufhängungstraverse an die ausgebaute Hinterachse

Der Einbau erfolgt in umgekehrter Ausbaureihenfolge, wobei folgende Punkte zu beachten sind:

- Für die obere Stossdämpferbefestigung eine neue Gummischeibe verwenden.
- Die Gummiauflageschalen der Federn mit Teepol bestreichen und auf die Federn legen.
- Die beiden Befestigungsschrauben des Hinterachsgetriebes an der Traverse erst handfest anziehen. Die Schrauben werden erst nach dem Einbau der Hinterachse in das Fahrzeug mit 37,5 Nm angezogen.
- Die Stossdämpfer mit neuen Blechauflageschalen und neuen Nylstopmuttern befestigen.

17.3 Hinterer Längslenker

17.3.1 Aus- und Einbau

- Nach dem Ausbau der Hinterachse und der Aufhängungstraverse bereitet der Ausbau eines Längslenkers keine besonderen Schwierigkeiten.
- Beim Ausbau den Längslenker etwas anheben, damit der Stossdämpfer nicht ganz ausgezogen ist.
- Beim Einbau den Längslenker mit zwei durch die Befestigungsaugen gesteckten Dornen sichern. Zuerst den äusseren, dann den inneren Lagerbolzen einführen.
- Die obere Gummilagerschale mit Teepol bestreichen.
- Den Längslenker mit einem Wagenheber anheben und die Feder in ihren Sitz einführen; dabei auf die Verbindungsstange des Torsionsstabilisators achten.

17.3.2 Austausch eines Silentblocks des hinteren Längslenkers

- Den ausgebauten Längslenker zwischen Schonbacken im Schraubstock einspannen.

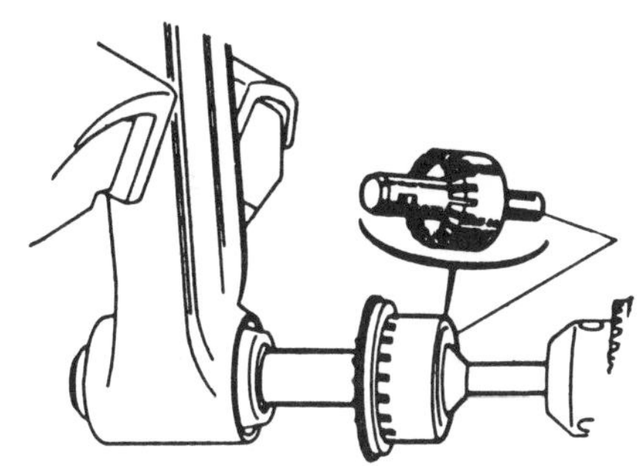

Bild 231
Ausfräsen des Silentblocks aus dem hinteren Längslenker

- Den Zapfenfräser («L» in Bild 231) in eine Handbohrmaschine mit einer Drehzahl nicht über 600/min spannen.
- Den Silentblock in mehreren Ansätzen ausfräsen, damit der Fräser nicht heiss läuft. Entweder trocken fräsen oder mit Bremsflüssigkeit schmieren.
- Mit Fräsen aufhören, sobald der Flansch des Silentblocks vom Fräser mitgenommen wird.
- Den Silentblock unter der Presse ausbauen.
- Den neuen Silentblock und seinen Sitz im Längslenker mit Talg schmieren.
- Den neuen Silentblock einpressen, bis sein Flansch am Lenker anliegt.
- Beim Einpressen im Anschlag eine Kraft von 3 Tonnen nicht überschreiten.

18 Bremsen

Der Peugeot 505 wird mit Vierradscheibenbremsen oder konventionell vorne Scheiben-, hinten Trommelbremsen ausgestattet. Das Zweikreisbremssystem ist mit einem Bremskraftverstärker, einem Bremskraftregler und einer mechanischen Handbremse, auf die Hinterräder wirkend, ausgerüstet.

18.1 Einstellung der Fussbremse (Betriebsbremse)

Die Vorderradscheibenbremsen erfordern keinerlei Nachstellung, um den Verschleiss der Bremsklötze auszugleichen, da der Kolben oder die Kolben die Bremsklötze automatisch näher an die Bremsscheiben heranbringen, während sich das Bremsklotzmaterial abnutzt.
Die Hinterradbremsen-Scheibenbremsen stellen sich in gleicher Weise wie die Vorderrad-Scheibenbremsen nach.
Die Hinterrad-Trommelbremsen werden automatisch durch einen in der Bremsanlage eingebauten Nachstellmechanismus nachgestellt, indem sich die Backen bei jeder Betätigung der Bremse näher an die Bremstrommeln heransetzen. Die Nachstellung der Bendix-DBA-Bremsen kann entweder durch ein Zahnsegment oder eine Mikrometerschraube erfolgen.

18.2 Die Vorderrad-Scheibenbremsen

Entweder von Bendix DBA (Serie IV) oder Teves (Typ SR 54) hergestellte Scheibenbremsen können eingebaut sein.

18.2.1 Bremsklötze erneuern

Zur Kontrolle der Stärke des Bremsklotzmaterials die Räder abnehmen und die verbleibende Stärke des Materials überprüfen. Falls die Stärke kleiner als ungefähr zwei aufeinandergelegte Streichhölzer ist, müssen die Bremsklötze erneuert werden.

Falls es möglich ist, dass man die Bremsklötze wieder verwenden kann, müssen sie entsprechend ihrer Seitenzugehörigkeit gekennzeichnet werden, sobald man sie herausnimmt. Ebenfalls kennzeichnen, ob der Bremsklotz an der Innenseite oder der Aussenseite der Bremsscheibe gesessen hat. Eine Nichtbeachtung der Kennzeichnung kann zum späteren Ziehen der Bremsen führen, sollten die Klötze an falscher Stelle eingebaut werden.

18.2.1.1 DBA-Bremsen

- Vorderseite des Fahrzeuges auf Böcke setzen und die Vorderräder abschrauben.
- Unter Bezug auf Bild 232 das Kabel des Bremsklotzverschleisskontakts abklemmen, die Federspange (2) und den Sicherungskeil (3) herausziehen.
- Den Bremssattel (6) nach einer Seite drücken, indem man einen Reifenhebel zwischen Federbein und Bremssattel einsetzt und den äusseren Bremsklotz herausnehmen.
- Den Bremssattel auf die andere Seite drücken, um den inneren Bremsklotz herauszunehmen.

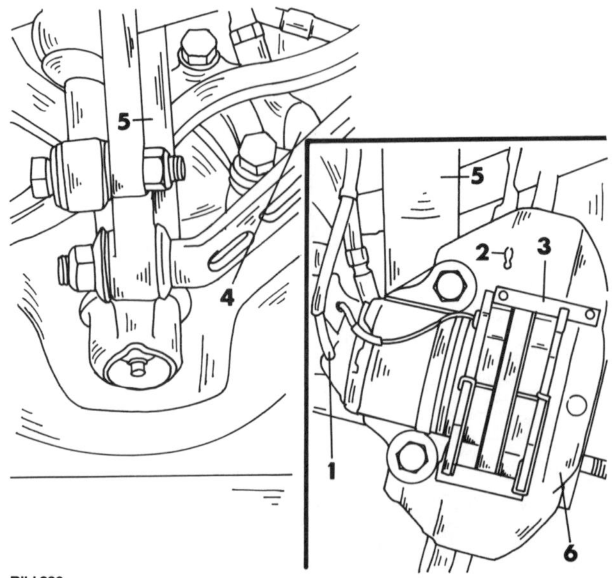

Bild 232
Einzelheiten zum Aus- und Einbau des DBA-Bremssattels

1 Kabel
2 Federspange
3 Führungskeil
4 Bremssattelzylinder
5 Federbein
6 Bremssattelrahmen

Eine tiefe Rille ist in das Belagmaterial eingearbeitet, welche 1,5 mm von der Metallplatte endet. Diese Rille gibt einen schnellen Aufschluss über den Verschleiss des Belagmaterials. Wenn die Rille fast unsichtbar wird, nähert sich die Belagstärke dem Mindestwert. Der eigentliche Zweck der Rille ist die Abführung von Wasser und Schmutz von der Bremsscheibe, welche zwischen Bremsscheibe und Bremsklötze eindringen.

Vor dem Einbau der neuen Bremsklötze die Bremsscheibenflächen auf Verschleiss kontrollieren und alle Korrosionsstellen an den Innen- und Aussenkanten entfernen. Ebenfalls den Kolben kontrollieren. An der Staubschutzkappe (1) in Bild 233 dürfen keine nassen Stellen sichtbar sein. Die Manschetten (2) und (3) auf guten Zustand überprüfen und kontrollieren, ob sich der Zylinder einwandfrei auf den Gleitbolzen verschieben lässt.

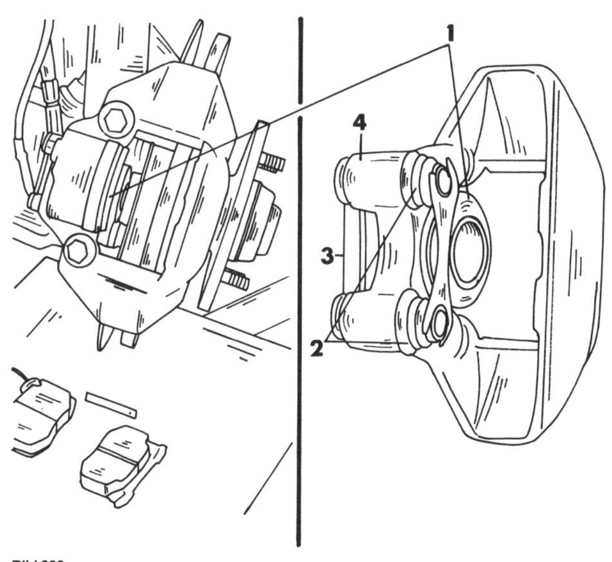

Bild 233
Die gezeigten Teile sorgfältig kontrollieren, ehe der Bremssattel wieder eingebaut wird (siehe Text).

Den Verschluss des Vorratsbehälters vom Vorratsbehälter entfernen und etwas Flüssigkeit aus dem Behälter absaugen.

Beim Einbau der Bremsklötze folgendermassen vorgehen:

- Den Kolben mit einem Stück Holz in die Bohrung zurückdrücken. Dabei unbedingt darauf achten, dass die Bremsflüssigkeit nicht aus dem Vorratsbehälter ausgedrückt wird. Diese Arbeit auf beiden Seiten durchführen. Eine Zange kann auch vorsichtig zum Hineindrücken des Kolbens benutzt werden, jedoch ist der Kolben gut zu schützen.

Beim Einbau der Bremsklötze folgendermassen vorgehen:

- Den unteren Gleitkeil ganz leicht mit Graphitfett einschmieren.
- Den inneren Bremsklotz einsetzen (mit dem Kabel der Verschleissanzeige).
- Den äusseren Bremsklotz auf der anderen Seite einsetzen,
- Die beiden Bremsklötze gegen die Unterkante des Bremssattels drücken und den oberen Gleitkeil einschieben und vollkommen einschlagen.
- Kontrollieren, ob sich die Bremssättel einwandfrei nach innen und aussen verschieben lassen und die Gleitkeile mit den Federspangen sichern.
- Kabel der Verschleissanzeige wieder anklemmen.
- Stand der Bremsflüssigkeit im Vorratsbehälter kontrollieren und ggf. berichtigen.
- Das Bremspedal einige Male durchtreten, damit sich die Bremsklötze an die Scheibe heransetzen können. Nicht vergessen, dass neue Bremsklötze eine Weile brauchen, ehe sie sich der Bremsscheibe angefügt haben. Am Anfang die Bremsen deshalb mit Gefühl betätigen.

18.2.1.2 Teves-Bremsen

- Vorderseite des Fahrzeuges auf Böcke setzen und die Vorderräder abschrauben.
- Unter Bezug auf Bild 234 die Federspange (1) mit einer Zange herausnehmen, die beiden Stifte (2) herausschlagen und die Kreuzfeder (3) abnehmen. Das Kabel der Bremsklotz-Verschleissanzeige abklemmen.
- Den Bremssattel nach einer Seite drücken, indem man einen Reifenhebel zwischen Feder-

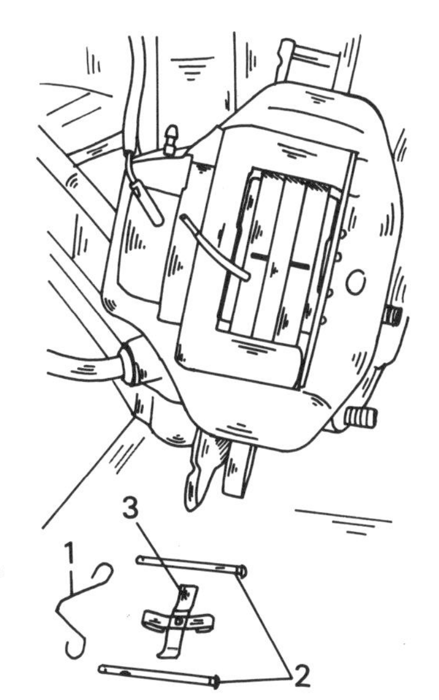

Bild 234
Zum Ausbau der Teves-Bremsklötze

1 Federspange
2 Sicherungsstifte
3 Kreuzfeder

bein und Bremssattel einsetzt und den inneren Bremsklotz herausnehmen.

- Den Bremssattel auf die andere Seite drücken, um den äusseren Bremsklotz herauszunehmen.

Eine tiefe Rille ist in das Belagmaterial eingearbeitet, welche 1,5 mm von der Metallplatte endet. Diese Rille gibt einen schnellen Aufschluss über den Verschleiss des Belagmaterials. Wenn die Rille fast unsichtbar wird, nähert sich die Belagstärke dem Mindestwert. Der eigentliche Zweck der Rille ist die Abführung von Wasser und Schmutz von der Bremsscheibe, welche zwischen Bremsscheibe und Bremsklötze eindringen. Vor dem Einbau der neuen Bremsklötze die Bremsscheibenflächen auf Verschleiss kontrollieren und alle Korrosionsstellen an den Innen- und Aussenkanten entfernen. Ebenfalls den Kolben kontrollieren. An der Staubschutzkappe dürfen keine nassen Stellen sichtbar sein. Die Gleitflächen müssen sauber sein. Falls erforderlich, mit Alkohol reinigen – nicht mit Benzin.

Den Verschluss des Vorratsbehälters vom Vorratsbehälter entfernen und etwas Flüssigkeit aus dem Behälter absaugen.

Beim Einbau der Bremsklötze folgendermassen vorgehen:

- Den Kolben mit einem Stück Holz in die Bohrung zurückdrücken. Dabei unbedingt darauf achten, dass die Bremsflüssigkeit nicht aus dem Vorratsbehälter ausgedrückt wird. Diese Arbeit auf beiden Seiten durchführen. Eine Zange kann auch vorsichtig zum Hineindrücken des Kolbens benutzt werden, jedoch ist der Kolben gut zu schützen.
- Kontrollieren, ob der Kolben in der richtigen Stellung sitzt. Dazu wird eine Kolbenprüflehre benutzt, wie sie in Bild 235 gezeigt ist. Den Kolben, falls erforderlich, mit einer Kolbenverdrehzange entsprechend verdrehen. Die Schrägfläche der Lehre muss gegen die Schrägkante des Kolbens anliegen, wenn die gerade Fläche der Lehre gegen den Bremssattel anliegt.
- Den Bremssattelzylinder bis zum Anschlag nach aussen drücken, ihn etwas anheben und den äusseren Bremsklotz einsetzen. Darauf achten, dass die Führungsnase des Bremsklotzes eingreift.
- Den Bremssattel erneut anheben und den inneren Bremsklotz einsetzen.
- Den unteren Sicherungsstift durch den Bremssattel und die Bremsklötze schlagen.
- Die Kreuzfeder unter den eingeschlagenen Stift untersetzen, die Oberseite der Feder mit dem Daumen nach innen drücken und den oberen Sicherungsstift einschieben, so dass die Federkrümmung unter den Stift kommt. Den Stift vollkommen einschlagen.
- Beide Stifte mit den Federspangen sichern. Den eingebauten Bremssattel mit Bild 236 vergleichen, um festzustellen, ob alles stimmt.
- Das Kabel der Verschleissanzeige wieder anklemmen.
- Stand der Bremsflüssigkeit im Vorratsbehälter kontrollieren und ggf. berichtigen.
- Das Bremspedal einige Male durchtreten, damit sich die Bremsklötze an die Scheibe heransetzen können. Nicht vergessen, dass neue

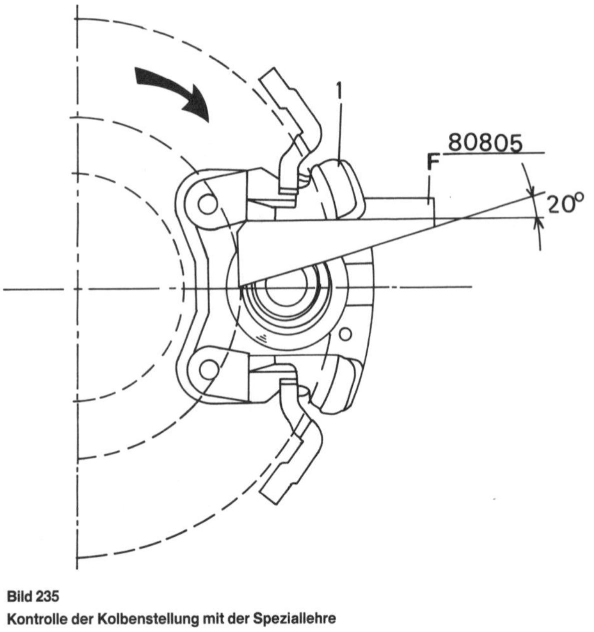

Bild 235
Kontrolle der Kolbenstellung mit der Speziallehre

1 Bremssattel 2 Kolbenlehre

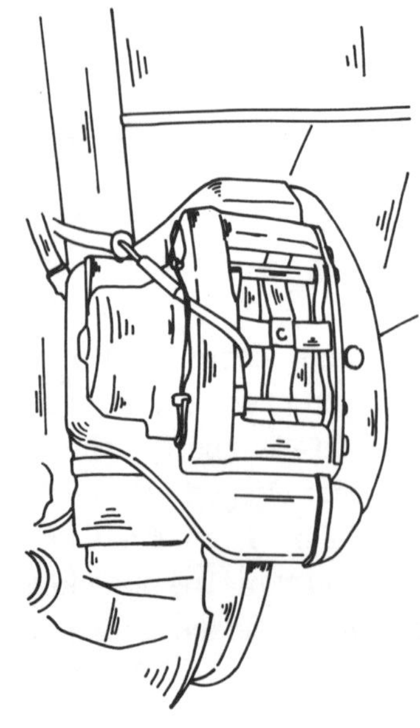

Bild 236
Vorschriftsmässige Bremsklötze (Teves).

Bremsklötze eine Weile brauchen, ehe sie sich der Bremsscheibe angefügt haben. Am Anfang die Bremsen deshalb mit Gefühl betätigen.

18.2.2 Bremssattel überholen

Den Bremssattel vom Achsschenkel abschrauben und alle Überholungsarbeiten auf einer sauberen Werkbank unter den saubersten Bedingungen durchführen. Vor Beginn der Arbeiten sind die unten angeführten Hinweise durchzulesen. Diese treffen auf alle hydraulischen Teile zu. Die Überholung ist allgemein beschrieben.

- Alle Gummimanschetten oder Dichtringe erneuern, falls das Teil zerlegt worden ist. Die Teile nutzen sich im Laufe des Betriebs ab und obwohl sie noch gut aussehen könnten, sollten sie hinsichtlich der Sicherheit des Fahrzeuges immer ausgewechselt werden.
- Niemals einen Kolben oder Zylinder wieder einbauen, falls man feststellen kann, dass die Oberflächen zerrieft oder von Korrosion angegriffen sind. In diesem Fall immer ein Neuteil einbauen.
- Zum Reinigen der Teile nur Alkohol oder saubere Bremsflüssigkeit verwenden. Auch die kleinste Menge Benzin zum Beispiel greift die Gummiteile sofort oder später an, so dass diese anschwellen und den Betrieb der Bremsenteile beeinträchtigen können. Zum Reinigen verwendeter Alkohol hinterlässt Flecken, die mit einem flusenfreien Lappen abgerieben werden können.
- Bremsklötze ausbauen (Kapitel 18.2).
- Bremsschlauch am Bremssattel lockern. Falls eine Schraubzwinge zum Abdrücken des Schlauches vorhanden ist, diesen in der Mitte abdrücken, um Verlust von Bremsflüssigkeit und übermässiges Eindringen von Luft zu vermeiden. Der Schlauch kann ebenfalls an der Bremsleitung abgeschraubt werden. In diesem Fall den Schlauch später vom Bremssattel lösen.
- Den Staubschutzring mit einem kleinen Schraubenzieher entfernen, ohne dabei den Zylinder zu beschädigen.
- Mit einer Luftleitung den Kolben ausblasen. Ein Stück Hartholz sollte in die Öffnung des Bremssattels eingelegt werden, damit der Kolben beim Herausblasen nicht gegen das Metall auf der anderen Seite anschlagen kann. Unbedingt die Finger aus dieser Gegend fernhalten, wenn die Luftleitung angesetzt wird. Falls erforderlich, kann man die Arbeit an einer Tankstelle durchführen, um die Benutzung der Luft zu haben.
- Von der Innenseite der Zylinderbohrung den Zylinderdichtring mit einem spitzen Gegenstand heraushebeln. Nicht die Bohrung beschädigen.
- Alle Teile in sauberer Bremsflüssigkeit oder in Alkohol reinigen und gründlich überprüfen. Teile wie erforderlich erneuern. Die Gummiteile müssen immer erneuert werden. Ein Reparatursatz sollte unbedingt bezogen werden.
- Zylinderdichtring mit sauberer Bremsflüssigkeit oder Bremsfett einschmieren und mit den Fingern in die Rille der Zylinderbohrung einsetzen.
- Staubschutzring am Kolben anbringen und den Kolben zusammen mit dem Ring in die Bohrung eindrücken.
- Den Staubschutzring in der Rille des Zylindergehäuses anbringen. Nach dem Zusammenbau kontrollieren, ob der Staubschutzring einwandfrei im Kolben und im Gehäuse befestigt ist.
- Bremsschlauch lose am Bremssattel anschrauben.
- Die Flächen des Bremssattels und Achsschenkels einwandfrei reinigen.
- Die Gewinde der Bremssattelschrauben mit «Loctite» einschmieren, den Bremssattel am Achsschenkel ansetzen und die Schrauben eindrehen.
- Die beiden Befestigungsschrauben in mehreren Stufen mit einem Anzugsdrehmoment von 130 Nm (DBA) oder 85 Nm (Teves) anziehen.
- Bremsklötze einbauen (Kapitel 18.2.1).
- Den Bremsschlauch am Bremssattel anziehen und kontrollieren, ob er sich nach dem Anziehen nicht verdreht hat. Falls dies der Fall ist, die Verbindung an der Bremsleitung lockern, den Schlauch in die richtige Lage drehen und die Überwurfmutter wieder anziehen.
- Bremsanlage entlüften (Kapitel 18.7).

18.2.3 Bremsscheiben

Bremsscheiben müssen erneuert werden, falls sie tiefe Rillen oder andere Schleifschäden zeigen (möglich, nachdem sich die Bremsklötze bis auf die Metallplatten abgeschliffen haben). Die Stärke der Bremsscheibe mit einem Mikrometer oder einer Schiebelehre ausmessen und mit den Angaben in der Mass- und Einstelltabelle (Kapitel 20) vergleichen.

Bei Erneuerung einer Bremsscheibe folgendermassen vorgehen:

- Radmuttern lösen, Vorderseite des Fahrzeuges auf Böcke setzen und das Rad abnehmen.
- Bremsklötze ausbauen, wie es in Kapitel 18.2.1 beschrieben ist.
- Zwei Schrauben von der Radnabe lösen und die Scheibe mit einem Gummihammer vorsichtig abschlagen. Darauf achten, dass sie nicht herunterfallen kann.
- Neue Scheibe auf die Radnabe aufsetzen und mit einem Gummihammer anschlagen.
- Die Schrauben einsetzen und abwechselnd über Kreuz anziehen.
- Rad anbringen, das Fahrzeug auf den Boden ablassen und die Radmuttern festziehen.

18.3 Hinterrad-Trommelbremsen

Entweder von Bendix oder Girling hergestellte Bremsen werden bei den in dieser Ausgabe behandelten Fahrzeugen eingebaut.

18.3.1 Ausbau der Bremsbacken

- Radmuttern lockern.
- Rückseite des Fahrzeuges auf Böcke setzen und die Hinterräder abschrauben.
- Bremstrommel und Radnabe abmontieren. Falls die Trommel nicht sofort herunterkommt, kann man mit einem Plastik- oder Gummihammer ringsherum dagegenschlagen. Falls die Trommel dabei ebenfalls nicht gelöst werden kann, einen Schraubenzieher in die Rückseite der Bremstrommel einsetzen (vorher einen Stopfen herausziehen) und gegen den Handbremshebel stossen, um die automatische Nachstellung zu entsperren. Der Schraubenzieher drückt dabei gegen den Handbremshebel und hebt eine Auflagewarze aus ihrer Verankerung. Die Bremsbacken werden dadurch in ihre Mittelstellung zurückgebracht.
- Der weitere Ausbau erfolgt entsprechend der eingebauten Bremsanlage.

18.3.1.1 Bendix DBA-Bremsen

Zu beachten ist, dass zwei verschiedene Bremsanlagen von Bendix (DBA) eingebaut sein können. Bei der älteren Ausführung:

- Unter Bezug auf Bild 237 die obere Rückzugfeder (2) mit einer Zange aushängen.
- Das Ende des Handbremsseils mit einer Zange erfassen und nach aussen ziehen, bis sich die Feder zusammengedrückt hat und man das Seil aus dem Handbremshebel aushängen kann.
- Das Spiel «a» der Druckstange für die Handbremse vor Durchführung weiterer Ausbauarbeiten kontrollieren. Falls dieses Spiel nicht innerhalb 0,9 – 1,1 mm liegt, sind einige der Teile abgenutzt und müssen vor Zusammenbau erneuert werden.
- Die Ankerstifte (5) von den beiden Bremsbacken entfernen. Dazu von der Rückseite der Bremsträgerplatte einen Finger gegen den Kopf des Stiftes drücken und von der Vorderseite des Bremsbackens den Federsitz mit einer Zange erfassen. Den Federsitz verdrehen, bis sich der Kopf des Stiftes aus der Sicherung des Federsitzes aushängen lässt. Den Sitz und die Feder abnehmen und den Stift aus der Rückseite herausziehen.
- Die gleiche Arbeit am anderen Bremsbacken durchführen.
- Den Hebel (6) in Bild 237 gegen den Achsstumpf drücken und die Druckstange (2) für die Handbremsbetätigung aushängen.
- Den Hebel (6) in die Ausgangslage zurückbringen und die beiden Bremsbacken abnehmen. Die untere Rückzugsfeder aushängen.

Bild 237
Ansicht der eingebauten Bremsbacken der Bendix-Bremse der älteren Ausführung. Das Mass «a» ist das im Text erwähnte Spiel.

1 Handbremsdruckstange
2 Obere Rückzugfeder
3 Handbremshebel
4 Handbremsseil
5 Ankerstifte und Federn
6 Nachstellhebel

Der Ausbau der letzten Bremsenausführung geschieht in ähnlicher Weise, mit dem Unterschied, dass die Nachstellung der Bremsbacken durch einen unterschiedlichen Mechanismus erfolgt, d. h. ein Mikroeinsteller ist am Nachstellhebel angebracht.

18.3.1.2 Girling-Bremsen

- Unter Bezug auf Bild 238 das Handbremsseil (7) aus dem Hebel (8) aushängen. Das Ende des Seils mit einer Zange erfassen und nach aussen ziehen, bis sich die Feder zusammengedrückt hat und das Seil ausgehängt werden kann.
- Mit einem Schraubenzieher oder einer Zange die obere Rückzugfeder und die Feder der automatischen Nachstellung aushängen.
- Die Ratsche und die Feder ausbauen. Unter der Ratschenwelle befindet sich eine Anlaufscheibe (1), welche nicht verlorengehen darf.
- Die Ankerstifte der Bremsträgerplatte in gleicher Weise ausbauen, wie es bei den Bendix-Bremsen beschrieben wurde.
- Die Bremsbacken auseinanderdrücken und die Druckstange (5) an der Oberseite sowie die untere Rückzugfeder (3) an der Unterseite ausbauen. Die Druckstangen sind verstellbar und sollten entsprechend ihrer Seitenzugehörigkeit gekennzeichnet werden. Ebenfalls kennzeichnen, auf welcher Seite das Einstellrädchen liegt. Das vom Rädchen entfernte Ende greift in den Handbremshebel ein.

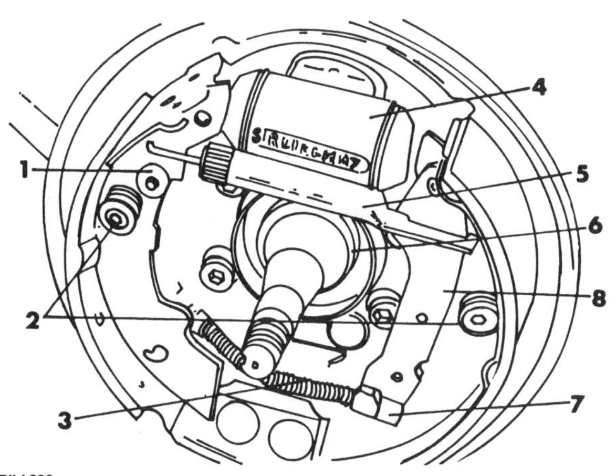

Bild 238
Ansicht einer Girling-Bremse.

1 Anlaufscheibe
2 Ankerstifte und Federn
3 Untere Rückholfeder
4 Radbremszylinder
5 Druckstange
6 Dichtring
7 Handbremsseil
8 Handbremshebel

Alle Teile, einschliesslich der Bremsträgerplatte, einwandfrei reinigen. Falls Waschbenzin dazu verwendet wird, darf dieses nicht an die Gummikappen des Radbremszylinders kommen. Falls die Beläge bis auf eine Stärke von 2,0 mm abgenutzt sind, baut man neue Bremsbacken ein. Bremsbeläge können getrennt erneuert werden, jedoch wird diese Arbeit nicht empfohlen. Falls die Radbremszylinder Zeichen von Leckstellen zeigen, müssen sie erneuert werden, da man sie nicht überholen kann.

18.3.2 Bremsbacken einbauen

18.3.2.1 Bendix DBA-Bremsen

- Den Einstellhebel am Anlaufbacken sowie den Handbremshebel am Ablaufbacken auf die neuen Bremsbacken übertragen, falls diese erneuert wurden:

Bei der älteren Ausführung den Einstellhebel am Anlaufbacken unter Bezug auf Bild 239 folgendermassen übertragen:

  - Die Federspange (2) an der Innenseite des Bremsbackens entfernen und den Hebel (1) abnehmen.
  - Am anderen Ende der Bremsbacken den Sicherungsring (5) entfernen, darauf achten, wie die Feder (4) eingehängt ist, und die Feder abnehmen.
  - Das kleine Zahnsegment (3) abnehmen und den Lagerstift herausziehen.
  - Die Teile in umgekehrter Reihenfolge am neuen Bremsbacken montieren. Die Federspange (2) und den Sicherungsring (5) immer erneuern.

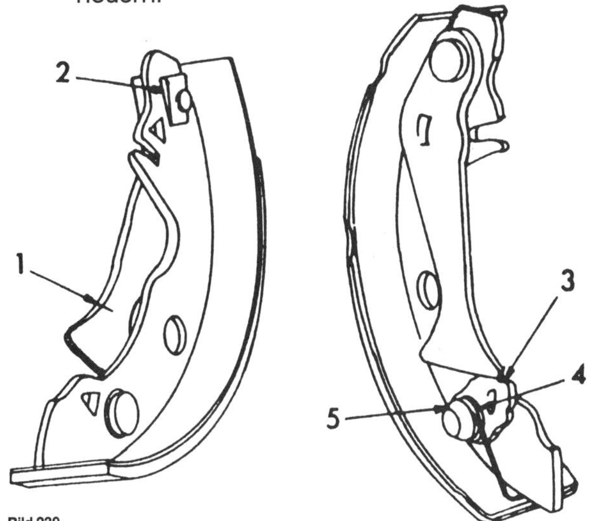

Bild 239
Einzelheiten zum Aus- und Einbau des Einstellhebels und Zahnsegments am Anlaufbacken der Bendix-Bremse.

1 Federspangen
2 Einstellhebel
3 Kleines Zahnsegment
4 Rückholfeder
5 Sicherungsring

- Den Handbremsbetätigungshebel am Ablaufbecken unter Bezug auf Bild 240 folgendermassen auf den neuen Backen übertragen:
  - Die Federspange (1) an der Innenseite des Bremsbackens entfernen und den Handbremsbetätigungshebel (2) abnehmen. Den Drehbolzen herausziehen.
  - Den Hebel unter Verwendung einer neuen Federspange am neuen Bremsbacken anbringen.

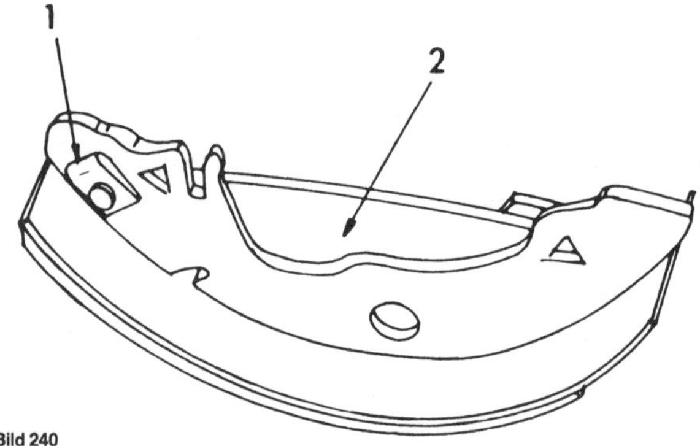

Bild 240
Einzelheiten zum Aus- und Einbau des Handbremshebels am Ablaufbacken der Bendix-Bremsen

1 Federspange
2 Handbremshebel

- Unter Bezug auf Bild 241 die kleine Feder (2) an der Innenseite des Bremsbackens anbringen und die Druckstange (1) einsetzen. Die geflanschten Kanten (3) der Druckstange müssen zur Oberseite weisen. Darauf achten, dass die richtige Druckstange eingesetzt wird, da sie unterschiedlich sind.

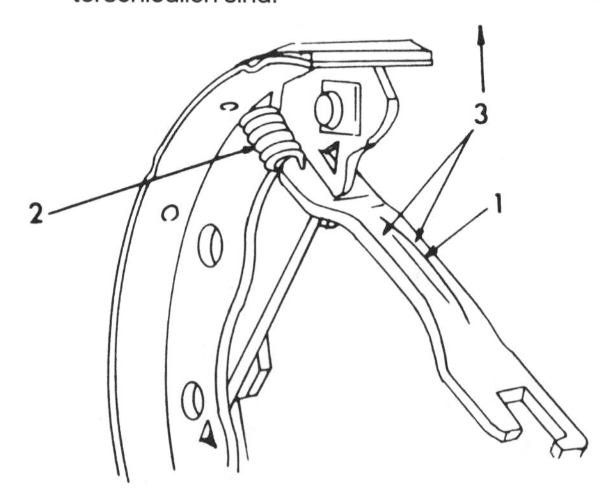

Bild 241
Zusammenbau der Handbremsdruckstange. Auf die Zahlen wird im Text verwiesen.

- Die untere Rückzugfeder von der Innenseite einhängen. Die Haken der Feder müssen an der Aussenseite anliegen.
- Die Bremsbacken an der Bremsträgerplatte ansetzen und die untere Rückzugfeder hinter die Klaue (2) in Bild 242 eindrücken.
- Den Einstellhebel (4) gegen den Achsstumpf schieben, wie es in Bild 242 gezeigt ist, bis es möglich ist, die Druckstange in den anderen Backen einzusetzen. Das kleine Zahnsegment muss gegen die Spannung der Feder verdreht werden, um die kleinen Zähne aus dem Eingriff mit den Zähnen des grossen Hebels zu bringen.
- Den Einstellhebel (4) in Bild 242 wieder gegen den Bremsbacken anlegen und die obere Rückzugfeder (2) in Bild 243 mit einem Schraubenzieher oder einer Zange von aussen nach innen einhängen.

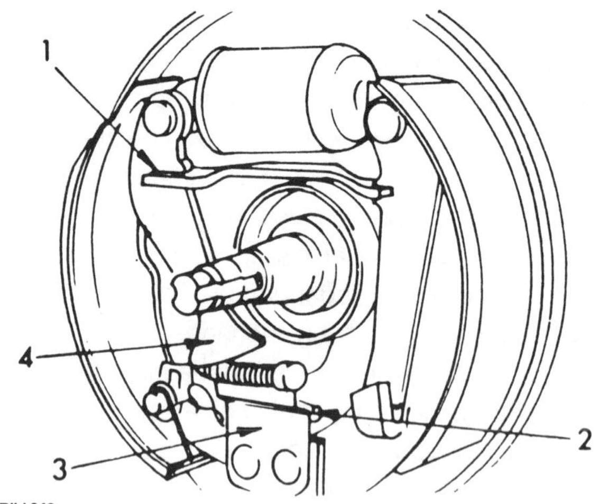

Bild 242
Einbau der Bremsbacken einer Bendix-Bremse

1 Handbremsdruckstange
2 Rückzugfeder (hinter Klaue)
3 Untere Lagerung
4 Einstellhebel

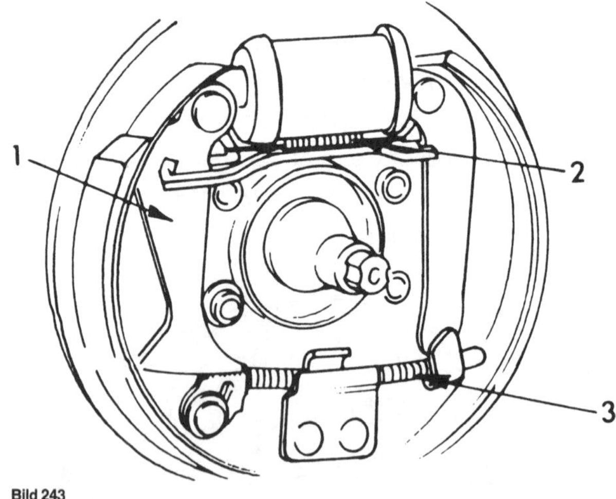

Bild 243
Zum Einbau der Bremsbacken einer Bendix-Bremse (siehe Text)

- Das Ende des Handbremsseils (3) in Bild 243 mit einer Zange erfassen, die Rückzugfeder mit der anderen Hand gegenhalten und die Feder zusammendrücken. Sobald das Bremsseil frei ist, es in die Aufnahme des Handbremshebels einhängen. Die Feder und das Seilende loslassen. Kontrollieren, ob das Bremsseil einwandfrei sitzt.
- Ankerstifte von der Rückseite der Bremsträgerplatte einsetzen und von vorn die Feder und den Federsitz aufsetzen. Den Ankerstift mit einem Finger von hinten gegenhalten, den Federsitz mit einer Zange erfassen und über den Stift drücken. Wenn der Stift durch die Öffnung kommt, den Federsitz verdrehen, bis er mit dem Stift gesperrt ist.

- Die Bremsbacken auf der Bremsträgerplatte zentrieren. Nach dem Zusammenbau die Bremse anhand Bild 244 kontrollieren, um zu gewährleisten, dass alle Teile einwandfrei montiert wurden.
- Bremstrommel auf den Achsstumpf montieren, wie es in Kapitel 13.1 beschrieben ist.
- Die Handbremse und die Fussbremse einige Male betätigen, damit der Selbstnachstellmechanismus in die Grundstellung kommt und die Bremsbacken einwandfrei zentriert werden.

Der Einbau der Bremsbacken der neueren Ausführung geschieht in ähnlicher Weise wie es oben beschrieben wurde, jedoch sind die folgenden Punkte zu beachten:

- Kontrollieren, ob sich die Nachstellschraube im Nachstellhebel einwandfrei nach links und rechts drehen lässt.
- Die Nachstellmutter auf ihre Funktion überprüfen. Wenn sie nach rechts gedreht wird, muss sie sich leicht drehen lassen; wenn sie nach links gedreht wird, muss sie sich etwas schwerer drehen lassen.
- Falls ein Teil der Nachstellvorrichtung beschädigt ist, muss die gesamte Einheit erneuert werden.

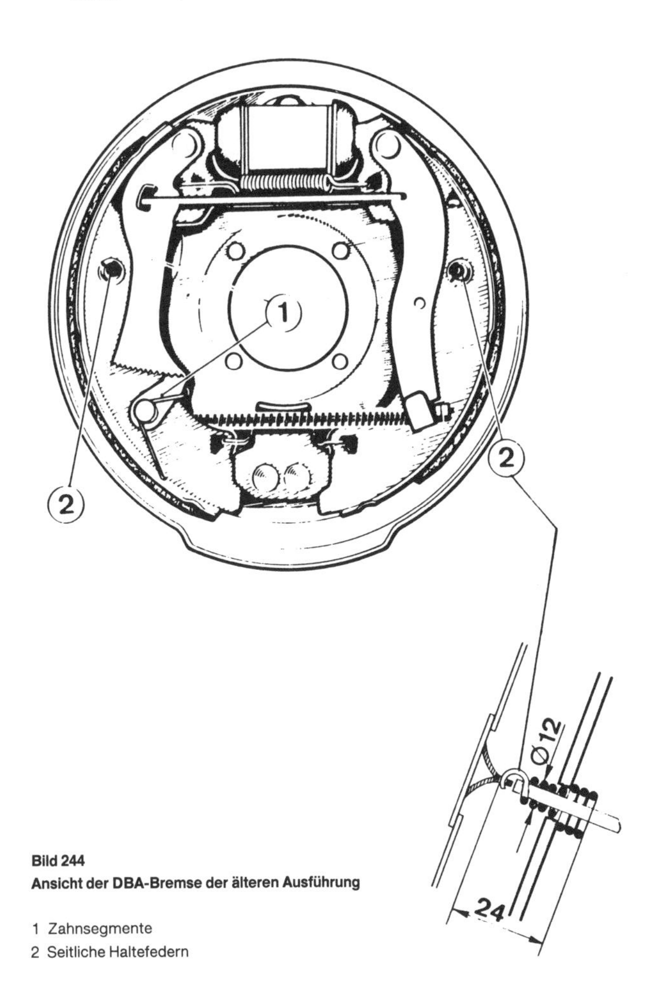

Bild 244
Ansicht der DBA-Bremse der älteren Ausführung

1 Zahnsegmente
2 Seitliche Haltefedern

- Die Nachstellschraube muss vor Einbau der Bremsbacken mit einer neuen Schutzhülle versehen, damit das Gewinde nicht verschmutzen kann. Da die Schutzhüllen für Limousine und Break von unterschiedlicher Länge sind, muss beim Bezug das Modell angegeben werden.

Bild 245 zeigt diese Bremsanlage im montierten Zustand und alle weiteren Einzelheiten können dem Bild entnommen werden.

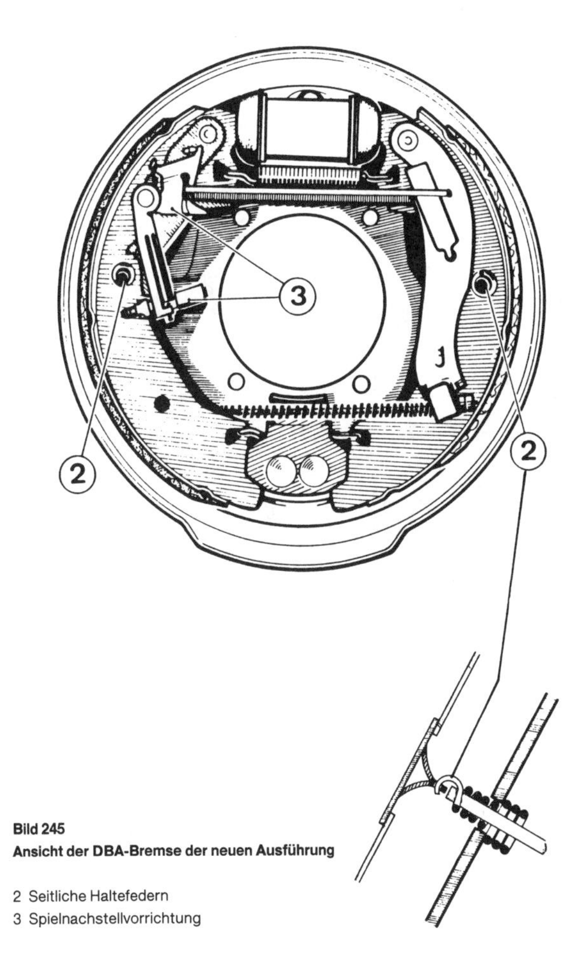

Bild 245
Ansicht der DBA-Bremse der neuen Ausführung

2 Seitliche Haltefedern
3 Spielnachstellvorrichtung

18.3.2.2 Girling-Bremsen

- Die beiden Einstellstücke in die Druckstange einschrauben.
- Die untere Rückzugfeder einhängen, aber darauf achten, dass sie in der ursprünglichen Lage sitzt, d. h. die Feder sitzt an der Innenseite und die beiden Hakenenden liegen an der Aussenseite gegen die Bremsbacken an.
- Die Bremsbacken gegen die Bremsträgerplatte ansetzen und die untere Rückholfeder hinter die Klaue in Bild 238 eindrücken.
- Bremsbacken an der Oberseite auseinanderdrücken und die Druckstange zwischen die Backen einsetzen. Darauf achten, dass dabei die Gummischutzkappen des Radbremszylinders nicht beschädigt werden.

- Die Ankerstifte der Bremsbacken in gleicher Weise wie bei den Bendix-Bremsen montieren.
- Das Ende des Handbremsseils (6) in Bild 246 mit einer Zange erfassen und die Feder zusammendrücken. Sobald das Bremsseil freigelegt ist, es in die Aufnahme des Handbremshebels einlegen. Kontrollieren, ob das Bremsseil gut gehalten wird.
- Unter Bezug auf Bild 246 den Ratschenhebel (2) am Bremsbacken anbringen, aber darauf achten, dass die Sperre in das Einstellrädchen eingreift. Die Einhängelasche (Befestigungsklammer) (1) und die Feder (3) befestigen.

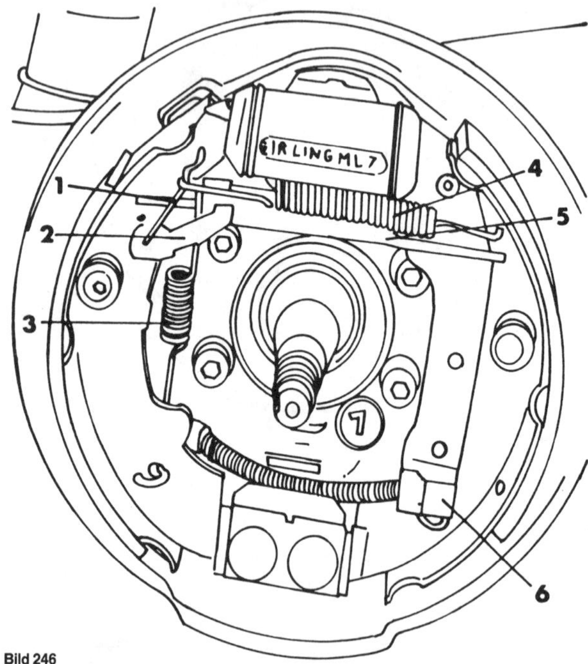

Bild 246
Ansicht der zusammengebauten Girdling-Bremse

1 Befestigungsklammer
2 Ratschenhebel
3 Einstellrückfeder
4 Obere Rückzugfeder
5 Druckstange
6 Handbremsseil

- Mit einer Zange die obere Rückzugfeder (4) zwischen die beiden Bremsbacken einsetzen. Die Federhaken werden von aussen nach innen eingesetzt und kommen hinter die Bremsbacken.
- Bremstrommel und Nabe an der Achse montieren, wie es in Kapitel 13.1 beschrieben ist.
- Handbremse und Fussbremse einige Male betätigen, um den Selbstnachstellmechanismus in die Grundstellung zu bringen und die Backen zu zentrieren.

18.3.3 Radbremszylinder

Radbremszylinder sind verhältnismässig preisgünstig und sollten nicht zerlegt oder überholt werden. Der Zylinderdurchmesser ist nicht bei allen Modellen gleich.

18.4 Hintere Scheibenbremsen

18.4.1 Erneuerung der Bremsklötze

Wir möchten darauf hinweisen, dass ein Spezialwerkzeug erforderlich ist, um den Kolben des Bremssattels vor Einbau der Bremsklötze wieder in die Ausgangsstellung zurückzudrehen.

- Rückseite des Fahrzeuges auf Böcke setzen und die Hinterräder abschrauben.
- Das Kabel der Verschleissanzeige der Bremsklötze am Steckverbinder abziehen.
- Die Federspange aus den Sicherungsstiften herausziehen und das Federblech herausnehmen.
- Die Enden der Dämpffeder freilegen.
- Die Gabel (Sicherungsstifte) aus dem Bremssattel und den Bremsklötzen herausziehen und die Dämpffeder entfernen. Bild 247 zeigt die Teile der Bremsklötze nach dem Ausbau. Die Teile 2 bis 5 müssen zusammen mit den Bremsklötzen erneuert werden.

Bild 247
Teile nach dem Ausbau der Bremsklötze einer Hinterrad-Scheibenbremse

1 Kabel/Verschleissanzeige
2 Sicherungsspange
3 Befestigungsfeder
4 Dämpffeder
5 Sicherungsstiftgabel

Alle Teile einwandfrei reinigen und kontrollieren, ähnlich wie es bei der Vorderradbremse beschrieben wurde. Beim Einbau der Bremsklötze folgendermassen vorgehen:

- Den Kolben mit einem Hammerstiel oder einer Zwinge vorsichtig in die Bohrung zurückdrükken. Da sich der Kolben während der automatischen Nachstellung der Bremse verdreht hat, muss er wieder in die Ausgangsstellung zurückgebracht werden. Dazu das in Bild 248 gezeigte Werkzeug, eine Art Hebel, wie in der oberen Ansicht gezeigt, am Kolben ansetzen und danach nach unten bewegen, bis er gegen die Führungsfläche der Bremsklötze anliegt.

- Die Führungskanten des Bremssattels etwas mit Fett einschmieren und die Stifte der Sicherungsgabel mit Bremsfett einschmieren.
- Den Bremssattel bis zum Anschlag nach aussen drücken und die Teile in umgekehrter Reihenfolge als beim Ausbau wieder montieren. Kontrollieren, ob alle Teile einwandfrei sitzen.

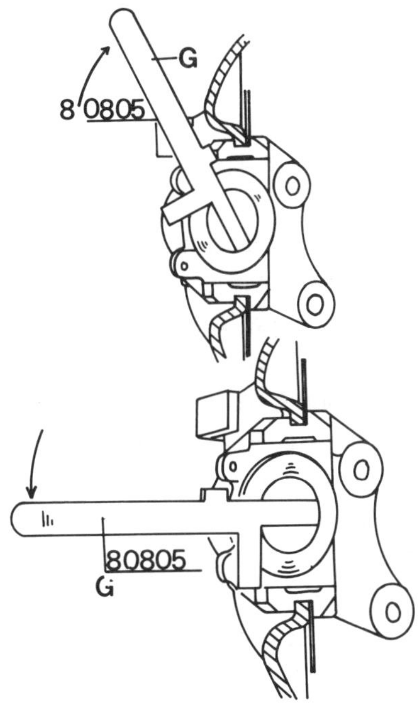

Bild 248
Zurückdrehen des Kolbens vor Einsetzen der Bremsklötze

18.4.2 Bremssattel überholen

Das Überholen der Bremssättel geschieht in ähnlicher Weise wie es für die vorderen Bremssättel beschrieben wurde und das betreffende Kapitel ist durchzulesen.

18.5 Der Hauptbremszylinder

18.5.1 Aus- und Einbau

Der Aus- und Einbau des Zylinders ist eine einfache Angelegenheit. Die Batterie vor dem Ausbau abklemmen. Der Hauptbremszylinder ist an der Stirnfläche des Bremskraftverstärkers befestigt.

- Die beiden Stecker von der Warneinrichtung für den Bremsflüssigkeitsstand abziehen.
- Die beiden Überwurfmuttern der Bremsflüssigkeitsleitungen abschrauben und die Leitungen vorsichtig zur Seite biegen.
- Die beiden Muttern des Bremszylinders an der Stirnfläche des Bremsservos abschrauben.
- Den Zylinder vorsichtig herausheben. Um keine Bremsflüssigkeit auf die Lackflächen zu tropfen, kann man einen Lappen unter den Zylinder halten.

Der Einbau des Hauptbremszylinders geschieht in umgekehrter Reihenfolge als der Ausbau. Die Befestigungsschrauben mit 10 Nm anziehen. Den Vorratsbehälter mit frischer Bremsflüssigkeit auffüllen und die Bremsanlage entlüften, wie es in Kapitel 18.7 beschrieben ist.

18.5.2 Hauptbremszylinder überholen

Der Hauptbremszylinder sollte nicht überholt werden. Im Schadensfalle einen neuen Zylinder einbauen.

18.6 Bremskraftverstärker

Eine Überholung des Bremskraftverstärkers sollte nicht vorgenommen werden, da zum Zerlegen und Zusammenbauen Spezialwerkzeuge erforderlich sind. Ein Ausfall des Bremskraftverstärkers bedeutet keinen Verlust der Bremsleistung, lediglich der Kraftaufwand am Bremspedal ist grösser, um den gleichen Bremsweg einzuhalten.

> *Hinweis:* Falls Sie das Fahrzeug ohne laufenden Motor eine Steigung herunterrollen lassen, sollten Sie daran denken, dass sich der Unterdruck nach einigen Betätigungen der Bremsen aufbraucht und die Bremsanlage danach ohne Servounterstützung arbeitet. Der Kraftaufwand wird entsprechend höher.

Der Hauptbremszylinder muss ausgebaut werden, ehe man an den Bremskraftverstärker heran kann. Dieser kann ausgebaut werden, indem die Muttern von den vier Stiftschrauben von der Innenseite des Fahrzeuges aus gelöst werden. Eine Federspange und ein Splintbolzen wird zum Befestigen der Stösselstange am Bremspedal verwendet. Den Unterdruckschlauch vom Anschluss abziehen.

Die Filter am Stösselstangenende des Bremsgeräts können erneuert werden. Dazu die Staubschutzabdeckung entfernen, die Halterung des Filters abnehmen und den Filter mit einem spitzen Gegenstand herausdrücken. Die neuen Filter müssen von aussen nach innen aufgeschnitten werden, um sie über die Stösselstange zu setzen.

18.7 Bremsen entlüften

Ein Entlüften der hydraulischen Anlage ist erforderlich, falls das Bremsleitungsnetz an irgendeiner Stelle geöffnet wurde, oder auf andere Weise Luft in die Anlage gekommen ist. Vor der Entlüftung der Anlage sind Schmutz und Fremdkörper von den Entlüftungsstellen und dem Einfüllverschluss des Vorratsbehälters zu entfernen.
Falls nur ein Radbremszylinder oder ein Bremssattel abgeschlossen wurde, könnte es ausreichen, wenn man nur diesen betreffenden Bremskreis entlüftet, d. h. vorn links und hinten rechts oder vorn rechts und hinten links. Andernfalls kann die Entlüftung entweder an den Hinterrädern oder an den Vorderrädern begonnen werden, jedoch ist die vom Hersteller empfohlene Reihenfolge vorn links, hinten rechts, vorn rechts, hinten links. Falls ein neuer oder vollständig entleerter Bremszylinder der hinteren Scheibenbremse eingebaut wurde, muss dieser auf besondere Weise entlüftet werden (siehe am Ende dieses Kapitels).

- Auf genügenden Bremsflüssigkeitsstand im Ausgleichsbehälter achten.
- Die Handbremse lösen.
- Damit der Bremskraftregler den hinteren Bremskreis nicht abschliesst, dürfen die Hinterräder nicht frei hängen.

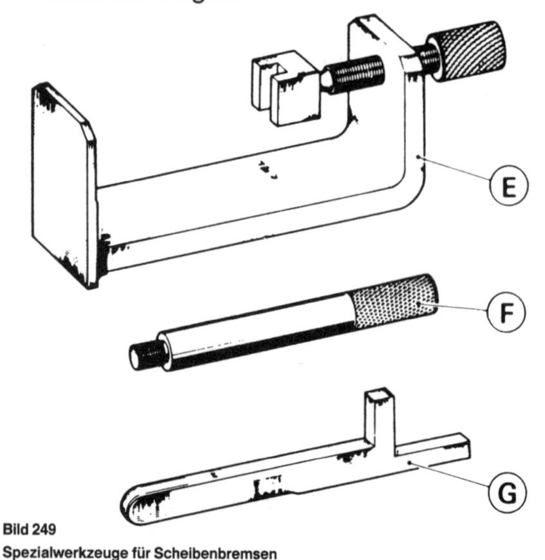

Bild 249
Spezialwerkzeuge für Scheibenbremsen

E Kolbenrücksetzzange
F G Schlüssel zum Drehen des hinteren Bremskolbens

- Einen Schlauch auf ein Entlftungsventil stecken. Das andere Schlauchende muss unterhalb der Flüssigkeitsoberfläche in einen teilweise mit Bremsflüssigkeit gefüllten Behälter münden.
- Das Bremspedal fest durchtreten.
- Die Entlüftungsschraube des betreffenden Radbremszylinders um eine halbe Umdrehung öffnen. Das Bremspedal durchgetreten lassen.
- Die Entlüftungsschraube schliessen.
- Das Bremspedal langsam in seine Ausgangsstellung zurückkehren lassen.
- Den Vorgang wiederholen, bis nur noch blasenfreie Bremsflüssigkeit austritt.
- Die anderen Radbremszylinder in gleicher Weise entlüften.

Neue oder vollständig entleerte Radbremszylinder an den hinteren Scheibenbremsen müssen wie folgt entlüftet werden:

- Vor Einbau der Belagplatten den Richtschlüssel (G) in die Kolbennut einführen (Bild 249).
- Das Bremspedal mehrmals betätigen, bis der Bremssattel aussen an der Bremsscheibe anliegt und der Schlüssel (G) zwischen Kolben und Innenseite der Bremsscheibe eingeklemmt ist.
- Die Bremse in dieser Kolbenstellung entlüften.
- Den Kolben um ⅛-Umdrehung drehen, um den Kolben von der automatischen Handbremsnachstellung zu lösen.
- Die Kolbenrücksetzzange (Bild 249) ansetzen.
- Die Entlüftungsschraube um eine Umdrehung öffnen, um das Zurückdrücken des Kolbens zu erleichtern.
- Die Schraube der Rücksetzzange von Hand anziehen, um den Kolben zurückzudrücken.
- Die Kolbenrücksetzzange abnehmen.
- Den Kolben um ⅛-Umdrehung in die ursprüngliche Stellung zurückdrehen.
- Den Schlüssel (G) abnehmen.
- Die Reibbeläge einbauen.
- Den Bremsflüssigkeitsstand prüfen.
- Die Funktion der Bremsanlage prüfen.

18.8 Bremskraftregler einstellen

- Das leere, fahrbereite Fahrzeug über eine Arbeitsgrube oder auf eine Hebebühne stellen. Das Fahrzeug muss auf den Rädern stehen.
- Ein Gewicht von 5 kg an der Kerbe des Bremsdruckreglerhebels anhängen (siehe Bild 250).
- Den Kolben des Bremsdruckreglers ganz zurückstossen.

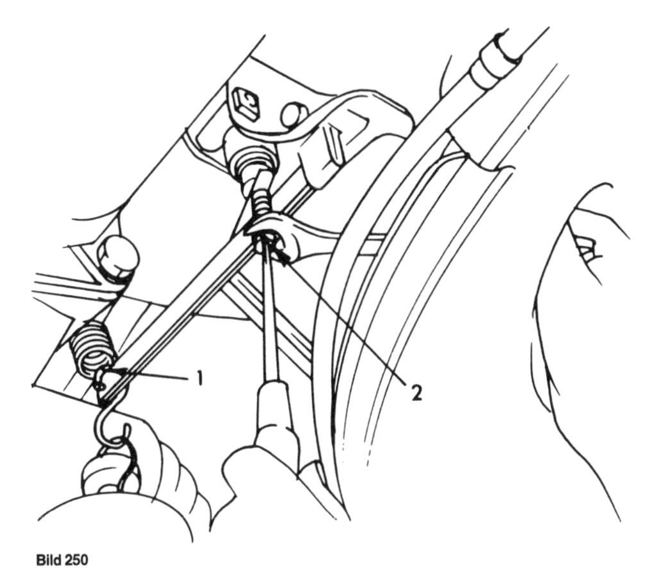

Bild 250
Einstellen des Bremskraftreglers

1 Hebel mit daran hängendem 5-kg-Gewicht 2 Einstellschraube

- Die Schraube (2) so einstellen, dass sich bei vollem Tank eine 0,8 mm dicke Lehre bei Scheibenbremsen und eine 1,3 bis 1,8 mm dicke Lehre bei Trommelbremsen satt gleitend durchschieben lässt. Bei leerem Tank mit einer 0,2 mm stärkeren Lehre einstellen.
- Das Gewicht wieder abnehmen.

18.9 Handbremse einstellen

Beim Einstellen der Handbremse muss man zwischen Scheibenbremsen und Trommelbremsen unterscheiden.

18.9.1 Mit Scheibenbremsen

> *Hinweis:* Wenn die Handbremse gelöst ist, müssen die Hebel (1) in Bild 251 an den Nylonanschlägen anliegen. Vor Einstellung der Handbremse das Bremspedal einige Male bei laufendem Motor kräftig durchtreten. Die Bremsanlage muss einwandfrei entlüftet sein.

- Rückseite des Fahrzeuges auf Böcke setzen und die Handbremse lösen.
- Die Kontermuttern (2) in Bild 252 lockern und die Einstellmuttern (1) abwechselnd anziehen, bis die Hebel (1) in Bild 251 gegen die Nylonanschläge (2) anliegen.
- Aus dieser Stellung die Einstellmuttern (1) um eine halbe Umdrehung zurückschrauben und die Kontermuttern (2) wieder anziehen. Kontrollieren, ob die Gewindeenden (3) um die gleiche Länge herausstehen, damit der Handbremsausgleich waagerecht verbleibt.
- Handbremshebel ziehen und kontrollieren, ob die Hinterräder feststehen, wenn der Hebel auf 7 bis 13 Rasten gezogen wird.

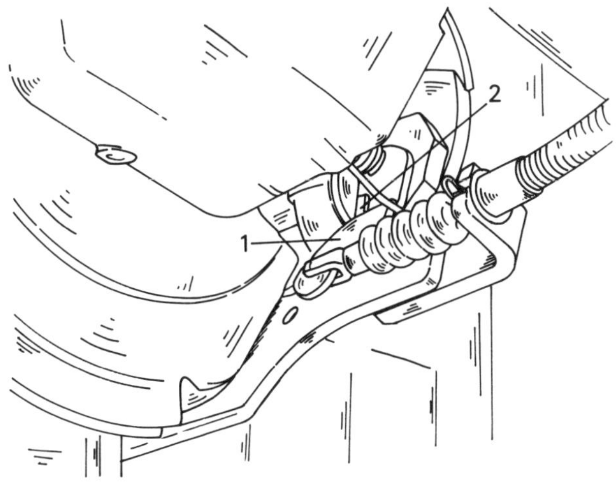

Bild 251
Die Handbremshebel (1) müssen an den Nylonanschlägen (2) anliegen

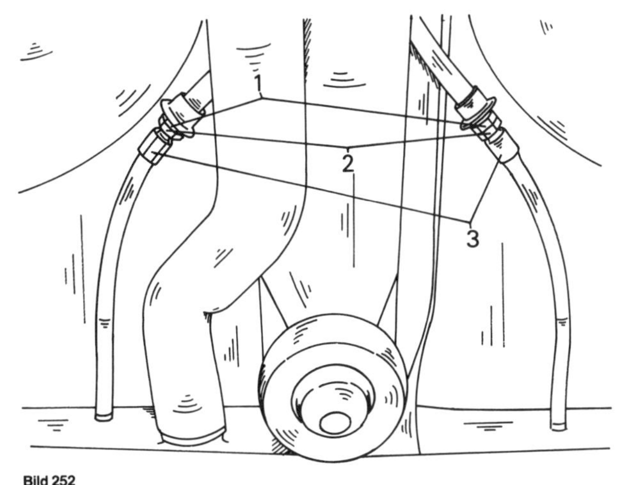

Bild 252
Einstellen der Handbremsseile

1 Einstellmuttern 2 Kontermuttern 3 Gewindeende

18.9.2 Mit Trommelbremsen

Die Einstellung geschieht in ähnlicher Weise, jedoch müssen die beiden Einstellmuttern (1) angezogen werden, bis die Bremsbacken gegen die Trommeln anliegen, d. h. die Räder sind auf beiden Seiten blokkiert. Die Muttern auf dieser Stellung um eine halbe Umdrehung zurückdrehen und kontrollieren, ob die Räder wieder feststehen, wenn der Handbremshebel um 4 bis 7 Rasten angezogen wird. Kontermuttern festziehen und kontrollieren, ob sich die Räder ohne Schleifgeräusche durchdrehen lassen, wenn der Handbremshebel in seiner Ruhestellung steht.

19 Elektrische Anlage

19.1 Drehstromlichtmaschine

Bild 253 zeigt die Einzelteile einer Drehstromlichtmaschine.

19.1.1 Vorsichtsmassnahmen im Umgang mit der Drehstromlichtmaschine

- Beim Laden der Batterie im eingebauten Zustand müssen unbedingt beide Batteriekabel abgeklemmt werden.
- Die Polarität (+ und –) der Batterie-, Regler- und Lichtmaschinenanschlüsse darf nie vertauscht werden.
- Bei laufendem Motor darf die Batterie nie abgeklemmt werden.
- Der Regler darf nie ohne Verbindung mit der Lichtmaschinenmasse in Betrieb genommen werden.
- Die Erregerklemme der Lichtmaschine darf nie mit Masse in Berührung kommen.

19.1.2 Ausbau und Einbau der Lichtmaschine

- Die Batterie abklemmen.
- Die Lichtmaschinenkabel abklemmen.
- Die Schraube der Spannlasche und den Lagerbolzen entfernen.

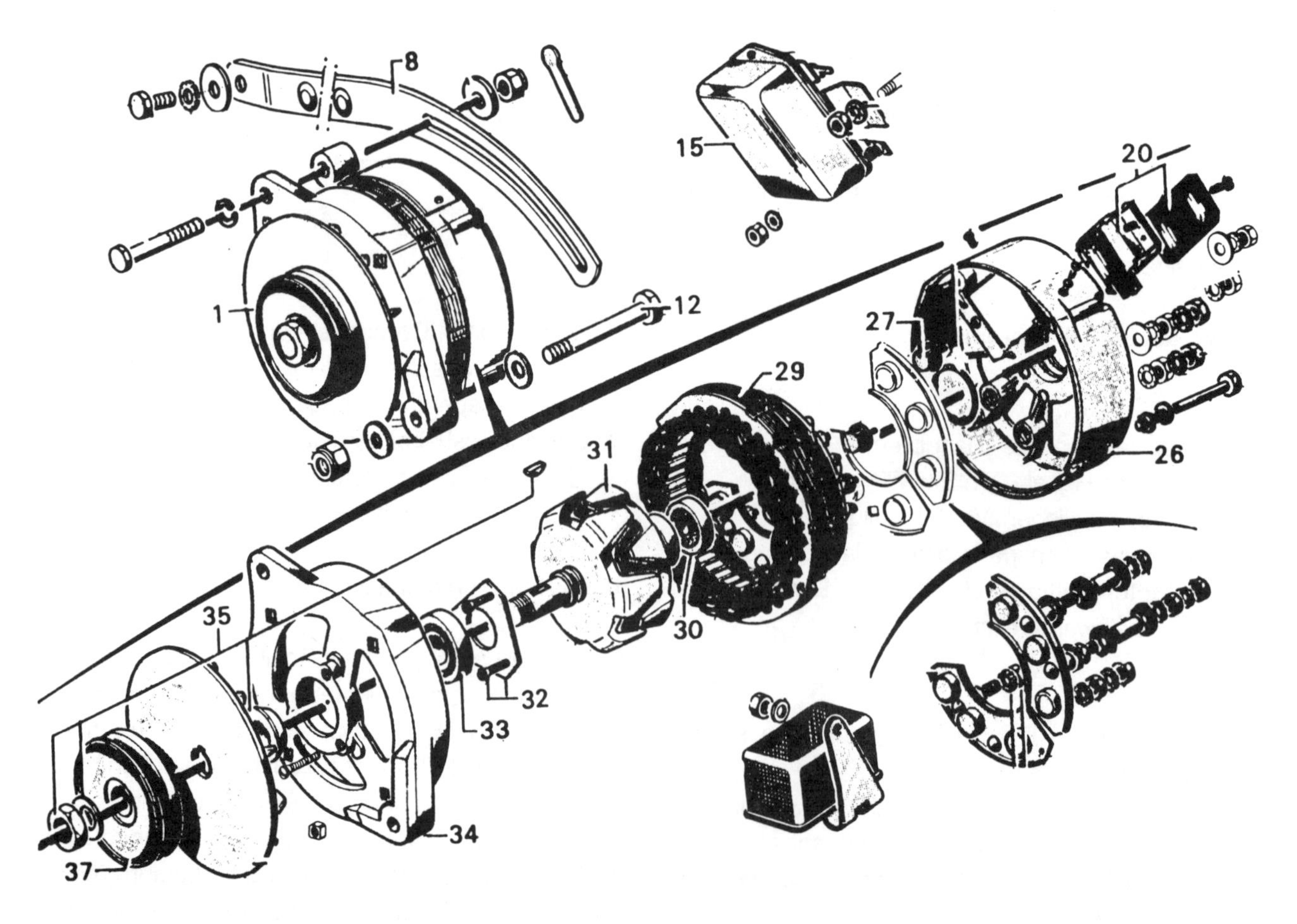

Bild 253
Ansicht einer SEV-Lichtmaschine

1 Lichtmaschine, kpl.
8 Spannbügel
12 Lagerbolzen
15 Regler
20 Bürstenhalter
26 Polgehäuse
27 Diode
29 Statorwicklung
30 Kugellager
31 Rotor
32 Lagerdeckel
33 Kugellager
34 Lagerschild
35 Lüfter
37 Riemenscheibe

Der Einbau erfolgt in umgekehrter Reihenfolge, wobei folgende Punkte zu beachten sind:

- Am Keilriemen zwei Marken im Abstand von 100 mm anbringen und den Riemen spannen, bis der Abstand 102 bis 103 mm beträgt.
- Den Lagerbolzen mit 45 Nm anziehen.

19.1.3 Prüfen der Lichtmaschine

Zur Prüfung der Lichtmaschine benötigt man einen Regelwiderstand von etwa 1 Ohm, der einen Strom von 50 Ampère ertragen muss, dazu ein Ampèremeter mit einem Messbereich von 50 Ampère.

- Das Ampèremeter in die Plusleitung (+) der Lichtmaschine einschalten, den Widerstand nach dem Ampèremeter mit Masse verbinden. Die Batterie muss angeschlossen sein.
- Den Motor in Gang setzen und Spannung, Drehzahl und Strom messen. Den Widerstand so einstellen, dass die Lichtmaschine bis zur Nennleistung belastet wird. Die Messwerte mit den Angaben in der Mass- und Einstelltabelle (Kapitel 20) vergleichen.
- Bei ungenügender Leistung kann man den Fehler eingrenzen, indem man den Regler abklemmt und die Lichtmaschine direkt aus der Batterie erregt. Wird mit dieser Schaltung die Nennleistung erreicht, liegt der Fehler am Regler, andernfalls ist die Lichtmaschine genauer zu prüfen (Dioden, Wicklungswiderstände).
- Ein defekter Regler kann nicht eingestellt, sondern muss ersetzt werden.
- Das Zerlegen und der Zusammenbau der Lichtmaschine weist keine Besonderheiten auf. Einzelheiten gehen aus den betreffenden Montagebildern hervor.

19.2 Anlasser

Bild 254 zeigt die Einzelteile des Anlassers.

19.2.1 Ausbau und Einbau des Anlassers

- Batterie abklemmen.
- Die Leitungen von Anlasser und Einrückrelais abklemmen.
- Die Anlasserbefestigung von der Fahrzeugunterseite her lösen.
- Den Anlasser ausbauen.

Der Einbau erfolgt in umgekehrter Reihenfolge.

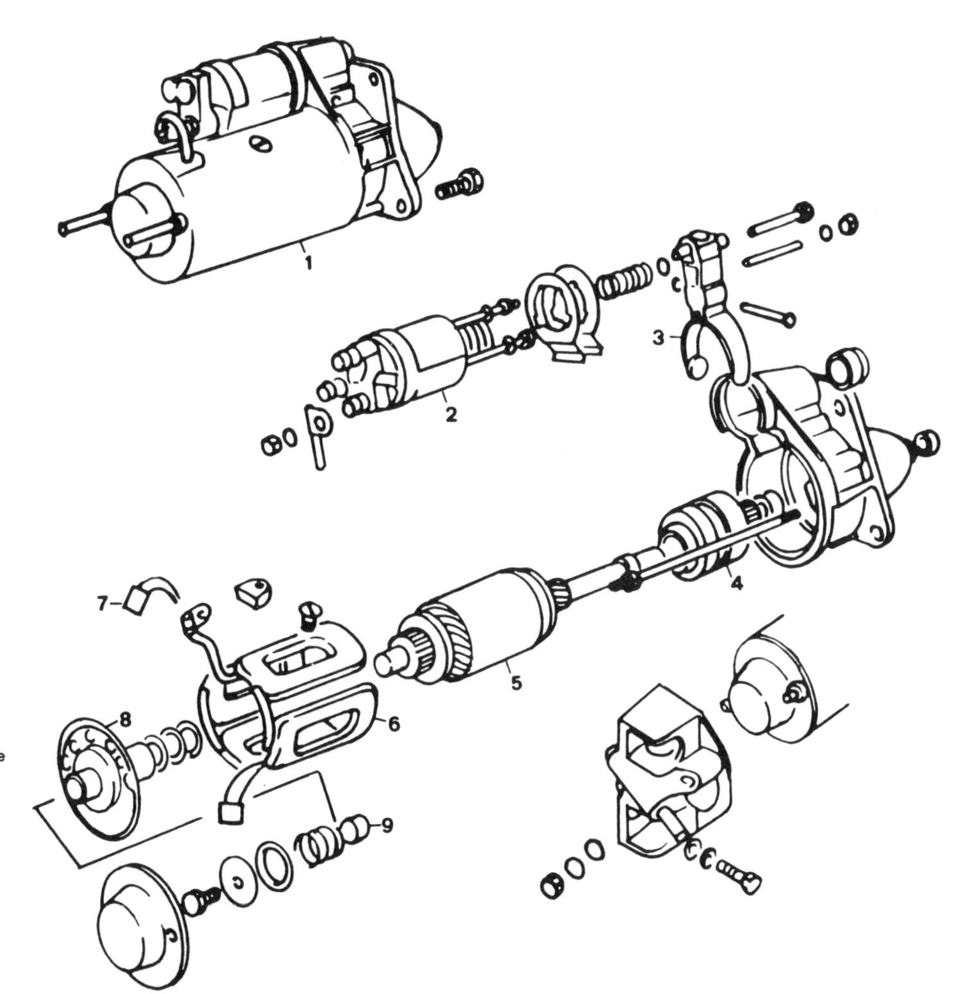

Bild 254
Anlasser, oben Ducellier, unten Paris-Rhone

1 Anlasser, komplett
2 Einrückmagnetschalter
3 Einrückgabel
4 Freilauf mit Ritzel
5 Anker
6 Feldspulen
7 Kohlebürste
8 Lagerschild
9 Lagerbüchse

19.2.2 Zerlegung und Zusammenbau des Anlassers

Zerlegen und Zusammenbau des Anlassers weisen keine Besonderheiten auf. Einzelheiten gehen aus den betreffenden Montagebildern hervor. Beim Zusammenbau sind folgende Punkte zu beachten:

- Kohlebürsten sind zu ersetzen, sobald sie bis auf 8 mm Länge abgenützt sind.
- Der Radialschlag des Kollektors darf nicht mehr als 0,05 mm betragen.
- Nach dem Abdrehen des Kollektors muss die Glimmerisolation zwischen den Kollektorlamellen 0,5 mm tief ausgefräst werden.
- Die Nuten der Ritzelwelle sind vor dem Zusammenbau zu schmieren.

20 Mass- und Einstelltabelle

Fahrzeugmodelle und Motoren

Peugeot 505 GL, GR	1796 cm^3, XM7- oder XM7A-Motor
Peugeot 505 GR, SR, Limousine und Peugeot 505 GL, GR, Break	1971 cm^3, NX1- oder XN1A-Motor
Peugeot 505 GTI	2165 cm^3, ZDJ-L-Motor
Peugeot 505 Turbo Injection	2156 cm^3, N9TE-Motor

Abmessungen

Radstand, Limousine	2745 mm
Radstand, Break	2900 mm
Spurweite, vorn:	
– GL, GR, SR	1460 mm
– GTI	1480 mm
– Turbo Injection	1490 mm
Spurweite, hinten:	
– GL, GR, SR	1440 mm
– GTI	1450 mm
– Turbo Injection	1460 mm
Länge über alles, Limousine	4580 mm
Länge über alles, Break	4900 mm
Höhe über alles:	
– Limousine	1440 mm
– Break	1540 mm
Breite über alles:	
– Limousine	1735 mm
– Break	1730 mm
Bodenfreiheit	120 mm, unbeladen
Wendekreis	11,8 m

Gewichte

Betriebsgewicht:	
– Limousine, 1796 cm^3	1215 – 1210 kg
– Break, Familiale 1796 cm^3	1300 – 1295 kg
– Limousine, 1971 cm^3	1215 – 1240 kg
– Break, Familiale, 1971 cm^3	1340 kg
– GTI, Limousine	1265 – 1240 kg
– GTI, Break, Familiale	1365 kg
– Turbo Injection	1345 kg
Fahrzeuggesamtgewicht:	
– Limousine, 1796 cm^3	1640 kg
– Break, Familiale 1796 cm^3	1980 kg
– Limousine, 1971 cm^3	1640 – 1655 kg
– Break, Familiale, 1971 cm^3	1980 kg
– GTI, Limousine	1715 – 1655 kg
– GTI, Break, Familiale	1980 kg
– Turbo Injection	1795 kg

Motoren

Motortypen	Siehe unter «Fahrzeugmodelle und Motoren»
Hubraum:	
– XM7- und XM7A-Motor (ab 1986)	1796 cm³
– XN1- und XN1A-Motor	1971 cm³
– ZDJ-L- und N9 TE-Motoren	2165 cm³
Anzahl der Zylinder	4
Zylinderanordnung	In Reihe
Ventilanordnung	Schräggestellt im Zylinderkopf
Nockenwelle:	
– 1796 cm³	Seitlich im Zylinderblock, Kettenantrieb
– 2165 cm³	1 obenliegende Nockenwelle, Zahnriemenantrieb
– 2165 cm³, Turbomotor	1 obenliegende Nockenwelle, Kettenantrieb
Zündfolge	1 – 3 – 4 – 2
Zylinderbohrung:	
– 1796 cm³-Motor	84,0 mm
– 1971 cm³-Motor	88,0 mm
– 2165 cm³-Motor	88,00 mm
– Turbomotor	91,70 mm
Kolbenhub:	
– 1796 cm³-Motor	81,0 mm
– 1971 cm³-Motor	81,0 mm
– 2165 cm³-Motor	89,00 mm
– Turbomotor	81,6 mm
Verdichtungsverhältnis:	
– 1796 cm³-Motor	8,8:1
– 1971 cm³-Motor	8,8:1
– 2165 cm³-Motor	9,8:1
– 2165 cm³-Turbomotor	8,0:1
– 2165 cm³-Motor mit Katalysator	9,2:1
Max. Leistung (DIN):	
– 1796 cm³-Motor	62 kW (84 PS) bei 5250/min.
– 1971 cm³-Motor	72 kW (98 PS) bei 5250/min.
– 1971 cm³-Motor, Schweiz	70,5 kW (96 PS) bei 5250/min.
– 2165 cm³-Motor	89,5 kW (123 PS) bei 5750/min.
– 2165 cm³-Motor mit Katalysator	81 kW (110 PS) bei 5500/min.
– 2165 cm³-Motor, Schweiz	95,5 kW (130 PS) bei 5750/min.
– 2165 cm³-Motor, Turbo	123 kW (167 PS) bei 5200/min.
ab 1986	130 kW (177 PS) bei 5200/min.
– 2165 cm³-Motor, Turbo, Schweiz	116 kW (158 PS) bei 5200/min.
– 2165 cm³-Motor, Turbo, Schweiz, mit Katalysator	110 kW (150 PS) bei 5200/min.
Max. Drehmoment (DIN):	
– 1796 cm³-Motor	144 Nm bei 2750/min.
– 1971 cm³-Motor	161 Nm bei 3000/min.
– 1711 cm³-Motor, Schweiz	161 Nm bei 3000/min.
– 2165 cm³-Motor	180 Nm bei 4250/min.
– 2165 cm³-Motor mit Katalysator	163 Nm bei 3000/min.
– 2165 cm³-Motor, Schweiz	180 Nm bei 4250/min.
– 2165 cm³-Motor, Turbo	260 Nm bei 3000/min.
ab 1986	280 Nm bei 3000/min.
– 2165 cm³-Motor, Turbo, Schweiz	260 Nm bei 3000/min.

Zylinderkopf

Material	Aluminium
Zylinderkopfhöhe:	
– XM7, XN1	92,5 mm
– Einspritzmotor	111,6 mm
– Turbomotor	152,4 mm
Min. Höhe nach Abschleifen:	
– XM7, XN1	91,85 mm
– Turbomotor	0,20 mm
– Andere Motoren	Nicht gestattet
Maximaler Verzug der Dichtflächen:	
– XM7, XN1, Turbomotor	0,10 mm
– Andere Motoren	0,05 mm
Bohrungsdurchmesser für Ventilführungen:	
Normalmass:	
– XM7-, XN1-Motoren	13,97 – 13,995 mm
– Andere Motoren	12,94 – 12,967 mm
1. Übergrösse:	
– XM7-, XN1-Motoren	14,200 – 14,225 mm
– Andere Motoren	13,255 – 13,282 mm
2. Übergrösse:	
– XM7-, XN1-Motoren	14,50 – 14,525 mm
– Andere Motoren	nicht erhältlich
Ventilsitze:	
– Einlassventile	120°
– Auslassventile	90°
Ventilsitzbreite:	
XM7-, XN1-Motoren	1,5 mm
Einspritzmotor	1,85 mm
Ventilsitzringdurchmesser – Normalmass:	
– Einlassventile:	
– XM7-, XN1-Motoren	43,51 oder 43,71 mm
– Einspritzmotor	45,1 oder 45,3 mm
Auslassventile:	
– XM7-, XN1-Motoren	37,01 oder 37,21 mm
– Einspritzmotor	39,6 oder 39,8 mm
Bohrung in Zylinderkopf:	
Einlassventile:	
– XM7-, XN1-Motoren	43,50 oder 43,70 mm
– Einspritzmotor	45,0 oder 45,2 mm
Auslassventile:	
– XM7-, XN1-Motoren	37,00 oder 37,20 mm
– Einspritzmotor	39,50 oder 39,70 mm
Ventilsitzringdurchmesser – Reparaturgrösse:	
Einlassventile:	
– XM7-, XN1-Motoren	43,85 oder 44,01 mm
– Einspritzmotor	45,6 mm
Auslassventile:	
– XM7-, XN1-Motoren	37,31 oder 37,51 mm
– Einspritzmotor	40,1 mm

Bohrung in Zylinderkopf:	
Einlassventile:	
– XM7-, XN1-Motoren	43,80 oder 44,00 mm
– Einspritzmotor	45,5 mm
Auslassventile:	
– XM7-, XN1-Motoren	37,30 oder 37,50 mm
– Einspritzmotor	40,00 mm

Ventile

Ventilsitzwinkel:	
Einlassventile	120° – 120° 15'
Auslassventile	90° – 90° 15'
Ventildurchmesser:	
Einlassventile:	
– XM7-, XN1-Motoren	42,50 mm
– Einspritzmotor	44,00 mm
Auslassventile:	
– XM7-, XN1-Motoren	35,50 mm
– Einspritzmotor	38,50 mm
Max. Sitzbreite	1,5 mm
Ventilschaftdurchmesser:	
Einlassventile	8,0 mm
Auslassventile	8,02 mm

Ventilfedern

Ungespannte Länge:	
Innere Federn:	
– XM7-, XN1-Motoren	39,60 mm
– Einspritzmotor	46,0 mm (nur eine Feder)
Äussere Federn:	
– XM7-, XN1-Motoren	44,0 mm
Drahtdurchmesser – XM7-, XN1-Motoren:	
– Innere Federn	3,0 mm
– Äussere Federn	4,3 mm
Drahtdurchmesser – Einspritzmotor	4,25 mm

Ventilführungen – XM7-, XN1-Motoren

Aussendurchmesser:	
– Normalmass	13,965 oder 14,035 mm
– 1. Übergrösse	14,195 mm
– 2. Übergrösse	14,495 mm
Innendurchmesser	8,02 – 8,04 mm
Länge	55,4 mm
Mass zwischen Führung und Sitz:	
– Einlassventile	31,5 mm
– Auslassventile	21,3 mm

Ventilführungen – Einspritzmotor:

Aussendurchmesser:	
– Normalmass	13,00 oder 13,10 mm
– 1. Übergrösse	13,20 mm
– 2. Übergrösse	13,35 mm
Innendurchmesser	8,00 – 8,02 mm
Länge	50,0 mm

Mass zwischen Führung und Sitz:

– Einlassventile	31,20 mm
– Auslassventile	31,00 mm

Bemerkung: Der Innendurchmesser der Ventilführungen liegt 0,2 mm unter dem Sollwert. Nach dem Einpressen müssen die Führungen auf den vorgeschriebenen Durchmesser aufgerieben werden.

Ventilsteuerung – XN1-/ZDJ-Motor

	XN1-Motor	ZDJ-Motor
Einlassventil öffnet	2° vor OT	20° vor OT
Einlassventil schliesst	35° nach UT	60° nach UT
Auslassventil öffnet	34° vor UT	60° vor UT
Auslassventil schliesst	4° 30' nach OT	20° nach OT

(mit Ventilspiel von 0,7 mm (XN1) oder 0,35 mm (ZDJ)

Ventilsteuerung – ab Baujahr 1986

	XM7A-Motor	XN1A-Motor
Einlassventil öffnet	10° vor OT	4° 30' vor OT
Einlassventil schliesst	30° nach UT	42° nach UT
Auslassventil öffnet	35° vor UT	34° 30' vor UT
Auslassventil schliesst	5° nach OT	12° nach OT

Ventilspiel

Einlassventile	0,10 mm (Turbomotor 0,20 mm)
Auslassventile	0,25 mm (Turbomotor 0,30 mm)

Ventilstössel (XN1/XN1A)

Innendurchmesser	21 ± 0,15 mm
Aussendurchmesser – Normalmass	23,95 – 23,96 mm
Aussendurchmesser – Übergrösse	24,15 – 24,16 mm
Bohrung – Normalmass	24,00 – 24,03 mm
Bohrung – Übergrösse	24,20 – 24,23 mm
Laufspiel der Stössel	0,04 – 0,08 mm

Stösselstangen – XN1/XN1A

Länge – Einlass	185,4 ± 0,5 mm
Länge – Auslass	219,3 ± 0,5 mm
Max. Verbiegung	0,4 mm
Durchmesser	6,70 – 6,90 mm

Nockenwelle

Lagerzapfendurchmesser – XN1, XN1A, XM7, XM7A:	
– Vorn	48,00 mm
– Mitte	46,00 mm
– Hinten	44,00 mm
Lagerzapfendurchmesser – ZDJ:	
– Nr. 5 (Steuerseite)	42,2 mm
– Nr. 4	41,8 mm
– Nr. 3	41,4 mm
– Nr. 2	41,0 mm
– Nr. 1	40,6 mm
Max. Schlag der Nockenwelle	0,02 mm
Nockenwellenradialspiel:	
– XN1/XM7	0,06 – 0,124 mm
– Einspritzmotor	0,10 – 0,15 mm

Nockenwellenaxialspiel:

– XN1/XM7	0,05 – 0,14 mm
– Einspritzmotor	0,05 – 0,13 mm

Motorblock (ausser Turbomotor)

Typ	Nasse Zylinderlaufbüchsen
Werkstoff, Block	Aluminium-Legierung (Hauptlagerdeckel aus Grauguss)
Werkstoff, Laufbüchsen	Schleuderguss, komprimiert
Laufbüchseninnendurchmesser:	
– XN1-Motor	88,93 – 88,94 mm
– ZDJ-Motor	88,95 – 88,96 mm
Abdichtung	Papierdichtung oder «O»-Dichtring
Achsabstand der Zylinder	98 ± 0,2 mm
Höhe zwischen Zylinderkopffläche und Auflagefläche der Laufbüchse	92,945 – 92,985 mm
Laufbüchsengesamthöhe	148,5 mm (ZDJ)
Laufbüchsenauflagehöhe	93,08 ± 0,015 mm (ZDJ)
Laufbüchsenüberstand:	
– XN1	0,04 – 0,11 mm
– ZDJ	0,08 – 0,15 mm
Max. Differenz zwischen Laufbüchsen	
– XN1	0,07 mm
– ZDJ	0,04 mm

Motorblock – Turbomotor

Bohrungsdurchmesser:	
– Klasse A	91,692 – 91,699 mm
– Klasse B	91,700 – 91,707 mm
– Klasse C	91,708 – 91,714 mm
– Klasse D	91,715 – 91,722 mm
Übergrösse-Bohrungen	0,10 und 0,40 mm

Kurbelwelle – ZDJ-Motor

Lagerschalenwerkstoff	Aluminium-Zinn
Anzahl der Lager	5
Lagerzapfendurchmesser:	
– Neu	62,88 – 62,899 mm
– Reparaturmass	62,63 – 62,649 mm
Lagerschalenstärke:	
– Neu	1,88 mm
– Reparaturmass	2,0 mm
Lagerschalenbreite	23,5 mm
Breite, Lagerzapfen Nr. 2 (Drucklager):	
– Original	30,065 – 30,098 oder 30,115 – 30,148 mm
– Reparaturmass	30,165 – 30,198 mm oder 30,215 – 30,248 mm
Kurbelwellenaxialspiel	0,05 – 0,25 mm
Kurbelzapfendurchmesser:	
– Original	56,267 – 56,286 mm
– Reparaturmass	56,017 – 56,036 mm

Stärke der Lagerschalen:	
– Originalstärke	1,85 mm
– Reparaturstärke	1,97 mm
Zulässige Unrundheit der Lagerzapfen	0,05 mm
Kurbelwelle – XN1/XM7-Motor	
Werkstoff der Lagerschalen	Aluminium-Zinn
Anzahl der Lager	5
Durchmesser der Hauptlagerzapfen:	
– Hinteres Lager	54,92 mm
– Hinteres Zwischenlager	56,140 – 56,165 mm
– Mittleres Lager	57,174 – 57,189 mm
– Vorderes Zwischenlager	58,548 – 58,573 mm
– Vorderes Lager	59,401 – 59,416 mm
Kurbelzapfendurchmesser:	
– Normalgrösse	49,975 – 49,991 mm
– Untergrösse	49,675 – 49,691 mm
Max. Unrundheit der Lagerzapfen	0,007 mm
Radialspiel der Hauptlager	0,035 – 0,081 mm
Radialspiel der Pleuellager	0,028 – 0,075 mm
Kurbelwellenaxialspiel	0,08 – 0,20 mm
Kolben	
Kolbendurchmesser:	
– XN1-Motor	87,93 – 87,94 mm
– XM7-Motor	83,93 – 83,94 mm
– ZDJ-Motor	87,95 – 87,96 mm
– Turbomotor	91,640 – 91,647 mm
Kolbenlaufspiel	0,06 – 0,08 mm
Max. Gewichtsunterschied in einem Motor	10 g
Pleuelaugendurchmesser:	
– Vergasermotor	24,35 – 24,38 mm
– Einspritzmotor	23,007 – 23,011 mm
Kolbenringe:	
Anzahl	3
Stärke, Verdichtungsring:	
– Vergasermotor	1,96 – 1,98 mm
– Einspritzmotor	2,0 mm
Stärke, Ölabstreifring	
– Vergasermotor	3,91 – 4,01 mm
– Einspritzmotor	4,0 mm
Ringstossspiel, oberer Ring:	
– Vergasermotor	0,40 – 0,55 mm
– Einspritzmotor	0,20 – 0,35 mm
Ringstossspiel, mittlerer Ring:	
– Vergasermotor	0,40 – 0,55 mm
– Einspritzmotor	0,40 – 0,55 mm
Ringstossspiel, Ölabstreifring:	
– Vergasermotor	Feststehend
– Einspritzmotor	0,25 – 0,40 mm
Motorschmierung	
Ölfüllmenge:	
– Vergasermotor	4,5 Liter

– Einspritz/Turbomotor	5,0 Liter	
Öldruck im Leerlauf:		
– Vergasermotor	2,8 ± 0,7 bar	
– Einspritz/Turbomotor	1,5 bar minimum	

Kraftstoffanlage – Vergaser

Vergaserbestückung:

Vergaser Zenith 35/40 INAT

	1. Stufe	2. Stufe
Luftrichter	22 mm	28 mm
Hauptdüse	x 112,5	x 130
Luftkorrekturdüse	150	90
Mischrohr	9R	4N
Leerlaufdüse	45	——
Einspritzmotor	0,5 + 0,03	0,5 + 0,03
Gemischanreicherungsventil	40	
Übergangsdüse		50
Schwimmernadelventil	2,0 mm	
Schwimmergewicht	8,5 g	
Beschleunigter Leerlauf	2800/min.	
Leerlaufdrehzahl	900/min.	
CO-Anteil	2 ± 0,5 %	

Vergaser Solex 32 – 35 TMIMA

	1. Stufe	2. Stufe
Luftrichter	24 mm	27 mm
Hauptdüse	122,5 ± 2,5	140 ± 2,5
Luftkorrekturdüse	165 ± 10	130 ± 10
Leerlaufdüse	46 ± 5	40 ± 5
Leerlaufluftbohrung	160 ± 10	4,3 ± 0,2
Düse für konstanten CO-Gehalt	30 ± 5	
Einspritzrohr	40 ± 10	50 ± 10
Nadelventil	1,7 mit Kugel	
Econostat, Benzinbohrung		80 ± 10
Leerlaufdrehzahl	900/min.	
CO-Anteil	2 ± 0,5 %	

Vergaser Solex 32 – 35 MIMSA

	1. Stufe	2. Stufe
Luftrichter	24 mm	27 mm
Hauptdüse:		
– Markierung 231	122,5 ± 2,5	140 ± 2,5
– Markierung 232	120 ± 2,5	140 ± 2,5
Luftkorrekturdüse	165 ± 10	130 ± 10
Leerlaufdüse:		
– Markierung 231	46 ± 5	40 ± 5
– Markierung 232	40 ± 5	40 ± 2,5
Leerlaufluftbohrung	160 ± 10	150
Düse für konstanten CO-Gehalt	30 ± 5	
Einspritzrohr	40 ± 10	50 ± 10
Nadelventil	1,7 mit Kugel	
Econostat, Benzinbohrung		80 ± 10
Leerlaufdrehzahl	900/min.	
CO-Anteil	2 ± 0,5 %	

Vergaser Solex 34 BICSA-3

	1. Stufe	2. Stufe
Luftrichter	27 mm	
Hauptdüse	140 ± 2,5	
Luftkorrekturdüse	220 ± 10	
Leerlaufdüse	47 ± 5	
Düse für konstanten CO-Gehalt	35 ± 5	
Einspritzrohr	45 ± 5	
Nadelventil	1,5 mit Kugel	
Econostat, Benzinbohrung		60 ± 20
Leerlaufdrehzahl	900/min + 50/min.	
CO-Anteil	2 ± 0,5 %	

Vergaser 32 – 34 CISAC – XM7A-Motor

	1. Stufe	2. Stufe
Luftrichter	24 mm	26 mm
Hauptdüse	117 ± 5	127 ± 5
Luftkorrekturdüse:		
– Mit Schaltgetriebe	180 ± 20	150 ± 20
– Mit Getriebeautomatik	155 ± 20	155 ± 20
Leerlaufdüse	43 ± 10	70
Nadelventil	1,8 mm	
Leerlaufdrehzahl	900/min.	
CO-Anteil	1,5 %	

Vergaser 32 – 34 CISAC – XN1A-Motor

	1. Stufe	2. Stufe
Luftrichter	25 mm	27 mm
Hauptdüse	117 ± 5	130 ± 5
Luftkorrekturdüse:		
– Mit Schaltgetriebe	140 ± 20	130 ± 20
– Mit Getriebeautomatik	140 ± 20	80 ± 20
Leerlaufdüse	44 ± 10	50
Nadelventil	1,8 mm	
Leerlaufdrehzahl	900/min.	
CO-Anteil	1,5 %	

Zündung

Zündzeitpunkt:	
– XN1-Motor vor 1986	8° vor OT
– XM7-Motor vor 1986	6° vor OT
– XN1A-, XM7A-Motor ab 1986	10° vor OT
– ZDJ-Motor	10° vor OT
– Turbo-Motor	10° vor OT

Kupplung

Bauart	Einscheiben-Trokkenkupplung
Betätigung	Hydraulisch
Durchmesser, Geberzylinder	19,0 mm
Durchmesser, Nehmerzylinder	28,6 mm
Hydraulikflüssigkeit	Lockheed 55

Getriebe

Getriebetyp		
– Vierganggetriebe	BA7	
– Fünfganggetriebe	BA 10/5	
Ölfüllmenge:		
– Vierganggetriebe	1,50 Liter	
– Fünfganggetriebe	1,85 Liter	
Bei Ölwechsel:		
– Vierganggetriebe	1,15 Liter	
– Fünfganggetriebe	1,60 Liter	
Gangübersetzungen:	Vierganggetriebe	Fünfganggetriebe
1. Gang	3,304 : 1	3,592 : 1
2. Gang	2,153 : 1	2,088 : 1
3. Gang	1,409 : 1	1,368 : 1
4.Gang	1,000 : 1	1,000 : 1
5. Gang		0,823 : 1
Rückwärtsgang	3,747 : 1	3,634 : 1

Hinweis: Ältere Getriebe haben unterschiedliche Übersetzungen. Die oberen Daten entsprechen den augenblicklichen Angaben.

Getriebeübersetzungen – Turbo:	
1. Gang	3,836 : 1
2. Gang	2,182 : 1
3. Gang	1,451 : 1
4. Gang	1,000 : 1
5. Gang	0,845 : 1
Rückwärtsgang	3,587 : 1

Automatisches Getriebe

Typ	3- oder 4-Gang-Planetengetriebe mit Drehmomentwandler
Drehmomentverstärkung	max. 2,29 : 1
Übersetzungsverhältnisse:	
1. Gang	2,28 : 1
2. Gang	1,48 : 1
3. Gang	1,00 : 1
4. Gang	0,728 : 1
Rückwärtsgang	2,068 : 1

Differential

Achsuntersetzung – Baujahr 1985:	
– 505 GL XN1-Motor	3,58 : 1 (Viergang)
– 505 Break, XN1-Motor	3,89 : 1 (Viergang)
– 505 GR/SR, XN1-Motor	3,89 : 1 (Fünfgang)
– 505 GR/SR Break, XN1-Motor	4,222 : 1 (Fünfgang)
– 505 mit Automatik, Limousine	3,580 : 1
– 505 mit Automatik, Break	4,222 : 1
– 505 GTI	3,89 : 1 (Fünfgang)
– 505 GTI	3,460 : 1 (Automatik)
– 505 Turbo	3,700 : 1 (Fünfgang)

Achsuntersetzung – Baujahr 1986:	
– 505 GL, GR, XM7-Motor	3,70 : 1 (Fünfgang)
– 505 GR/SR, XN1-Motor	3,89 : 1 (Fünfgang)
– 505 GR/SR Break, XN1-Motor	4,222 : 1 (Fünfgang)
– 505 GR mit Automatik, Limousine	4,111 : 1
– 505 GTI	3,89 : 1 (Fünfgang)
– 505 GTI	4,111 : 1 (Automatik)
– 505 Turbo	3,583 : 1 (Fünfgang)
Achsuntersetzung – Baujahr 1987:	
– 505, XM7-Motor	3,70 : 1 (Fünfgang)
– 505 Limousine, XN1-Motor	3,89 : 1 (Fünfgang)
– 505 Break, XN1-Motor	4,222 : 1 (Fünfgang)
– 505 GTI	3,89 : 1 (Fünfgang)
– 505 GTI	4,111 : 1 (Automatik)
– 505 Turbo	3,583 : 1 (Fünfgang)
Ölinhalt	1,55 Liter

Lenkung

Typ	Mechanische oder Servolenkung
Hydraulikflüssigkeit	Esso B 1126
Füllmenge	0,65 Liter

Vorderradaufhängung

Typ	Federbeine mit Schraubenfedern und ko-axialen Teleskop-Stossdämpfern, Querlenkern mit Längsschubstreben, Kurvenstabilisator
Vorspur	4 mm ± 1,0 mm
Radsturz	0° 42' ± 45'
Nachlauf	3° 30 ± 30'
Spreizung	9° 5' ± 30'

Bremsanlage

Typ	Vorn Scheibenbremsen, hinten Trommelbremsen oder Scheibenbremsen, je nach Ausführung. Mit Bremsservo, Bremskraftregler, mechanische Handbremse auf Hinterräder
Bremsscheiben:	
Originalstärke:	
– Vorn	12,75 mm
– Hinten	12,0 mm
Mindeststärke:	
– Vorn	11,25 mm
– Hinten	11,00 mm
Scheiben ersetzen bei Stärke von:	
– Vorn	10,75 mm
– Hinten	10,5 mm
Bremstrommeln:	
– Originaldurchmesser	255 mm
– Zul. Durchmesser nach Nachschleifen	256 mm
– Trommeln erneuern bei	256,5 mm

21 Anzugsdrehmomenttabelle

Motor XN1/XM7

Zylinderkopf	Zylinderkopfschrauben in Anzugsreihenfolge auf 50 Nm anziehen. Befestigungsmuttern der Kipphebelachse auf 15 Nm Zylinderkopfschrauben lösen und auf 20 Nm festziehen, um weitere 90° weiterdrehen. Schrauben nach 1000 km nachziehen
Pleuellagerschrauben	40 Nm
Hauptlagerschrauben	75 Nm
Schwungradschrauben	67,5 Nm
Gegengewichte der Kurbelwelle	67,5 Nm
Riemenscheibe der Kurbelwelle	170 Nm
Riemenscheibe der Wasserpumpe	35 Nm
Ölfilterschraube	15 Nm
Zündkerzen	22,5 Nm
Kipphebel-Einstellschrauben	15 Nm
Spannschiene der Lichtmaschine	15 Nm
Ablassschraube im Motorblock	42,5 Nm
Anlasser	20 Nm
Motoraufhängung an Querträger	45 Nm
Halteplatte der Nockenwelle	17 Nm
Ölpumpenschrauben	10 Nm
Ölwannenschrauben	10 Nm
Nockenwellen-Kettenrad	22,4 Nm
Kupplungsgehäuse an Motor	55 Nm
Anlasser/Gehäuse	20 Nm
Auspuffrohr an Krümmer	35 Nm

Motor – ZDJ

Zahnräder von Steuerung, Nockenwelle und Vorgelegewelle	50 Nm
Gehäuse von Vorgelegewelle/Zylinderblock	12,5 Nm
Spannrolle/Zylinderblock	25 Nm
Kurbelwellenriemenscheibe	130 Nm
Schwungradschrauben	65 Nm
Kupplungsschrauben	20 Nm
Ölpumpenschrauben	45 Nm
Hauptlagerdeckel	95 Nm
Pleuellagerdeckel	65 Nm
Drehmomentwandler	30 Nm
Riemenscheibe an Servolenkung	7,5 Nm
Ölablassstopfen	30 Nm
Vorgelegewellenlager	20 Nm

Motor an Kupplungsgehäuse	50 Nm
Ölanschlüsse an Kühler	27,5 Nm
Motoraufhängung an Querträger	35 Nm
Motoraufhängung an Motor	25 Nm
Anlasser/Gehäuse	25 Nm
Anlasser/Motor	25 Nm
Auspuffrohr/Krümmer	35 Nm
Auspuffkrümmer/Zylinderkopf	25 Nm
Steuerdruckreglergehäuse	20 Nm
Schraube für Nockenwellenspiel	12,5 Nm
Verschlussstopfen, Kipphebelwelle	20 Nm
Thermostatgehäuse	15 Nm
Lichtmaschinenhalterung	50 Nm
Kerzen	17,5 Nm
Verteilerantriebsritzel	20 Nm
Zylinderkopfhaube	6 Nm
Schutzhaube für Steuerriemen	12,5 Nm
Verschlussstopfen für Taststiftbohrung	20 Nm
Kraftstoffilteranschlüsse	35 Nm

Getriebe

Kupplungsgehäuse an Motor	55 Nm (XN1/XM7), 50 Nm (ZDJ)
Hauptwellenmutter	55 Nm
Schrauben der Lagersperrplatte	10 Nm
Riegelstopfen der Schaltstangen	12,5 Nm
Kupplungsgehäuse an Getriebegehäuse	27,5 Nm
Befestigung des mittleren Getriebegehäuses	10 Nm (4-Gang)
Befestigung des hinteren Getriebegehäuses	15 Nm
Schrauben des Gummilagers	22,5 Nm
Ölablassschraube	27,5 Nm
Öleinfüllschraube	27,5 Nm
Schalter, Rückfahrleuchten	27,5 Nm

Gelenkwelle

Verbindungsrohr/Getriebe	55 Nm
Verbindungsrohr/Differential	55 Nm
Achsantriebsbefestigung:	
– Seitliche Träger	37,5 Nm
– Aufhängungsstange/Achsantrieb	95 Nm
Schrauben, Begrenzungsgehäuse	13 Nm
Mutter, Begrenzungsanschlag	35 Nm
Mutter, Begrenzungsanschlag	11 Nm

Vorderradaufhängung

Radmuttern	60 Nm
Achsschenkelmuttern	40 (Voranzug), lösen, dann 10 Nm
Bremssattel DBA	130 Nm
Bremssattel TEVES	85 Nm
Bremsscheibe	50 Nm
Radnabeninnenlager	60 Nm
Querlenker	45 Nm
Vorderachsträger/Längsträger	42,5 Nm
Stossdämpfer an Lenker	65 Nm

Federbeinhaltemuttern	45 Nm
Stabilisator an Karosserie	37,5 Nm
Drehbolzen des Querlenkers	55 Nm
Anschlüsse Hydrauliksystem	25 Nm
Befestigungen Servozylinder	50 Nm
Servolenkpumpe	35 Nm
Riemenscheibe der Servolenkpumpe	7,5 Nm
Lenkgetriebeschrauben (Servo)	55 Nm
Lenkgetriebeschrauben (mechanisch)	32,5 Nm
Flansch/Gelenkscheibe	17,5 Nm
Kugelgelenk/Spurstangenhebel	35 Nm
Kontermutter der Spurstange	45 Nm
Spurstangenköpfe (Spezialzange)	50 Nm
Deckel für Lenkgetriebedruckstück	10 Nm

Hinterradaufhängung

Radmuttern	60 Nm
Achsschenkelmutter	250 Nm
Radnabe	50 Nm
Stabilisator an Karosserie	77,5 Nm
Drehbolzen des Querlenkers	55 Nm
Federbeinmuttern	45 Nm
Stossdämpfer an Querlenker	65 Nm
Bremsscheibe	50 Nm
Bremsplatte	50 Nm
Bremse	42,5 Nm
Nylonstoppmuttern an Gelenkbolzen der hinteren Achsschenkel	55 Nm
Nylonstopp- bzw. Stover-Muttern des Hinterachsträgers	35 Nm
Muttern des Hinterachsträgers	11 Nm
Muttern zu mittlerem Lager des Hinterachsträgers	13 Nm
Schrauben mit aussengezahnten Beilagscheiben	18 Nm

Bremsanlage

Radmuttern	60 Nm
Achsschenkelmutter	50 Nm
Radnabe hinten	250 Nm
Radnabe vorn	Siehe «Vorderradaufhängung»
Bremssattel DBA vorn	130 Nm
Bremssattel TEVES vorn	85 Nm
Bremssattel hinten	42,5 Nm
Radnabeninnenlager	60 Nm
Bremsscheibe	50 Nm
Bremsträgerplatte	50 Nm

Schaltpläne

1 – Scheinwerfer
2 – Blinklicht vorn
3 – Standlichter vorn
4 – Seitliches Blinklicht
5 – Anlasserrelais
5A – Sicherheitsrelais-Neutralstellung
6 – Lichtmaschine bzw. Lichtmaschine mit eingebautem elektronischem Regler
7 – Öldruckschalter
7A – Ölstandgeber
7B – Ölstandgehäuse
7C – Ölstand-Kontrolldiode
8 – Auskuppelbarer Ventilator bzw. Elektroventilator
8A – Relais des auskuppelbaren Ventilators
8B – Elektroventilator der Klimaanlage
8C – Elektroventilator-Relais
8D – Dioden
9 – Temperaturschalter des auskuppelbaren Ventilators bzw. des Elektroventilators
9A – Temperaturschalter des auskuppelbaren Ventilators am Kühlmittelsystem
9B – Temperaturschalter des auskuppelbaren Ventilators am Ölsystem
9C – Öltemperaturschalter
10 – Signalhorn
11 – Scheinwerferrelais
12 – Batterie
12A – Batteriehauptschalter
13 – Anlasser
14 – Bremsklötze
15 – Kühlmittelthermometeranschluss
15A – Kühlmitteltemperaturschalter
15B – Kühlmitteltemperaturschalter/-Kontrolleuchte bzw. Kühlmitteltemperatur-Kontrolleuchte
15C – Kühlmittelthermometer-Widerstand
15D – Kontrolldiode der Kühlmitteltemperatur-Kontrolleuchte
15E – Kühlmittelstand-Kontaktschalter
16 – Bremsflüssigkeitsbehälter
17 – Bremslichtschalter
18 – Rückfahrscheinwerferschalter
19 – Anlasssperrschalter
20 – Leerlaufabschaltventil bzw. Vergaserwiderstand
21 – Regler
22 – Zündspule
22A – Zündspulenrelais
22B – Zündspulenwiderstand
22C – Relais des Zündspulenwiderstands
23 – Zündverteiler bzw. Hochspannungsverteiler
23A – Impulsgeber
24 – Frontscheibenwischer
24A – Scheibenwischerrelais
24B – Scheibenwischer-Zeitrelais
24C – Heckscheibenwischer
24D – Scheibenwischergehäuse
25 – Frontscheibenwaschpumpe
25A – Heckscheibenwaschpumpe
26 – Heizungsgebläse vorn
26A – Heizungsgebläse hinten
26B – Schalter des Heizungsgebläses
26C – Gebläse der Klimaanlage
26D – Gebläserelais der Klimaanlage
27 – Schalter für Heizung/Lüftung bzw. Rheostat für Heizung/Lüftung
27A – Rheostatwiderstand bzw. Widerstand des Heizungsgebläses
27B – Schalter für Heizung/Lüftung hinten
27C – Steuermodul für Heizgerät
28 – Schalter für Starterkontrolleuchte
29 – Schalter der heizbaren Heckscheibe
29A – Heizbare Heckscheibe
30 – Scheibenwischerschalter/Scheibenwischerbetätigung
30A – Heckscheibenwischer/-wascherschalter
31 – Blinkautomat
32 – Schalter für Lichtanlage – Frontscheibenwischer/-wascher
32A – Schalter für Frontscheibenwischer/-wascher
32B – Schalter für Lichtanlage/Blinklicht/Signalhörner
33 – Lichthupenrelais
34 – Seitenleuchten
35 – Zigarettenanzünder vorn
35A – Zigarettenanzünder hinten
35B – Beleuchtung Zigarettenanzünder
36 – Zeituhr
37 – Blinklichtkontrolleuchte
38 – Kraftstoffanzeige
38A – Kraftstofftank-Kontrolleuchte
39 – Fernlichtkontrolleuchte
39A – Abblendlicht-Kontrolleuchte
40 – Warnblinkkontrolleuchte
41 – Drehzahlmesser
42 – Standlichtkontrolleuchte
43 – Bremskontrolleuchte
43A – Kontrolldiode der Bremskontrolleuchte
44 – Kühlmittelthermometer
45 – Öldruckkontrolleuchte
45A – Öltemperatur-Kontrolleuchte
45B – Öldruck- und Öltemperatur-Kontrolleuchte
46 – Starterkontrolleuchte
47 – Öl- und Kühlmittelkontrolleuchte
48 – Vorglühkontrolleuchte
49 – Ladekontrolleuchte
50 – Armaturentafelbeleuchtung
50A – Fahrbereichsanzeige-Beleuchtung
50B – Beleuchtungsrheostat der Fahrbereichsanzeige
50C – Schalterbeleuchtung
51 – Beleuchtung von Bedienungselementen für Heizung-Lüftung
51A – Mittelkonsolenbeleuchtung
51B – Rheostat der Mittelkonsolenbeleuchtung
52 – Handschuhfachbeleuchtung
52A – Schalter der Handschuhfachbeleuchtung
53 – Vordertürschalter
53A – Hintertürschalter
54 – Innenbeleuchtung
54A – Beleuchtung unter Armaturenbrett
54B – Kartenleseleuchte
54C – Make-up-Spiegel-Beleuchtung
55 – Handbremsschalter
56 – Warnblinkschalter
57 – Schiebedachschalter
57A – Schiebedachmotor
57E – Schiebedach-Verriegelungsrelais
58 – Lenkschloss
58B – Lenkschlossbeleuchtung
59 – Vorglüh-/Anlassschalter
59A – Glühkerzen
60 – Pumpenabschaltmotor bzw. Pumpenabschaltmagnetventil
61 – Vorglühschalter/-kontrolleuchte
62 – Vorglührelais
63 – Blinklicht- und Signalhörnerbetätigung
64 – Kofferraum- bzw. Heckklappenbeleuchtung
64A – Schalter der Kofferraum- bzw. Heckklappenbeleuchtung
65 – Tankgeber mit bzw. ohne Reservekontrolleuchtenschalter
65A – Tankgeber-Aussenwiderstand
65B – Kraftstoffanzeige-Rheostat
66 – Nummernschildbeleuchtung
67 – Rückfahrscheinwerfer
68 – Bremslicht
68B – Bremslicht/Rücklicht (Zweifadenlampe)
69 – Blinklicht hinten
70 – Rücklichter
71 – Heckklappenschalter
72 – Türbegrenzungsleuchten
73 – Vorderer Schalter des linken hinteren Fensterhebers
73A – Verriegelungsrelais des linken hinteren Fensterhebers
74 – Schalter des linken vorderen Fensterhebers
74A – Verriegelungsrelais des linken vorderen Fensterhebers
75 – Sperre für hinteren Fensterheber
76 – Schalter des rechten vorderen Fensterhebers
76A – Verriegelungsrelais des rechten vorderen Fensterhebers
77 – Schalter des rechten hinteren Fensterhebers
77A – Verriegelungsrelais des rechten hinteren Fensterhebers
78 – Hinterer Schalter des linken hinteren Fensterhebers
79 – Hinterer Schalter des rechten hinteren Fensterhebers
80 – Fensterhebermotor
80A – Fensterheberrelais
81 – Diagnosesteckanschluss
81A – Geber des Diagnosesteckanschlusses
82 – Türzentralverriegelungsschalter
83 – Schaltgerät der Türzentralverriegelung
83A – Stellglied der Türzentralverriegelung
83B – Stellglied der Tankklappe
86 – Benzinpumpe
86A – Vorförderpumpe
87 – Magnetventil
87A – Magnetventilsteuerschalter
88 – Zündgeber
89 – Elektronisches Steuergerät bzw. Verstärkermodul
90 – Nebelschlussleuchten
90A – Kontrolleuchte für Nebelschlussleuchten
90B – Kontrolleuchte für Nebelschlussleuchten
91 – Relais
91B – Drehzahlrelais
91C – Relais Zubehörteile
91D – Relais der heizbaren Heckscheibe
92 – Anschlussklemme
92A – Anschlussplatte
93 – Steuermodul
93A – Sicherungskasten Nr. 1
93B – Sicherungskasten Nr. 2
94 – Leitzylinder
95 – Druckschalter der Bremshilfe
96 – Bremspedalweg-Schalter
97 – Scheinwerferwischer-/wascherschalter
98 – Scheinwerferwaschpumpe
99 – Scheinwerferwischermotor
99A – Scheinwerferwischerrelais
100 – Druckabfallanzeige
101 – Fahrtenschreiber
102 – Blinkleuchte
102A – Blinkleuchtenschalter
103 – Mittlere Deckenleuchte
103A – Schalter der mittleren Deckenleuchte
104 – Stromversorgung-Kontrolleuchte
104A – Schalter Stromversorgung-Kontrolleuchte
105 – Gebläse
105A – Gebläseschalter
106 – Warnsummer
106A – Warnsummerschalter
107 – Steckdose
108 – Kompressorkupplung
108A – Kompressorkupplungsschalter
108B – Kompressorkupplungsrelais
109 – Thermostat
109A – Schutzdiode des Thermostats
110 – Druckschalter
111 – Magnetventil
111A – Druckschalter der Klimaanlage
118 – Steuerdruckregler
119 – Zusatzluftschieber
120 – Luftmengenmesserschalter
121 – Kaltstartventil
122 – Thermozeitschalter
123 – Schalter des Geschwindigkeitsreglers
123A – Steuergerät des Geschwindigkeitsreglers
123B – Servo des Geschwindigkeitsreglers
123C – Sicherheitsschalter des Geschwindigkeitsreglers
123D – Geschwindigkeitsregler-Ausschalter
123E – Geschwindigkeitsreglergeber
123F – Sicherung des Geschwindigkeitsreglers
123G – Sicherheitsrelais des Geschwindigkeitsreglers
123H – Pneumatikzylinder
123I – Sicherheitsmagnetventil
123J – Geschwindigkeitsregler-Hauptschalter
125 – Autoradioanschluss
125D – Lautsprecher vorne rechts
125G – Lautsprecher vorne links
125AD – Lautsprecher hinten rechts

125AG – Lautsprecher hinten links
125E – Lautsprecheranschluss
129 – Geschwindigkeitsgeber
142 – Drehzahlrelais der Schubabschaltung
142A – Magnetventil der Schubabschaltung
142B – Spätschaltgerät der Schubabschaltung
150 – Kontrolleuchte der Verbrauchsanzeige
150A – Unterdruckgeber
151 – Schalter Kühlmittel vorhanden
151A – Kontrolleuchte des Schalters Kühlmittel vorhanden
152 – Anschluss der vorderen Nebelleuchten
152A – Schalter für vordere Nebelleuchten
152B – Relais für vordere Nebelleuchten
170 – Zündrelais
171 – Zündzeitpunkt-Steuergerät
172 – Nagelgeräusch-Schaltgerät
172A – Nagelgeräusch-Sonde
173 – LED-Kontrolleuchte für Nagelgeräusch
174 – Magnetventil für die Belüftung der Unterdruckdose
175 – Transistorrelais
180 – Einspritzrelais
181 – Einspritzsteuergerät
182 – Luftmengenmesser
183 – Einspritzdüse
184 – Drosselklappenschalter
185 – Motortemperatur-Messfühler
190 – Förderdruckgeber
191 – Turbolader-Überdruckschalter
192 – Aufladungsdruck-Anzeige
195 – Druckschalter 100 millibar – Turbovollaststeuerung, Turbo, Turboeinspritzung Tauscher
196 – Druckschalter für Wahl der Zündverstellkurve
197 – Widerstand Vollastsystem „Turboeinspritzung Tauscher"
200 – Sprachsynthesizer-Schaltgerät
200A – Filter
201 – Sprachsynthesizer-Prüfknopf
210 – Bordcomputer
211 – Ablaufsteuerung
212 – Durchflussgeber-Schaltgerät
213 – Anzeige
M – Masse
+ P – Ständige Stromversorgung
+ AC – Stromversorgung nach Herstellen des Kontakts
+ AA – Stromversorgung der Zubehörteile

Kabelfarben:

Bc = weiss
Bl = blau
Gr = grau
Ic = farblos
J = gelb
Mr = braun
Mv = Malve
N = schwarz
R = rot
Ve = grün

Schaltplan 505 GTI

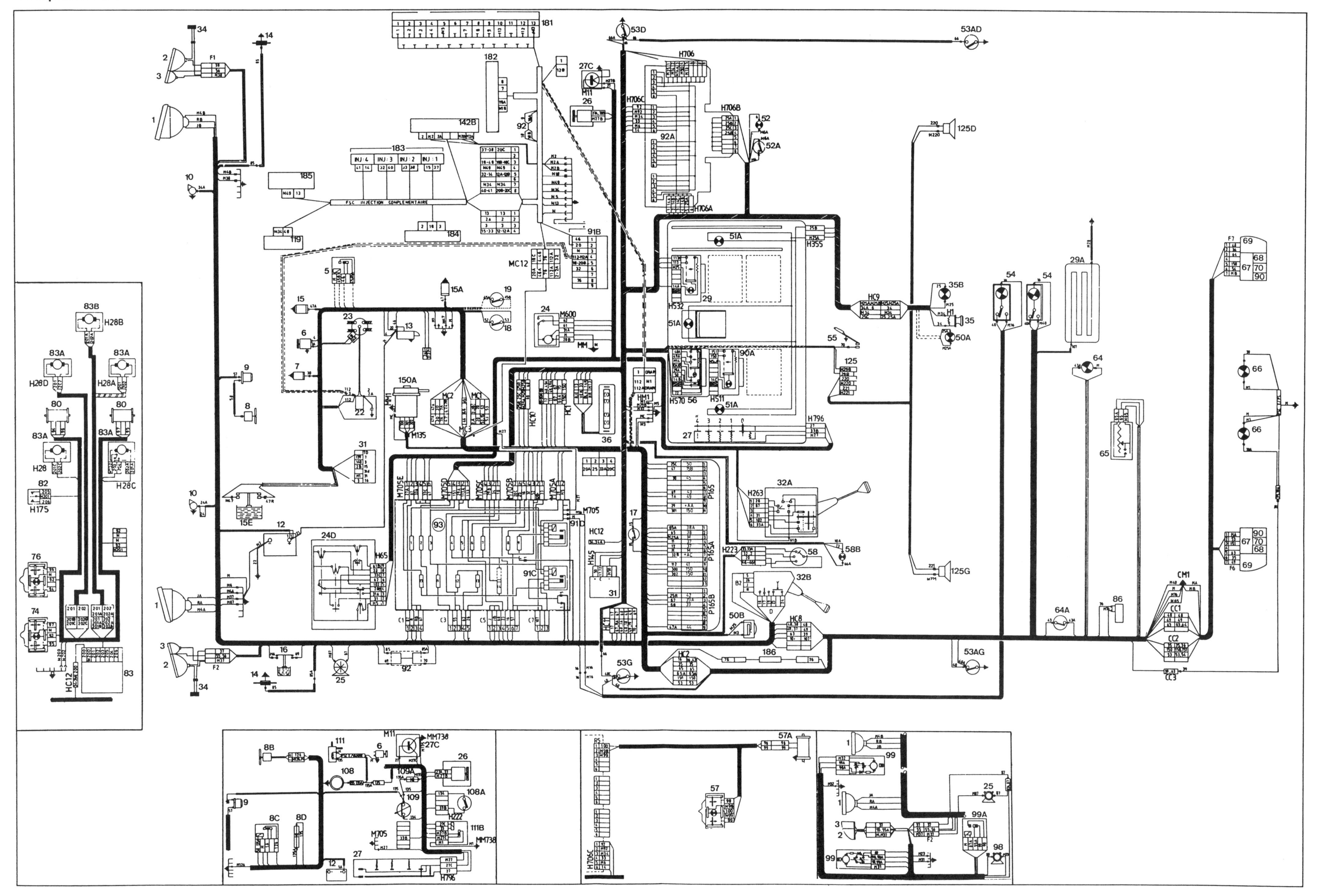

Schaltplan 505 Limousine GL, GR, SR

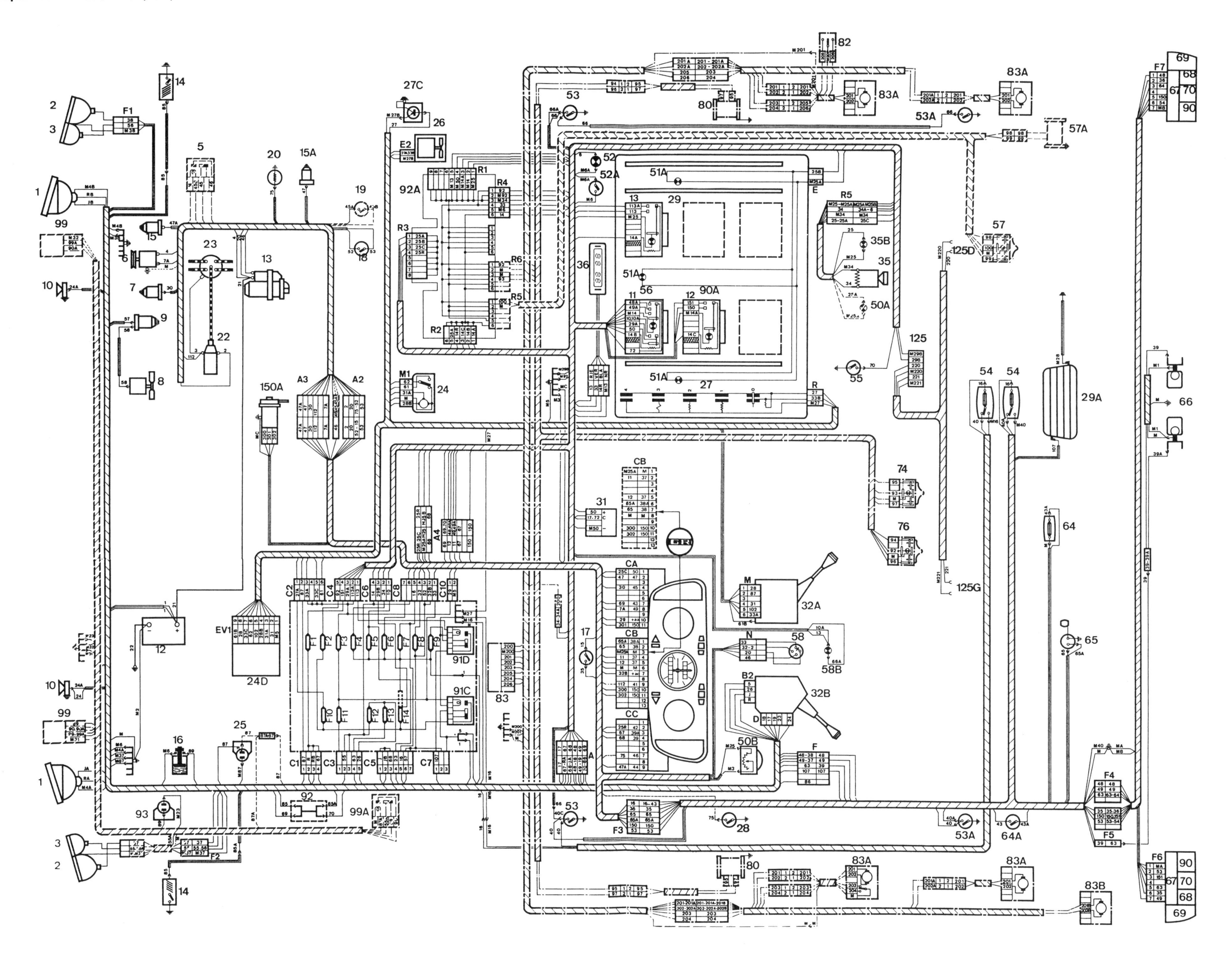

Schaltplan 505 Turbo mit Benzineinspritzung mit Tauscher

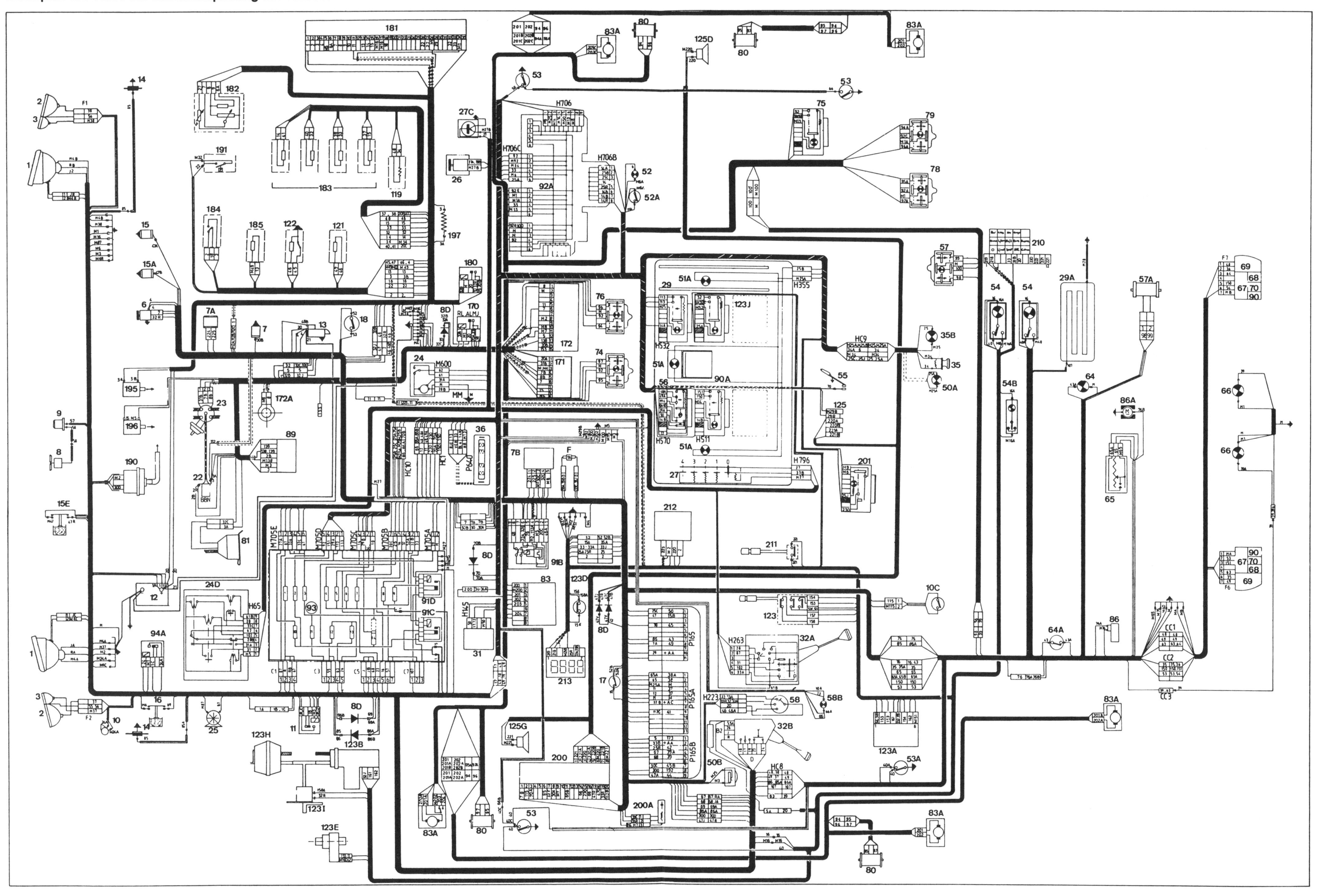